建设工程识图高手训练营系列丛书

结构施工图识读

本书编委会　编

中国建筑工业出版社

图书在版编目（CIP）数据

结构施工图识读/本书编委会编. —北京：中国建筑工业出版社，2015.10（2024.6重印）
（建设工程识图高手训练营系列丛书）
ISBN 978-7-112-18468-2

Ⅰ.①结… Ⅱ.①本… Ⅲ.①结构工程-建筑制图-识别 Ⅳ.①TU204

中国版本图书馆CIP数据核字（2015）第223490号

本书结合施工图识读实例，详细介绍了结构工程施工图识读的思路、方法和技巧，全书共分为五章，内容主要包括：结构工程制图基础、识读钢筋混凝土结构施工图、识读钢结构施工图、识读砌体结构施工图、某住宅小区结构工程施工图实例解析等。

本书可供从事结构工程设计工作人员、施工技术人员使用，也可供各高校建筑专业师生参考使用。

责任编辑：岳建光 张 磊
责任设计：董建平
责任校对：刘 钰 赵 颖

建设工程识图高手训练营系列丛书
结构施工图识读
本书编委会 编

*

中国建筑工业出版社出版、发行（北京西郊百万庄）
各地新华书店、建筑书店经销
北京科地亚盟排版公司制版
建工社（河北）印刷有限公司印刷

*

开本：787×1092毫米 横1/16 印张：12½ 字数：350千字
2015年10月第一版 2024年6月第三次印刷
定价：**48.00**元

ISBN 978-7-112-18468-2
（42580）

编 委 会

主　编　王志云

参　编　冯　冲　刘静波　苏　茜　李　伟

肖利萍　张　彤　林子超　侯兆明

袁秀君　倪　琪　徐德兰　栾秀菊

黄金春

前　言

结构施工图是表达房屋承重构件（如基础、梁、板、柱及其他构件）的布置、形状、大小、材料、构造及其相互关系的图样，是承重构件以及其他受力构件施工的依据。结构施工图是提高设计质量的有力措施，设计应该以安全性为重点，同时注重建筑结构的经济性和优化设计，最终实现建筑物为安全、经济等多方面并举的高水平设计成果，从多方面体现社会经济利益。结构施工图常见问题是设计构造不符合现行国家规范、国家标准，这样的不规范图纸如果一旦进入施工状态，将会造成巨大的经济损失，加强对结构施工图的研究是十分必要的。因此，我们组织编写本书。

本书依据最新国家制图标准进行编写，内容简明实用，重点突出，结合大量具有代表性的工程施工图实例，注重工程实践，侧重实际工程图的识读，便于读者结合实际，系统地掌握相关知识。

由于编者水平有限，书中难免有不当和错误之处，敬请广大读者提出宝贵意见。

目　录

1　结构工程制图基础

1.1　基本规定

（1）图线宽度 b 应按现行国际标准《房屋建筑制图统一标准》（GB/T 50001—2010）中的有关规定选用。

（2）每个图样应根据复杂程度与比例大小，先选用适当基本线宽度 b，再选用相应的线宽。根据表达内容的层次，基本线宽 b 和线宽比可适当地增加或减少。

（3）建筑结构专业制图应选用表 1-1 所示的图线。

图线　　表 1-1

名称		线型	线宽	一般用途
实线	粗		b	螺栓、钢筋线、结构平面图中的单线结构构件线，钢木支撑及系杆线，图名下横线、剖切线
	中粗		$0.7b$	结构平面图及详图中剖到或可见的墙身轮廓线、基础轮廓线、钢、木结构轮廓线、钢筋线
	中		$0.5b$	结构平面图及详图中剖到或可见的墙身轮廓线、基础轮廓线、可见的钢筋混凝土构件轮廓线、钢筋线
	细		$0.25b$	标注引出线、标高符号线、索引符号线、尺寸线
虚线	粗		b	不可见的钢筋线、螺栓线、结构平面图中不可见的单线结构构件线及钢、木支撑线
	中粗		$0.7b$	结构平面图中的不可见构件、墙身轮廓线及不可见钢、木结构构件线、不可见的钢筋线
	中		$0.5b$	结构平面图中的不可见构件、墙身轮廓线及不可见钢、木结构构件线、不可见的钢筋线
	细		$0.25b$	基础平面图中的管沟轮廓线、不可见的钢筋混凝土构件轮廓线
单点长画线	粗		b	柱间支撑、垂直支撑、设备基础轴线图中的中心线
	细		$0.25b$	定位轴线、对称线、中心线、重心线
双点长画线	粗		b	预应力钢筋线
	细		$0.25b$	原有结构轮廓线
折断线			$0.25b$	断开界线
波浪线			$0.25b$	断开界线

（4）在同一张图纸中，相同比例的各图样，应选用相同的线宽组。

（5）绘图时根据图样的用途，被绘物体的复杂程度，应选用表 1-2 中的常用比例，特殊情况下也可选用可用比例。

比例 **表 1-2**

图　名	常用比例	可用比例
结构平面图 基础平面图	1∶50，1∶100，1∶150	1∶60，1∶200
圈梁平面图、总图中管沟、地下设施等	1∶200，1∶500	1∶300
详图	1∶10，1∶20，1∶50	1∶5，1∶30，1∶25

（6）当构件的纵、横向断面尺寸相差悬殊时，可在同一详图中的纵、横向选用不同的比例绘制。轴线尺寸与构件尺寸也可选用不同的比例绘制。

（7）常用构件代号，如表 1-3 所示。

常用构件代号 **表 1-3**

序　号	名　称	代　号	序　号	名　称	代　号	序　号	名　称	代　号
1	板	B	16	单轨吊车梁	DDL	31	框架	KJ
2	屋面板	WB	17	轨道连接	DGL	32	刚架	GJ
3	空心板	KB	18	车挡	CD	33	支架	ZJ
4	槽形板	CB	19	圈梁	QL	34	柱	Z
5	折板	ZB	20	过梁	GL	35	框架柱	KZ
6	密肋板	MB	21	连系梁	LL	36	构造柱	GZ
7	楼梯板	TB	22	基础梁	JL	37	承台	CT
8	盖板或沟盖板	GB	23	楼梯梁	TL	38	设备基础	SJ
9	挡雨板或檐口板	YB	24	框架梁	KL	39	桩	ZH
10	吊车安全走道板	DB	25	框支梁	KZL	40	挡土墙	DQ
11	墙板	QB	26	屋面框架梁	WKL	41	地沟	DG
12	天沟板	TGB	27	檩条	LT	42	柱间支撑	ZC
13	梁	L	28	屋架	WJ	43	垂直支撑	CC
14	屋面梁	WL	29	托架	TJ	44	水平支撑	SC
15	吊车梁	DL	30	天窗架	CJ	45	梯	T

续表

序号	名称	代号	序号	名称	代号	序号	名称	代号
46	雨篷	YP	49	预埋件	M—	52	钢筋骨架	G
47	阳台	YT	50	天窗端壁	TD	53	基础	J
48	梁垫	LD	51	钢筋网	W	54	暗柱	AZ

注：1. 预制混凝土构件、现浇混凝土构件、钢构件和木构件，一般可以采用本表中的构件代号。在绘图中，除混凝土构件可以不注明材料代号外，其他材料的构件可在构件代号前加注材料代号，并在图纸中加以说明。
2. 预应力混凝土构件的代号，应在构件代号前加注“Y”，如 Y-DL 表示预应力混凝土吊车梁。

（8）当采用标准、通用图集中的构件时，应用该图集中的规定代号或型号注写。

（9）结构平面图应按图 1-1、图 1-2 的规定采用正投影法绘制，特殊情况下也可采用仰视投影绘制。

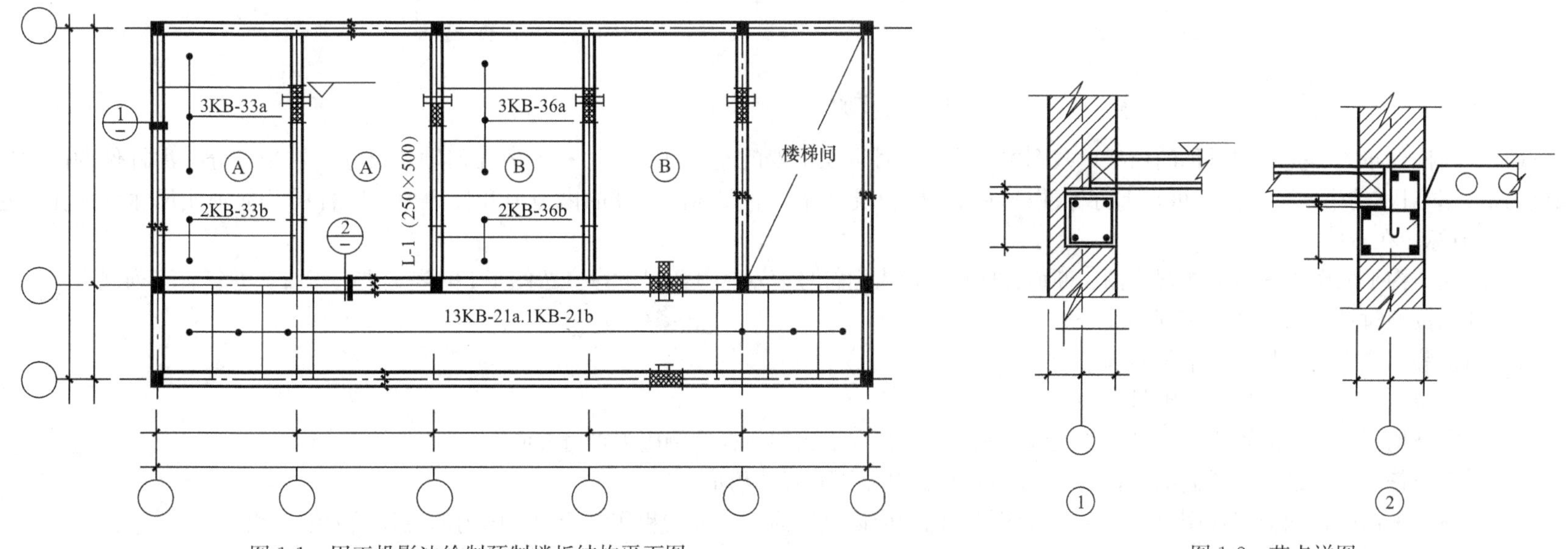

图 1-1 用正投影法绘制预制楼板结构平面图

图 1-2 节点详图

（10）在结构平面图中，构件应采用轮廓线表示，当能用单线表示清楚时，也可用单线表示。定位轴线应与建筑平面图或总平面图一致，并标注结构标高。

（11）在结构平面图中，当若干部分相同时，可只绘制一部分，并用大写的拉丁字母（A、B、C、……）外加细实线圆圈表示相同部分的分类符号。分类符号圆圈直径为 8mm 或 10mm。其他相同部分仅标注分类符号。

（12）桁架式结构的几何尺寸图可用单线图表示。杆件的轴线长度尺寸应标注在构件的上方，如图 1-3 所示。

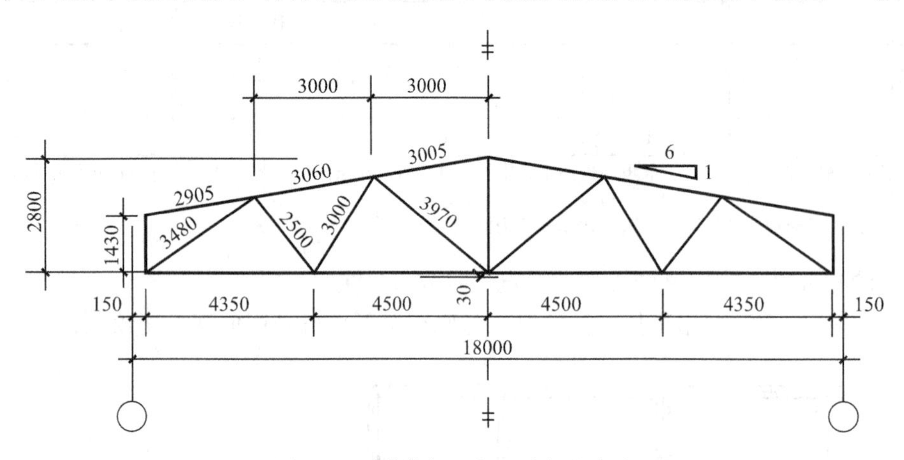

图 1-3　对称桁架几何尺寸标注方法

（13）在杆件布置和受力均对称的桁架单线图中，若需要时可在桁架的左半部分标注杆件的几何轴线尺寸，右半部分标注杆件的内力值和反力值；非对称的桁架单线图，可在上方标注杆件的几何轴线尺寸，下方标注杆件的内力值和反力值。竖杆的几何轴线尺寸可标注在左侧，内力值标注在右侧。

（14）在结构平面图中索引的剖视详图、断面详图应采用索引符号表示，其编号顺序宜按图 1-4 的规定进行编排，并符合下列规定：

1）外墙按顺时针方向从左下角开始编号。

2）内横墙从左至右，从上至下编号。

3）内纵墙从上至下，从左至右编号。

（15）在结构平面图中的索引位置处，粗实线表示剖切位置，引出线所在一侧应为投射方向。

（16）索引符号应由细实线绘制的直径为 8～10mm 的圆和水平直径线组成。

（17）被索引出的详图应以详图符号表示，详图符号的圆应以直径为 14mm 的粗实线绘制。圆内的直径线为细实线。

（18）被索引的图样与索引位置在同一张图纸内时，应按图 1-5 的规定进行编排。

（19）详图与被索引的图样不在同一张图纸内时，应按图 1-6 的规定进行编排，索引符号和详图符号内的上半圆中注明详图编号，在下半圆中注明被索引的图纸编号。

（20）构件详图的纵向较长，重复较多时，可用折断线断开，适当省略重复部分。

（21）图样的图名和标题栏内的图名应能准确表达图样、图纸构成的内容，做到简练、明确。

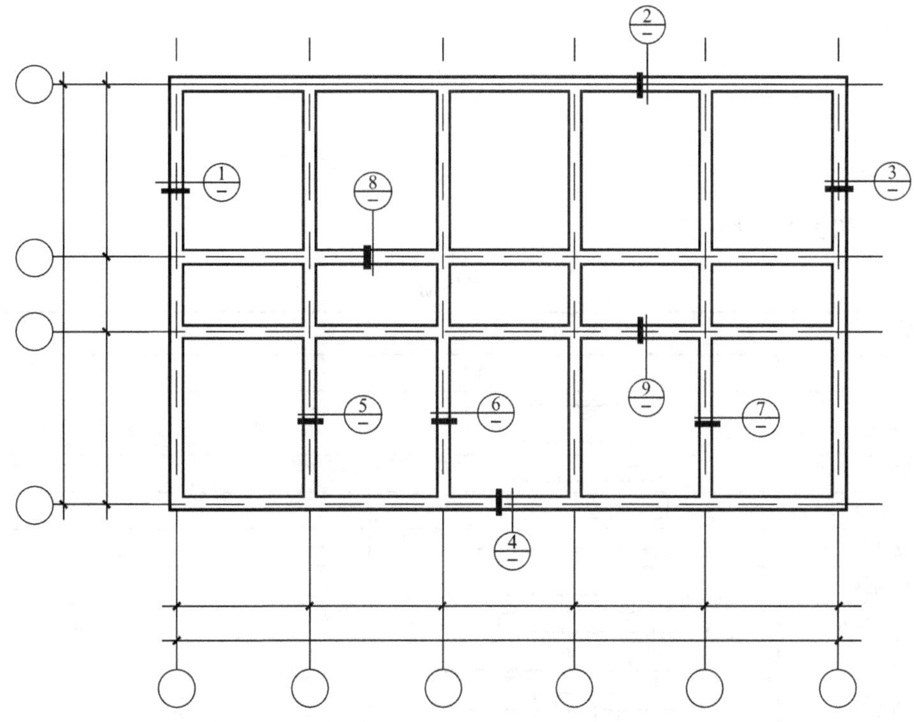

图 1-4　结构平面图中索引剖视详图、断面详图编号顺序表示方法

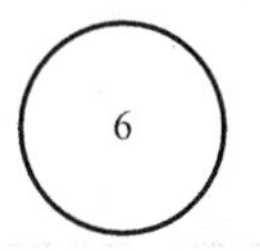

图 1-5　被索引图样在同一张图纸内的表示方法

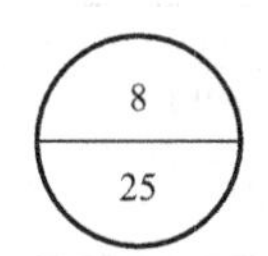

图 1-6　详图和被索引图样不在同一张图纸内的表示方法

（22）图纸上所有的文字、数字和符号等，应字体端正、排列整齐、清楚正确，避免重叠。

（23）图样及说明中的汉字宜采用长仿宋体，图样下的文字高度不宜小于 5mm，说明中的文字高度不宜小于 3mm。

（24）拉丁字母、阿拉伯数字、罗马数字的高度，不应小于 2.5mm。

1.2 混凝土结构表示方法

1.2.1 钢筋的一般表示方法

（1）普通钢筋的一般表示方法，如表1-4所示。

普通钢筋 表1-4

序号	名称	图例	说明
1	钢筋横断面	•	—
2	无弯钩的钢筋端部		下图表示长、短钢筋投影重叠时，短钢筋的端部用45°斜画线表示
3	带半圆形弯钩的钢筋端部		—
4	带直钩的钢筋端部		—
5	带丝扣的钢筋端部		—
6	无弯钩的钢筋搭接		—
7	带半圆弯钩的钢筋搭接		—
8	带直钩的钢筋搭接		—
9	花篮螺丝钢筋接头		—
10	机械连接的钢筋接头		用文字说明机械连接的方式（如冷挤压或锥螺纹等）

（2）预应力钢筋的表示方法，如表1-5所示。

预应力钢筋 表1-5

序号	名称	图例	序号	名称	图例
1	预应力钢筋或钢绞线		3	预应力钢筋断面	
2	后张法预应力钢筋断面 无粘结预应力钢筋断面		4	张拉端锚具	

续表

序　号	名　称	图　例	序　号	名　称	图　例
5	固定端锚具	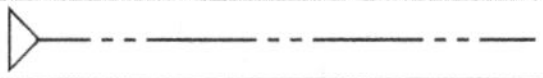	7	可动连接件	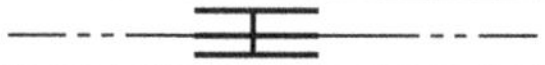
6	锚具的端视图	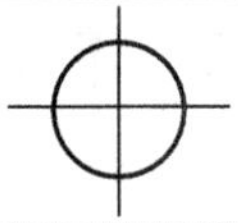	8	固定连接件	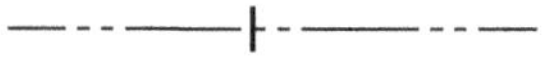

（3）钢筋网片的表示方法，如表 1-6 所示。

钢筋网片 **表 1-6**

序　号	名　称	图　例	序　号	名　称	图　例
1	一片钢筋网平面图	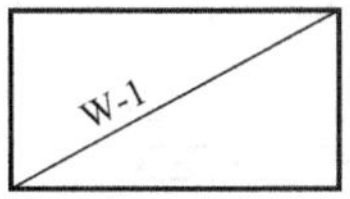 W-1	2	一行相同的钢筋网平面图	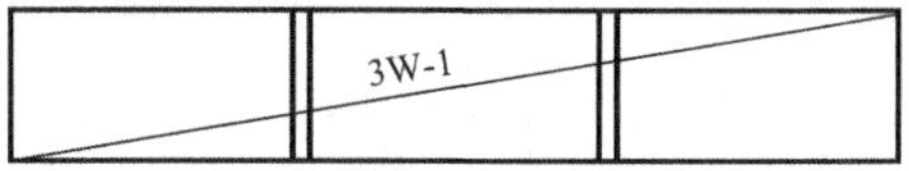 3W-1

注：用文字注明焊接网或绑扎网片。

（4）钢筋焊接接头的表示方法，如表 1-7 所示。

钢筋焊接接头 **表 1-7**

序　号	名　称	接头形式	标注方法
1	单面焊接的钢筋接头	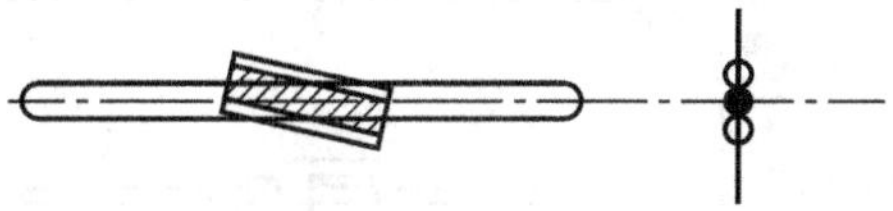	
2	双面焊接的钢筋接头		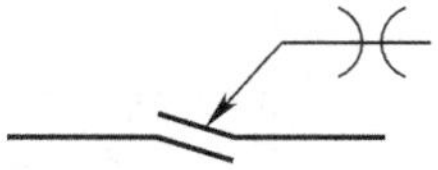
3	用帮条单面焊接的钢筋接头	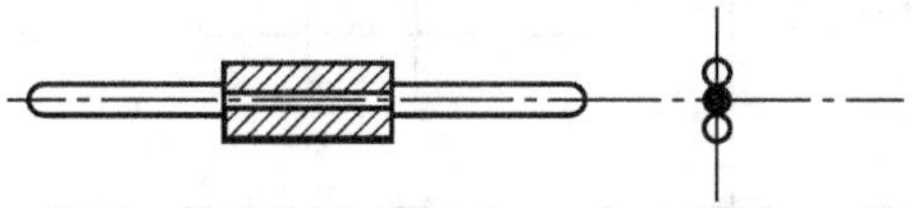	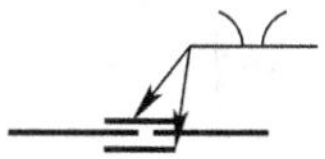

续表

序　号	名　称	接头形式	标注方法
4	用帮条双面焊接的钢筋接头	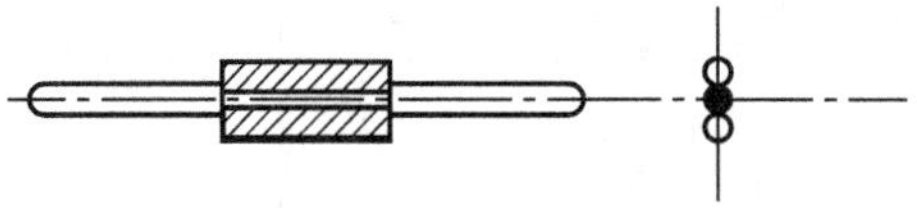	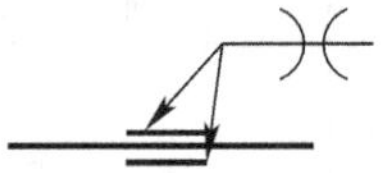
5	接触对焊的钢筋接头（闪光焊、压力焊）	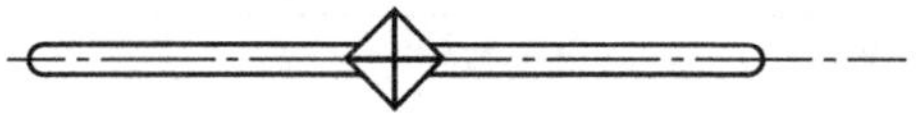	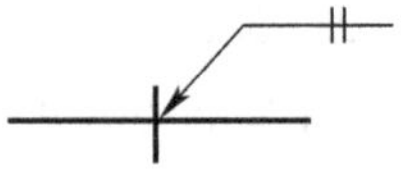
6	坡口平焊的钢筋接头	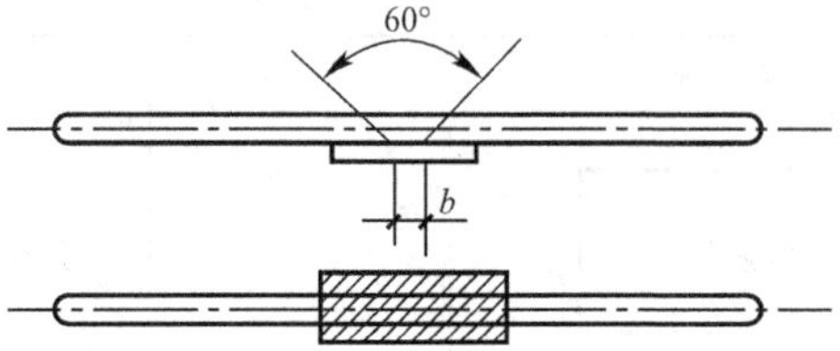 60° b	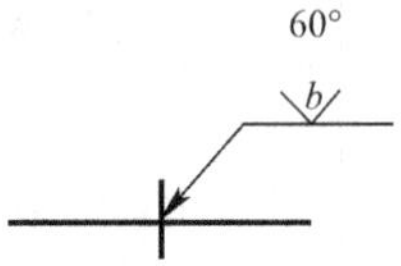 60° b
7	坡口立焊的钢筋接头	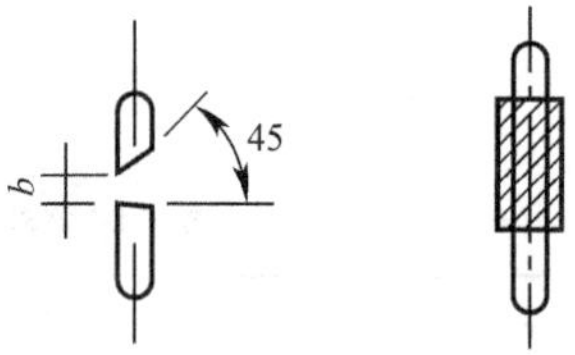 45 b	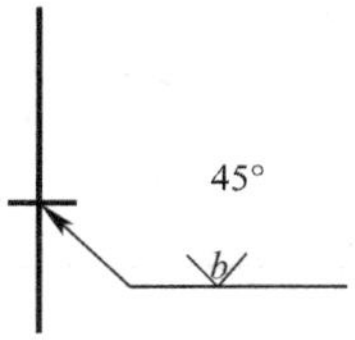 45° b
8	用角钢或扁钢做连接板焊接的钢筋接头	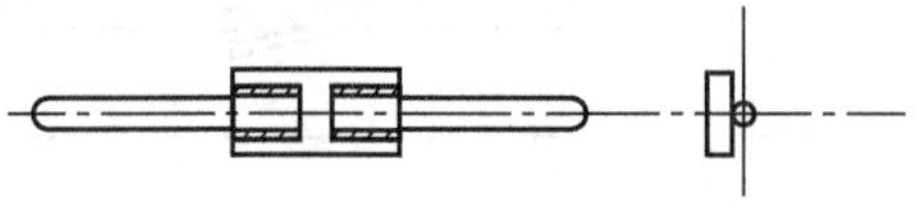	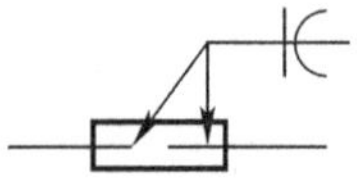
9	钢筋或螺（锚）栓与钢板穿孔塞焊的接头		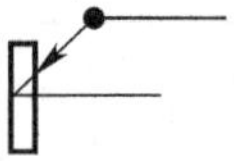

（5）钢筋的画法，如表 1-8 所示。

钢筋画法　　　　**表 1-8**

序　号	说　明	图　例
1	在结构楼板中配置双层钢筋时，底层钢筋的弯钩应向上或向左，顶层钢筋的弯钩则向下或向右	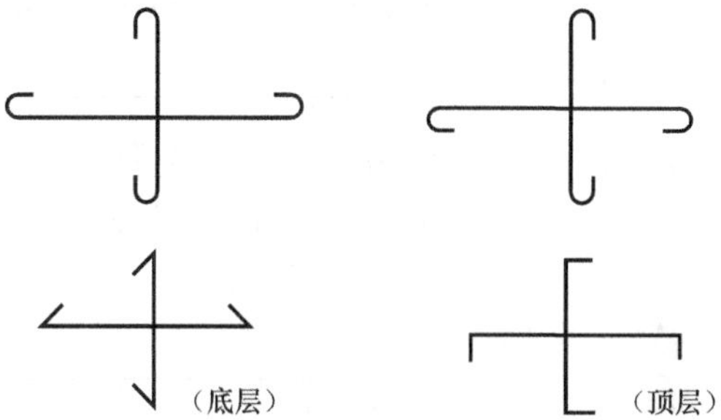 （底层）　（顶层）
2	钢筋混凝土墙体配双层钢筋时，在配筋立面图中，远面钢筋的弯钩应向上或向左，而近面钢筋的弯钩向下或向右（JM 近面，YM 远面）	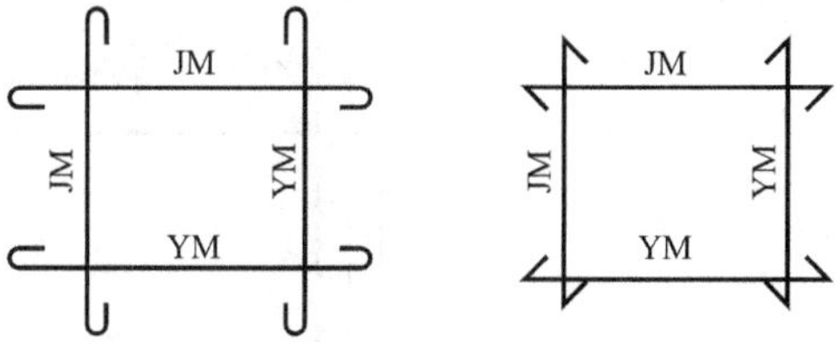 JM　YM　JM　YM JM　YM　JM　YM
3	若在断面图中不能表达清楚的钢筋布置，应在断面图外增加钢筋大样图（如：钢筋混凝土墙、楼梯等）	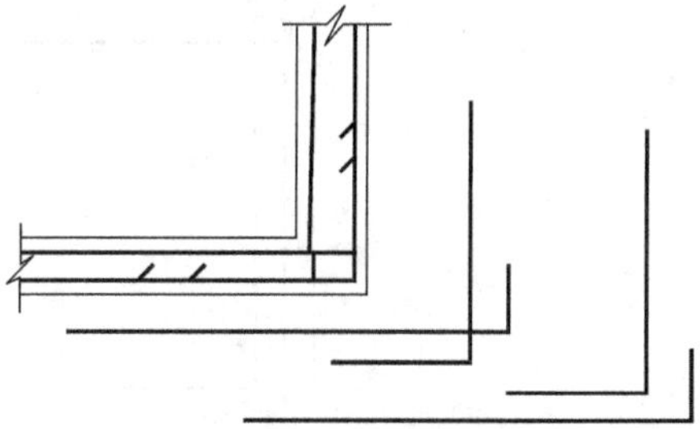
4	图中所表示的箍筋、环筋等若布置复杂时，可加画钢筋大样及说明	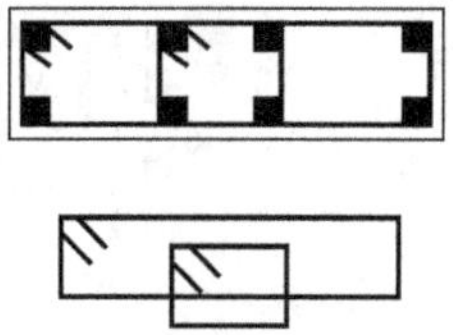

续表

序　号	说　明	图　例
5	每组相同的钢筋、箍筋或环筋，可用一根粗实线表示，同时用一两端带斜短画线的横穿细线，表示其钢筋及起止范围	

（6）钢筋在平面、立面、剖（断）面中的表示方法应符合下列规定：

1）钢筋在平面图中的配置应按图 1-7 所示的方法表示。当钢筋标注的位置不够时，可采用引出线标注。引出线标注钢筋的斜短画线应为中实线或细实线。

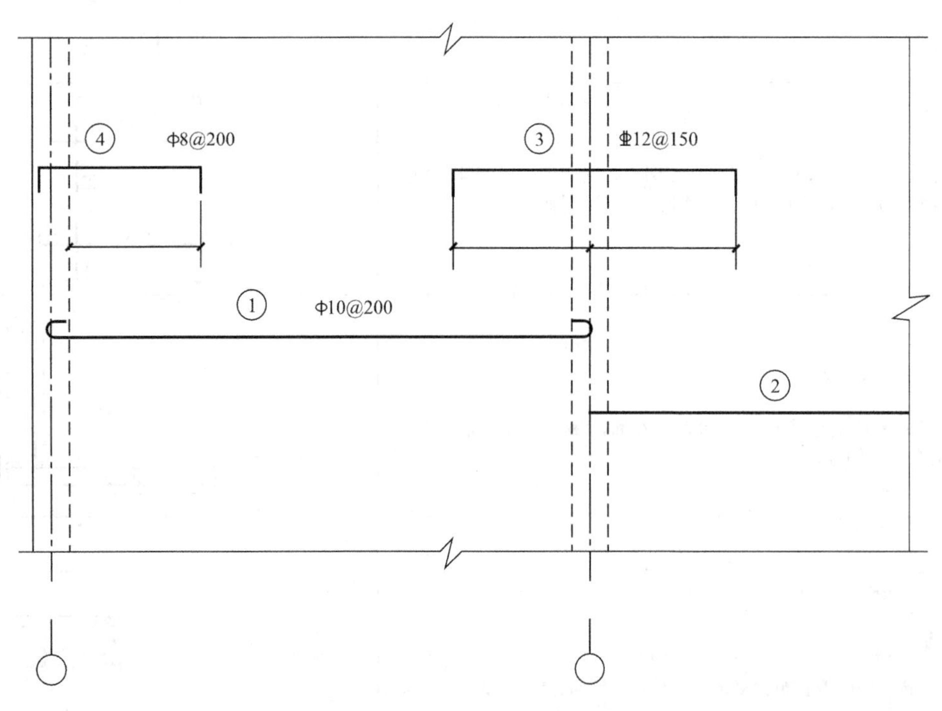

图 1-7　钢筋在楼板配筋图中的表示方法

2）当构件布置较简单时，结构平面布置图可与板配筋平面图合并绘制。

3）平面图中的钢筋配置较复杂时，可按表 1-8 及图 1-8 的方法绘制。

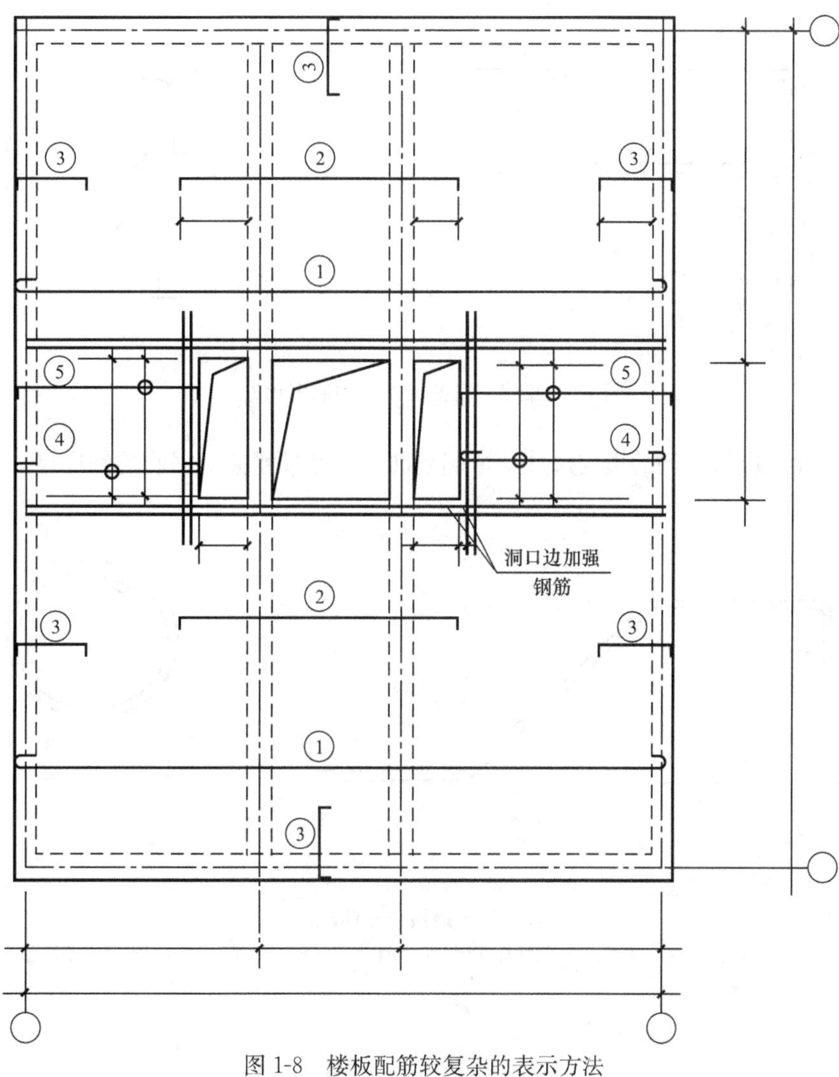

图 1-8 楼板配筋较复杂的表示方法

4）钢筋在梁纵、横断面图中的配置，应按图 1-9 所示的方法表示。

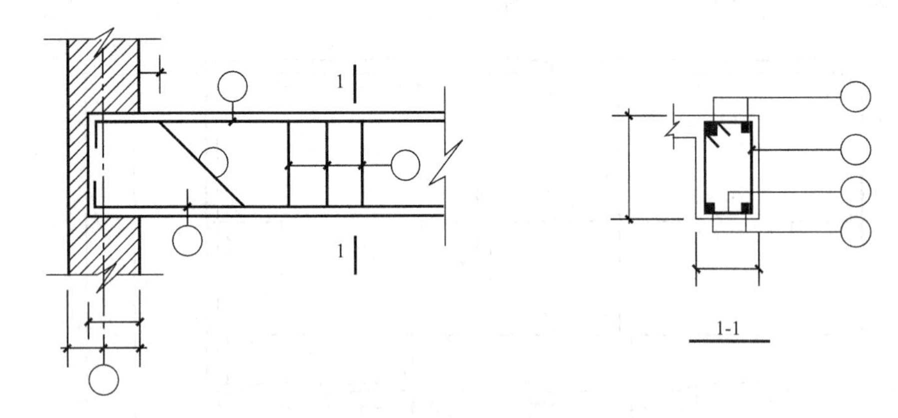

图 1-9　梁纵、横断面图中钢筋表示方法

（7）构件配筋图中箍筋的长度尺寸，应指箍筋的里皮尺寸。弯起钢筋的高度尺寸应指钢筋的外皮尺寸，如图 1-10 所示。

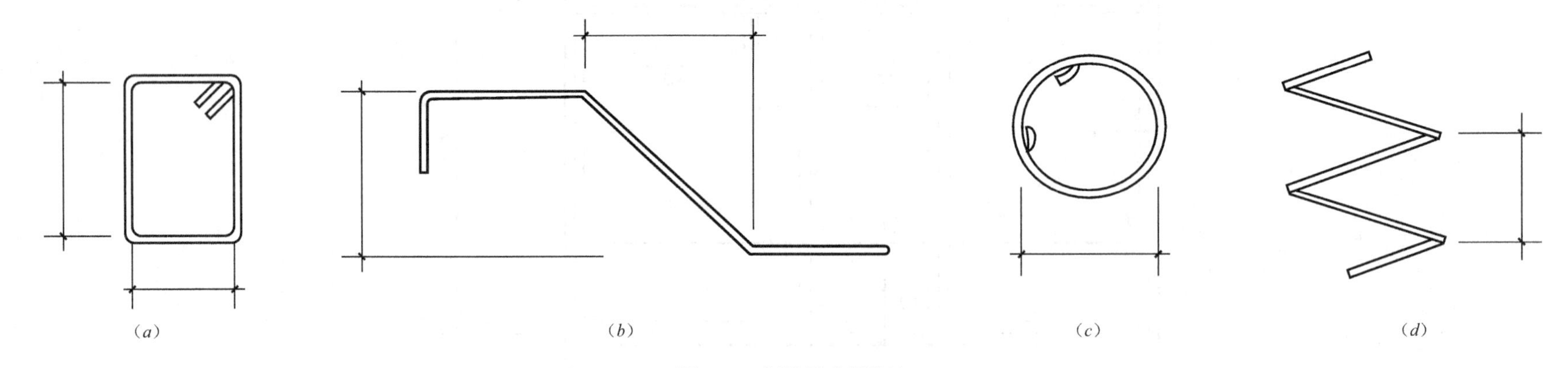

图 1-10　钢箍尺寸标注法

（*a*）箍筋尺寸标注图；（*b*）弯起钢筋尺寸标注图；（*c*）环型钢筋尺寸标注图；（*d*）螺旋钢筋尺寸标注图

1.2.2 钢筋的简化表示方法

(1) 当构件对称时，采用详图绘制构件中的钢筋网片可按图 1-11 的方法用 1/2 或 1/4 表示。

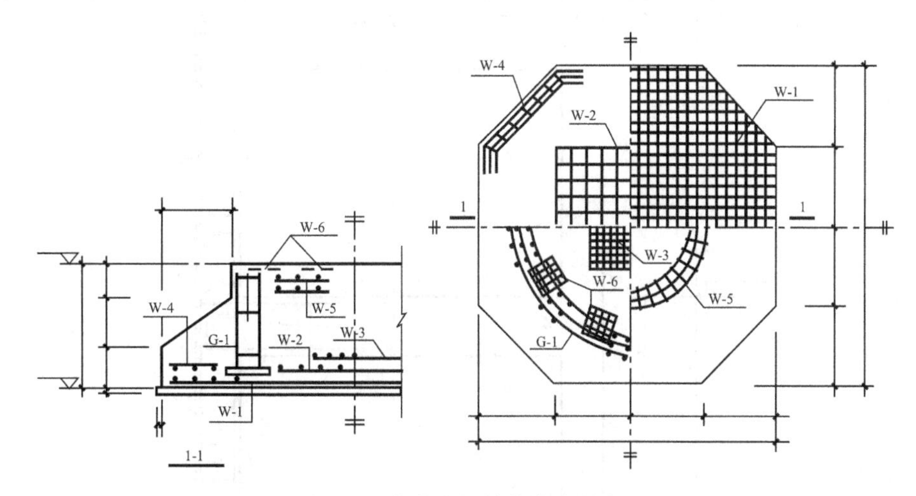

图 1-11 构件中钢筋简化表示方法

(2) 钢筋混凝土构件配筋较简单时，宜按下列规定绘制配筋平面图：

1) 独立基础宜按图 1-12 (*a*) 的规定在平面模板图左下角，绘出波浪线，绘出钢筋并标注钢筋的直径、间距等。

2) 其他构件宜按图 1-12 (*b*) 的规定在某一部位绘出波浪线，绘出钢筋并标注钢筋的直径、间距等。

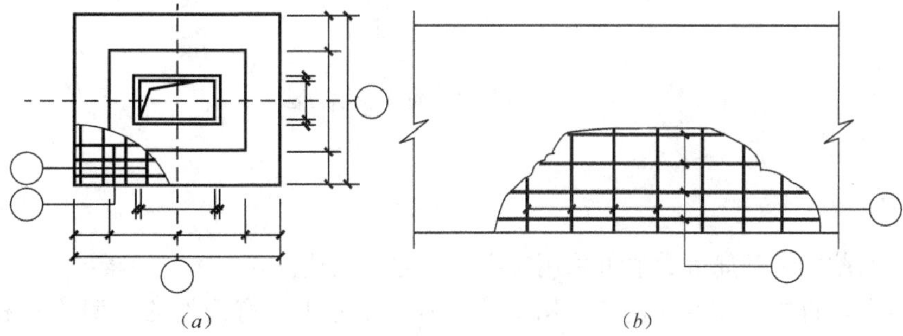

(*a*) (*b*)

图 1-12 构件配筋简化表示方法

(*a*) 独立基础；(*b*) 其他构件

（3）对称的混凝土构件，宜按图 1-13 的规定在同一图样中一半表示模板，另一半表示配筋。

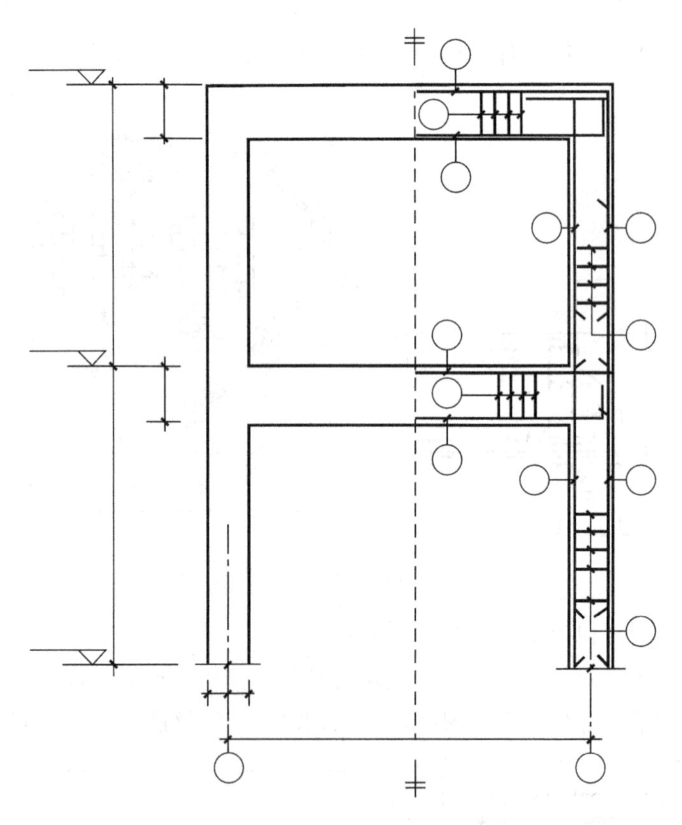

图 1-13 构件配筋简化表示方法

1.2.3 文字注写构件的表示方法

（1）在现浇混凝土结构中，构件的截面和配筋等数值可采用文字注写方式表达。

（2）按结构层绘制的平面布置图中，直接用文字表达各类构件的编号（编号中含有构件的类型代号和顺序号）、断面尺寸、配筋及有关数值。

（3）混凝土柱可采用列表注写和在平面布置图中截面注写方式，并应符合下列规定：

1）列表注写应包括柱的编号、各段的起止标高、断面尺寸、配筋、断面形状和箍筋的类型等有关内容。

2）截面注写可在平面布置图中，选择同一编号的柱截面，直接在截面中引出断面尺寸、配筋的具体数值等，并应绘制柱的起止高度表。

（4）混凝土剪力墙可采用列表和截面注写方式，并应符合下列规定：

1）列表注写分别在剪力墙柱表、剪力墙身表及剪力墙梁表中，按编号绘制截面配筋图并注写断面尺寸和配筋等。

2）截面注写可在平面布置图中按编号，直接在墙柱、墙身和墙梁上注写断面尺寸、配筋等具体数值的内容。

（5）混凝土梁可采用在平面布置图中的平面注写和截面注写方式，并应符合下列规定：

1）平面注写可在梁平面布置图中，分别在不同编号的梁中选择一个，直接注写编号、断面尺寸、跨数、配筋的具体数值和相对高差（无高差可不注写）等内容。

2）截面注写可在平面布置图中，分别在不同编号的梁中选择一个，用剖面号引出截面图形并在其上注写断面尺寸、配筋的具体数值等。

（6）重要构件或较复杂的构件，不宜采用文字注写方式表达构件的截面尺寸和配筋等有关数值，宜采用绘制构件详图的表示方法。

（7）基础、楼梯、地下室结构等其他构件，当采用文字注写方式绘制图纸时，可采用在平面布置图上直接注写有关具体数值，也可采用列表注写的方式。

（8）采用文字注写构件的尺寸、配筋等数值的图样，应绘制相应的节点做法及标准构造详图。

1.2.4 预埋件、预留孔洞的表示方法

（1）在混凝土构件上设置预埋件时，可按图1-14的规定在平面图或立面图上表示。引出线指向预埋件，并标注预埋件的代号。

（2）在混凝土构件的正、反面同一位置均设置相同的预埋件时，可按图1-15的规定引出线为一条实线和一条虚线并指向预埋件，同时在引出横线上标注预埋件的数量及代号。

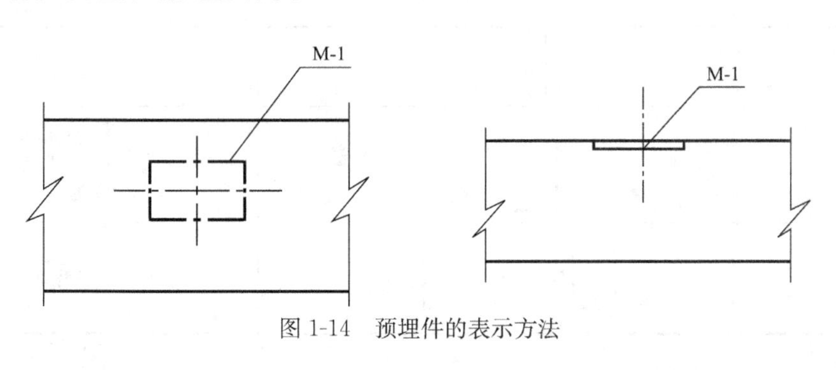

图1-14 预埋件的表示方法

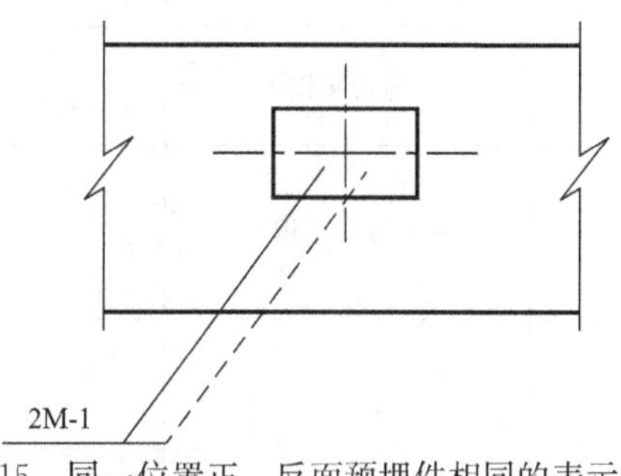

图1-15 同一位置正、反面预埋件相同的表示方法

(3) 在混凝土构件的正、反面同一位置设置编号不同的预埋件时，可按图 1-16 的规定引一条实线和一条虚线并指向预埋件。引出横线上标注正面预埋件代号，引出横线下标注反面预埋件代号。

(4) 在构件上设置预留孔、洞或预埋套管时，可按图 1-17 的规定在平面或断面图中表示。引出线指向预留（埋）位置，引出横线上方标注预留孔、洞的尺寸，预埋套管的外径。横线下方标注孔、洞（套管）的中心标高或底标高。

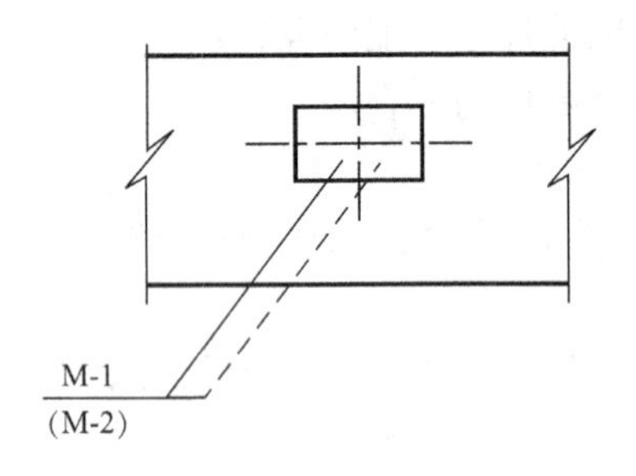

图 1-16　同一位置正、反面预埋件不相同的表示方法

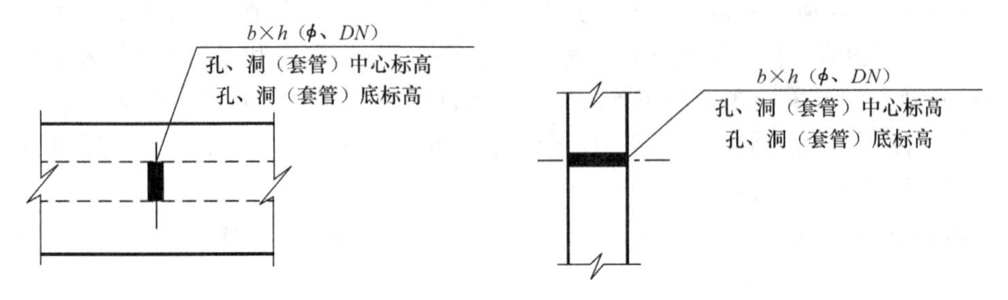

图 1-17　预留孔、洞及预埋套管的表示方法

1.3　钢结构表示方法

1.3.1　常用型钢的标注方法

常用型钢的标注方法，如表 1-9 所示。

常用型钢的标注方法　　**表 1-9**

序　号	名　称	截　面	标　注	说　明
1	等边角钢		$b \times t$	b 为肢宽 t 为肢厚
2	不等边角钢	B	$B \times b \times t$	B 为长肢宽 b 为短肢宽 t 为肢厚
3	工字钢		N　　Q N	轻型工字钢加注 Q 字

续表

序　号	名　称	截　面	标　注	说　明
4	槽钢	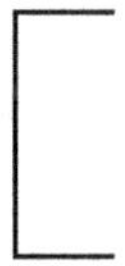	[N　Q[N	轻型槽钢加注 Q 字
5	方钢	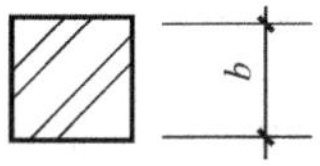 b	b	—
6	扁钢	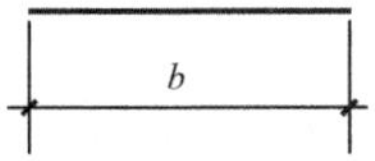 b	$—b\times t$	—
7	钢板		$-\frac{-b\times t}{L}$	宽×厚 板长
8	圆钢	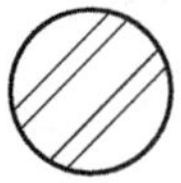	ϕd	—
9	钢管	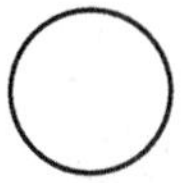	$\phi d\times t$	d 为外径 t 为壁厚
10	薄壁方钢管		B　$b\times t$	薄壁型钢加注 B 字 t 为壁厚
11	薄壁等肢角钢	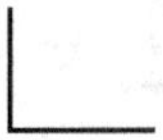	B　$b\times t$	
12	薄壁等肢卷边角钢	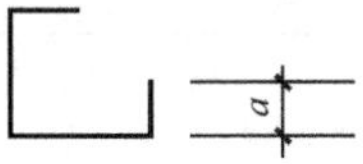 a	B　$h\times a\times t$	
13	薄壁槽钢	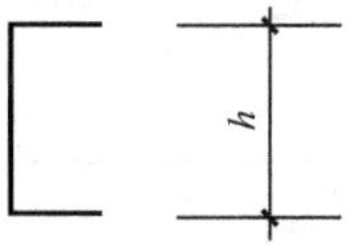 h	B　$h\times b\times t$	

续表

序　号	名　称	截　面	标　注	说　明
14	薄壁卷边槽钢	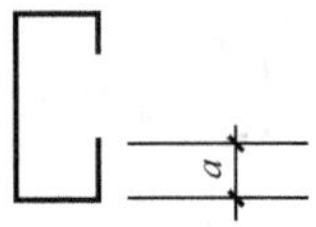	B 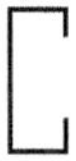 $h \times b \times a \times t$	薄壁型钢加注 B 字 t 为壁厚
15	薄壁卷边 Z 型钢	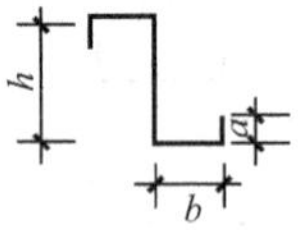	B  $h \times b \times a \times t$	
16	T 型钢	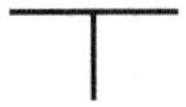	TW×× TM×× TN××	TW 为宽翼缘 T 型钢 TM 为中翼缘 T 型钢 TN 为窄翼缘 T 型钢
17	H 型钢	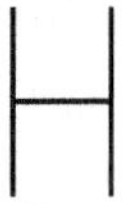	HW×× HM×× HN××	HW 为宽翼缘 H 型钢 HM 为中翼缘 H 型钢 HN 为窄翼缘 H 型钢
18	起重机钢轨		 QU××	详细说明产品规格型号
19	轻轨及钢轨	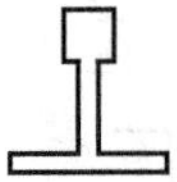	××kg/m钢轨	

1.3.2　螺栓、孔、电焊铆钉的表示方法

螺栓、孔、电焊铆钉的表示方法应符合表 1-10 中的规定。

螺栓、孔、电焊铆钉的表示方法　　**表 1-10**

序　号	名　称	图　例	说　明
1	永久螺栓	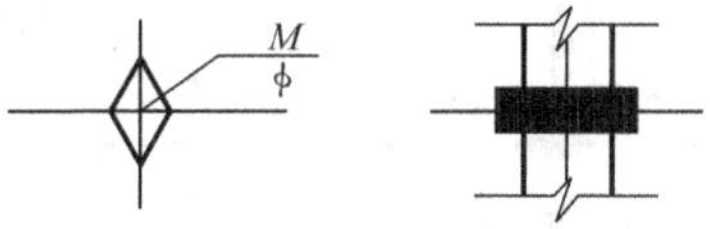	1. 细“＋”线表示定位线 2. M 表示螺栓型号 3. ϕ 表示螺栓孔直径 4. d 表示膨胀螺栓、电焊铆钉直径 5. 采用引出线标注螺栓时，横线上标注螺栓规格，横线下标注螺栓孔直径
2	高强螺栓	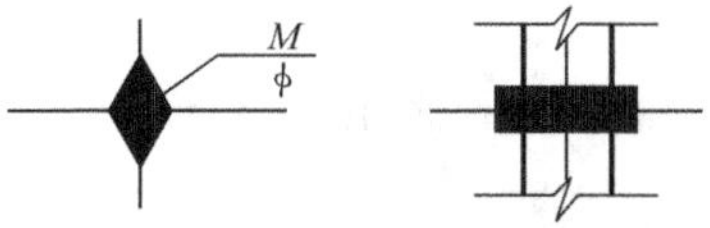	
3	安装螺栓	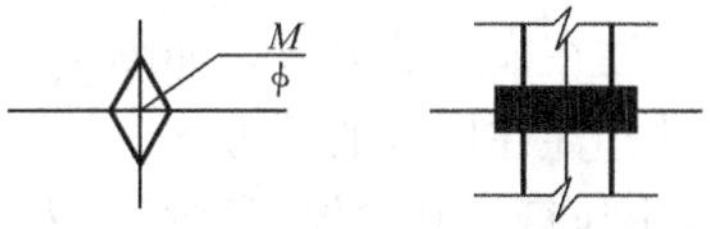	
4	膨胀螺栓	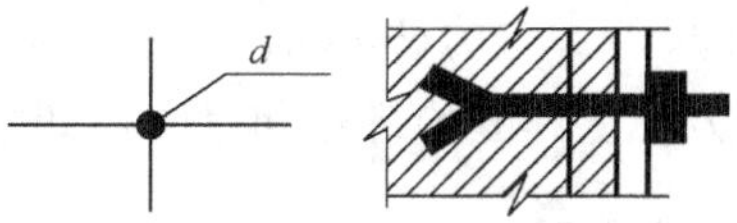	
5	圆形螺栓孔	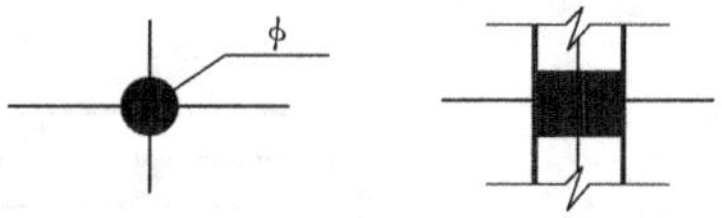	
6	长圆形螺栓孔	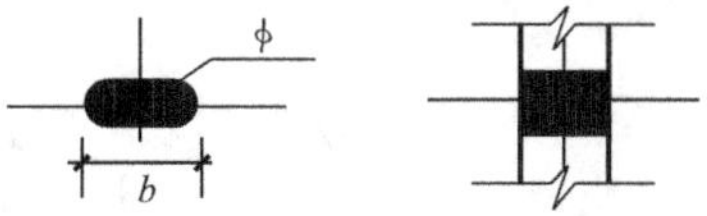	
7	电焊铆钉	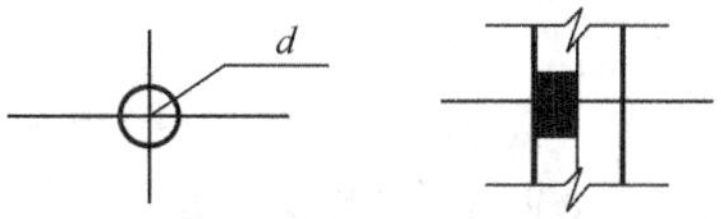	

1.3.3 常用焊缝的表示方法

（1）焊接钢构件的焊缝除应按现行的国家标准《焊缝符号表示法》（GB/T 324—2008）有关规定执行外，还应符合本部分的各项规定。

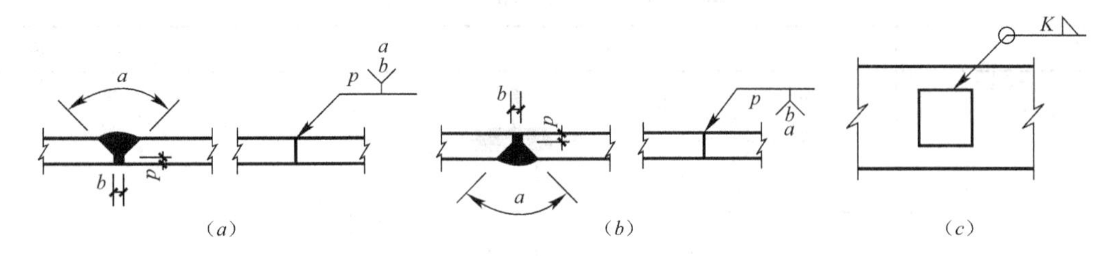

图 1-18 单面焊缝的标注方法

（2）单面焊缝的标注方法应符合下列规定：

1）当箭头指向焊缝所在的一面时，应将图形符号和尺寸标注在横线的上方，如图 1-18（a）所示；当箭头指向焊缝所在另一面（相对应的那面）时，应按图 1-18（b）的规定执行，将图形符号和尺寸标注在横线的下方。

2）表示环绕工作件周围的焊缝时，应按图 1-18（c）的规定执行，其围焊焊缝符号为圆圈，绘在引出线的转折处，并标注焊角尺寸 K。

（3）双面焊缝的标注，应在横线的上、下都标注符号和尺寸。上方表示箭头一面的符号和尺寸，下方表示另一面的符号和尺寸，如图 1-19（a）所示；当两面的焊缝尺寸相同时，只需在横线上方标注焊缝的符号和尺寸，如图 1-19（b）（c）（d）所示。

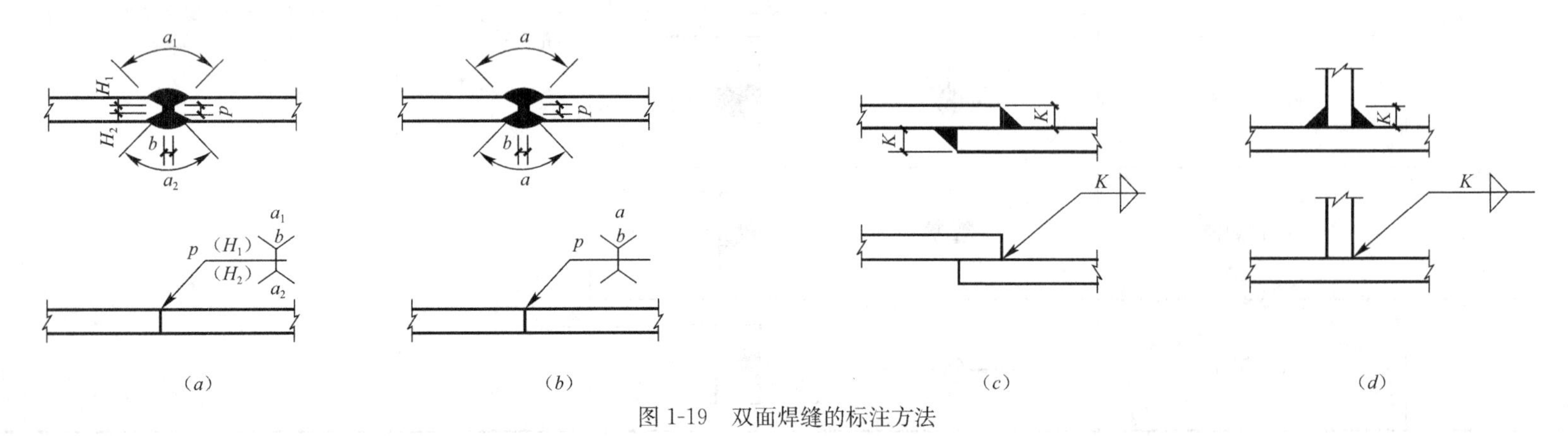

图 1-19 双面焊缝的标注方法

（4）3个和3个以上的焊件相互焊接的焊缝，不得作为双面焊缝标注。其焊缝符号和尺寸应分别标注，如图1-20所示。

（5）相互焊接的两个焊件中，当只有一个焊件带坡口时（如单面V形），引出线箭头必须指向带坡口的焊件，如图1-21所示。

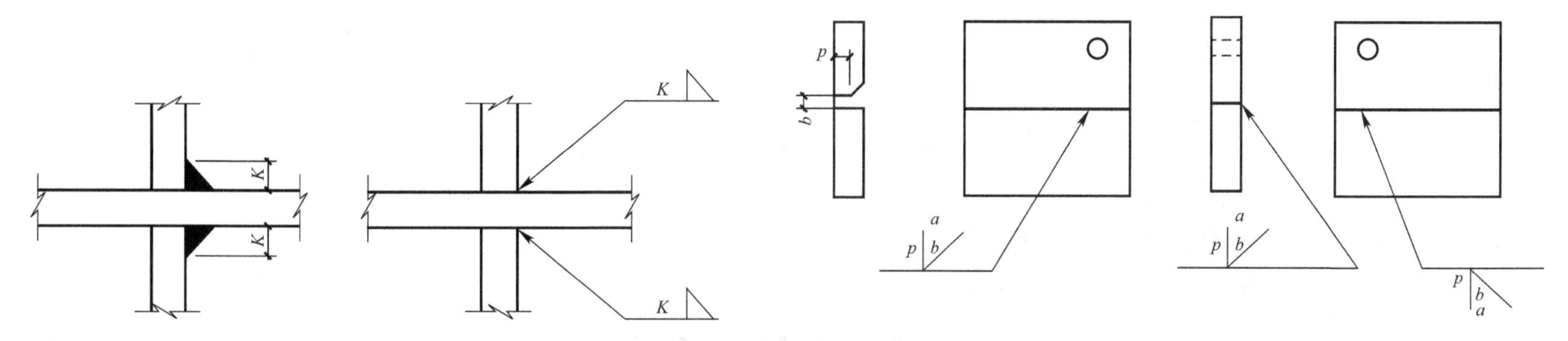

图1-20　3个及以上焊件的焊缝标注方法

图1-21　一个焊件带坡口的焊缝标注方法

（6）相互焊接的2个焊件，当为单面带双边不对称坡口焊缝时，应按图1-22的规定，引出线箭头应指向较大坡口的焊件。

（7）当焊缝分布不规则时，在标注焊缝符号的同时，可按图1-23的规定，宜在焊缝处加中实线（表示可见焊缝），或加细栅线（表示不可见焊缝）。

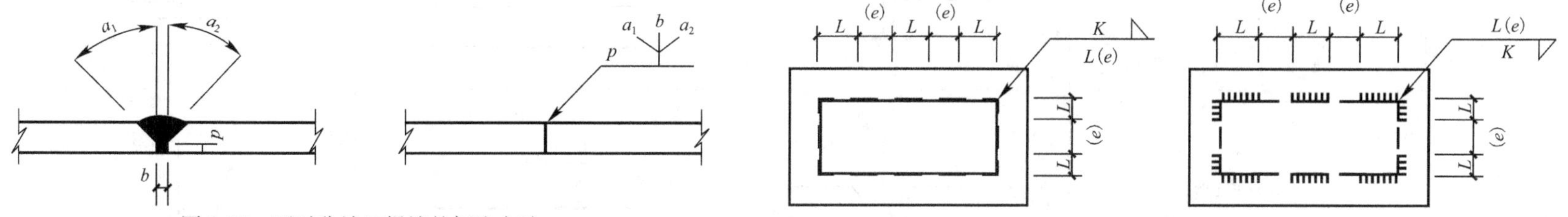

图1-22　不对称坡口焊缝的标注方法

图1-23　不规则焊缝的标注方法

（8）相同焊缝符号应按下列方法表示：

1）在同一图形上，当焊缝形式、断面尺寸和辅助要求均相同时，应按图1-24（*a*）的规定，可只选择一处标注焊缝的符号和尺寸，并加注“相同焊缝符号”，相同焊缝符号为3/4圆弧，绘在引出线的转折处。

2）在同一图形上，当有数种相同的焊缝时，宜按图1-24（*b*）的规定，可将焊缝分类编号标注。在同一类焊缝中可选择一处标注焊缝符号和尺寸。分类编号采用大写的拉丁字母A、B、C。

（9）需要在施工现场进行焊接的焊件焊缝，应按图1-25的规定标注“现场焊缝”符号。现场焊缝符号为涂黑的三角形旗号，绘在引出线的转折处。

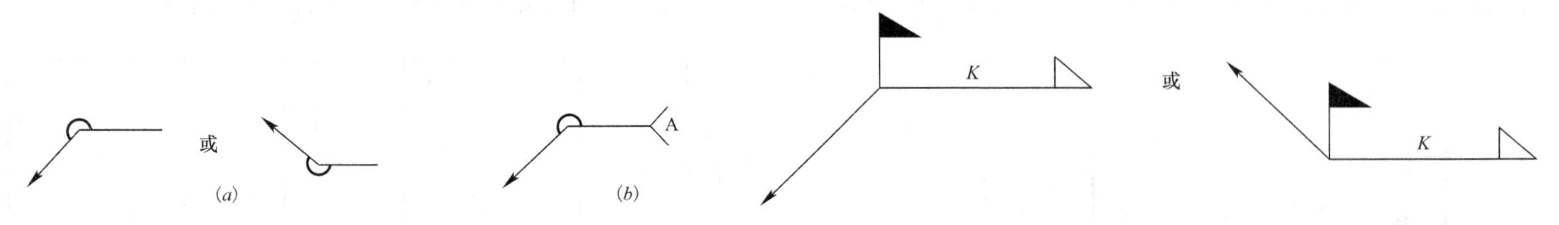

图 1-24　相同焊缝的标注方法

图 1-25　现场焊缝的标注方法

（10）当需要标注的焊缝能够用文字表述清楚时，也可采用文字表达的方式。

（11）建筑钢结构常用焊缝符号及符号尺寸应符合表 1-11 的规定。

建筑钢结构常用焊缝符号及符号尺寸　　**表 1-11**

序　号	焊缝名称	形　式	标注法	符号尺寸（mm）
1	V 形焊缝	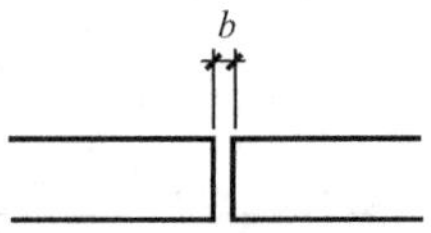	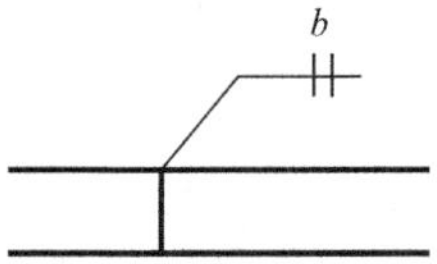	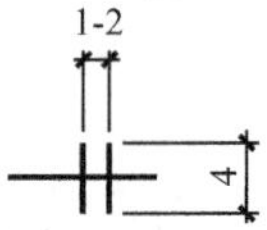
2	单边 V 形焊缝	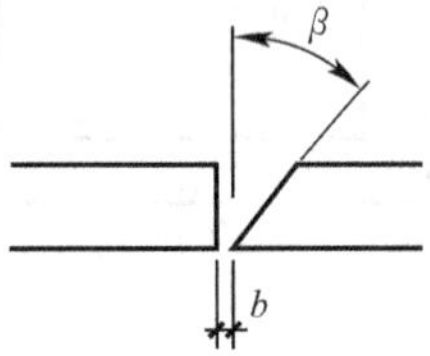	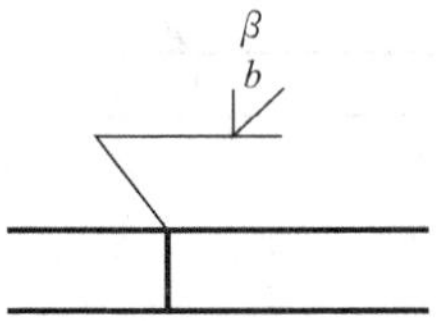 注：箭头指向剖口	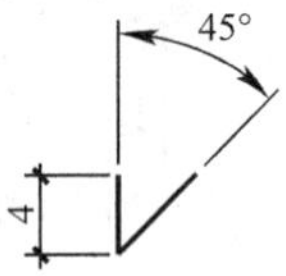
3	带钝边单边 V 形焊缝	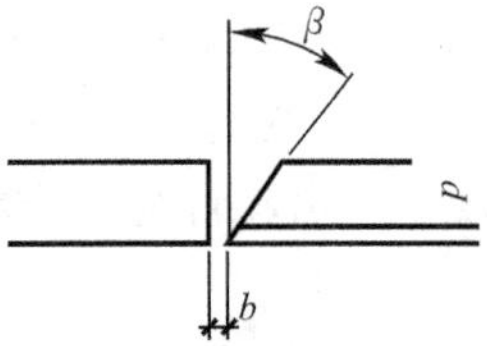	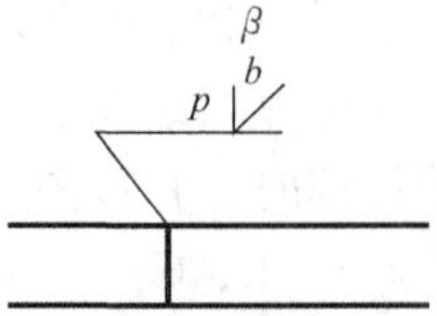	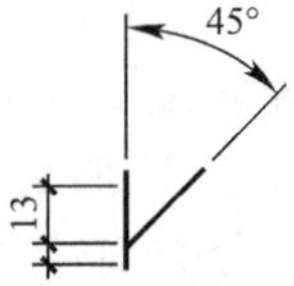

续表

序 号	焊缝名称	形 式	标注法	符号尺寸（mm）
4	带垫板带钝边单边 V 形焊缝	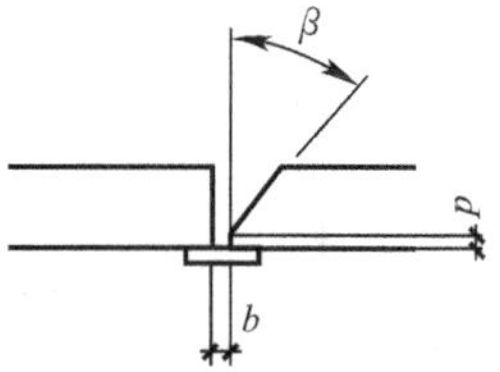 β p b	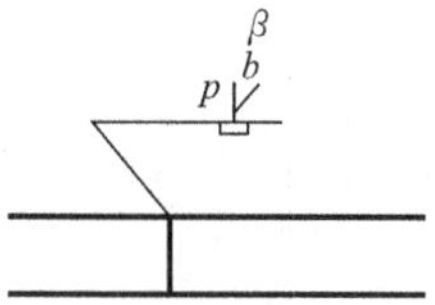 β b p 注：箭头指向剖口	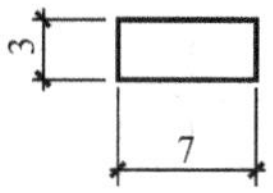 3 7
5	带垫板 V 形焊缝	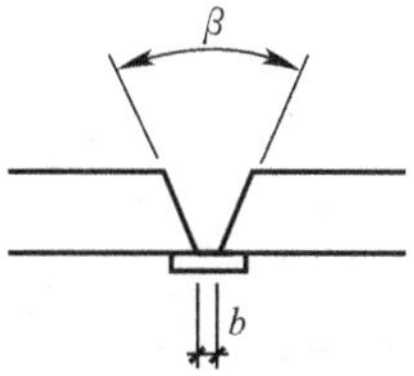 β b	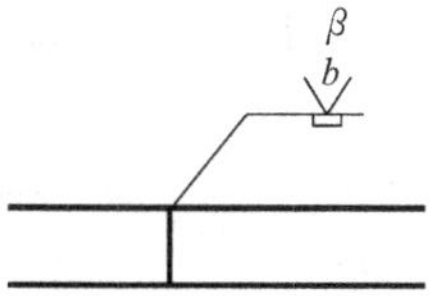 β b	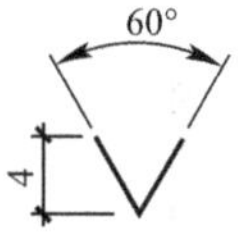 60° 4
6	Y 形焊缝	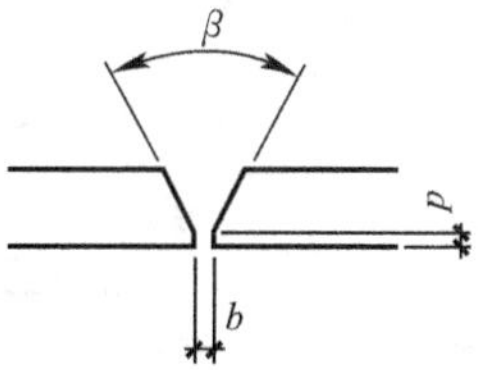 β p b	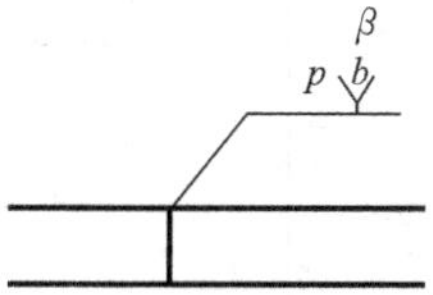 β p b	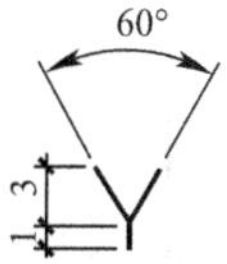 60° 3 1
7	带垫板 Y 形焊缝	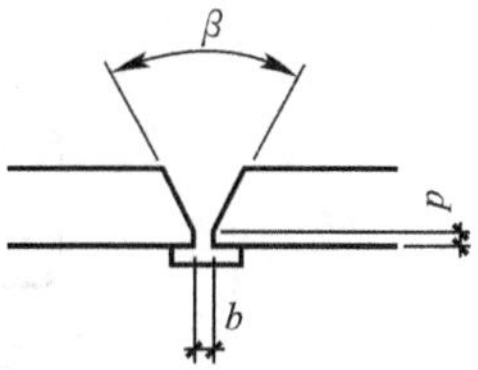 β p b	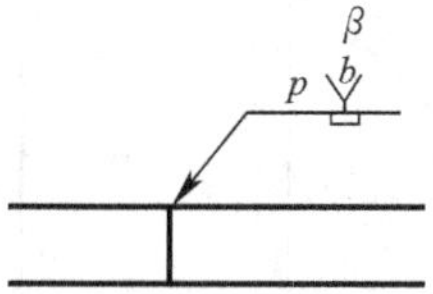 β p b	—
8	双单边 V 形焊缝	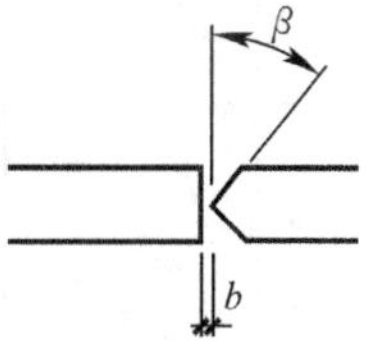 β b	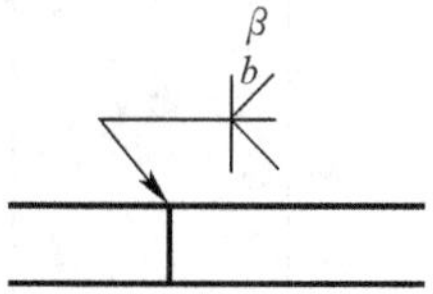 β b	—

续表

序　号	焊缝名称	形　式	标注法	符号尺寸（mm）
9	双 V 形焊缝	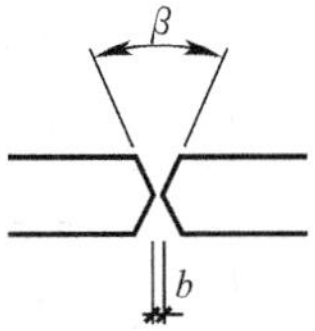	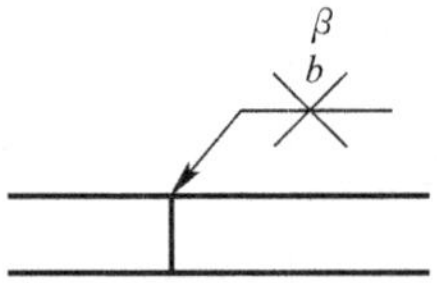	—
10	带钝边 U 形焊缝	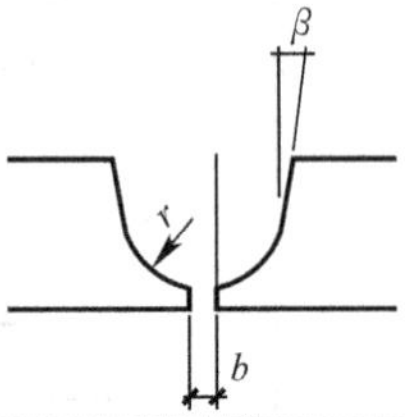	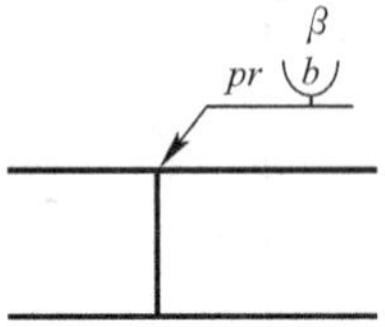	
11	带钝边双 U 形焊缝	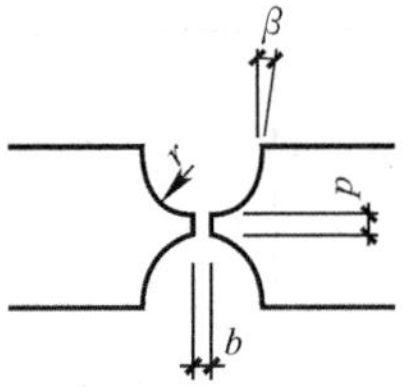	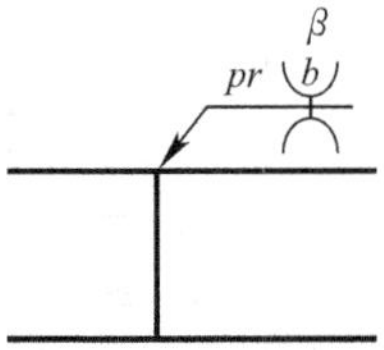	—
12	带钝边 J 形焊缝	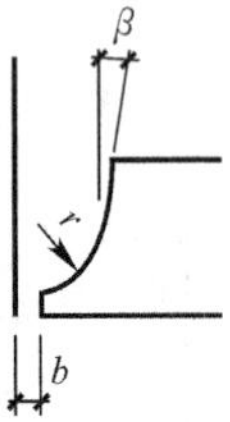	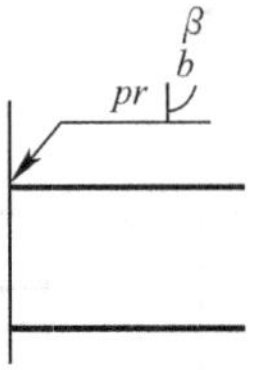	
13	带钝边双 J 形焊缝	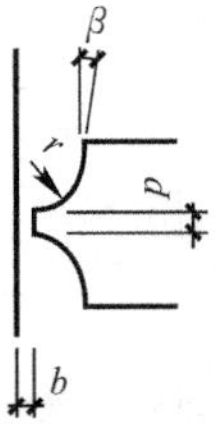	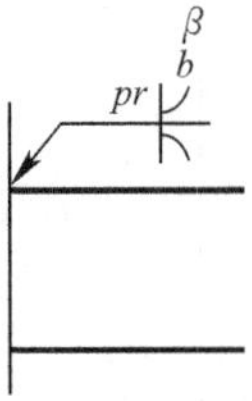	—

续表

序号	焊缝名称	形式	标注法	符号尺寸（mm）
14	角焊缝	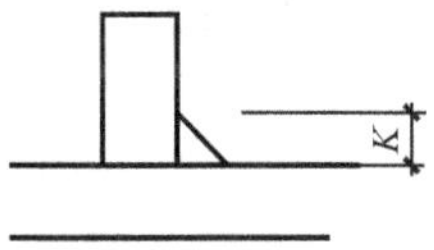 K	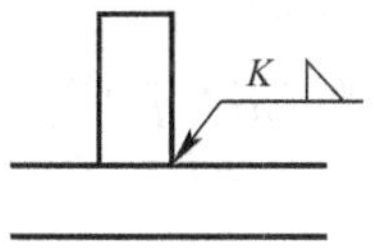 K	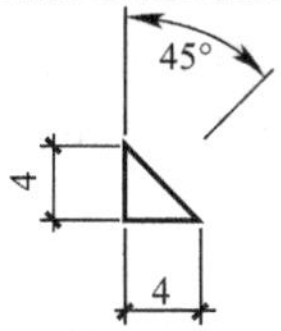 45°, 4, 4
15	双面角焊缝	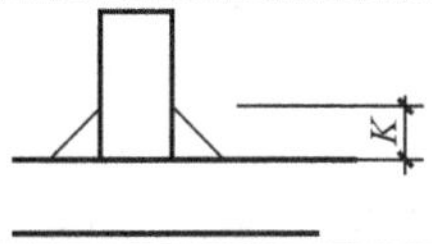 K	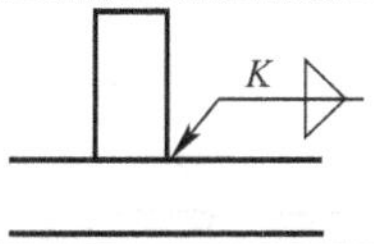 K	—
16	剖口角焊缝	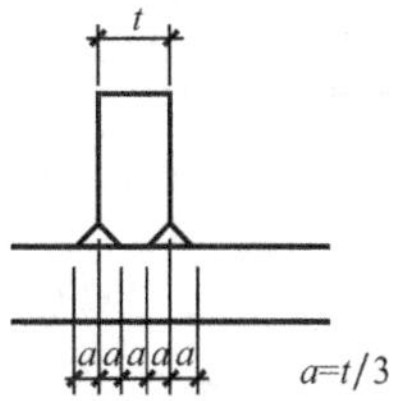 t, a a a a a, a=t/3	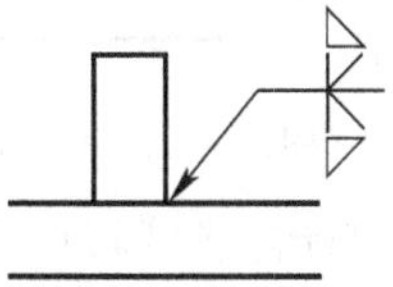	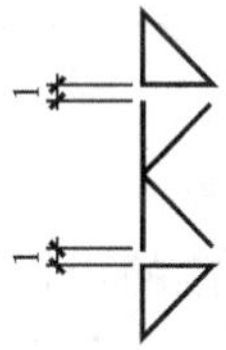 1, 1
17	喇叭形焊缝	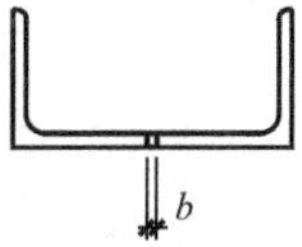 b	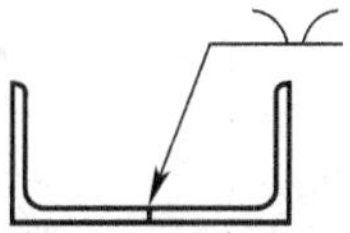	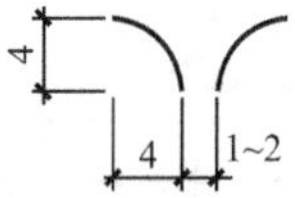 4, 4, 1~2
18	双面半喇叭形焊缝	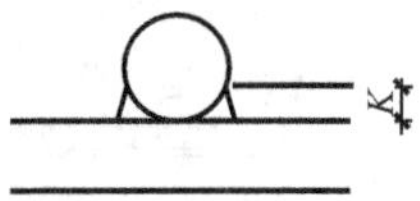 K	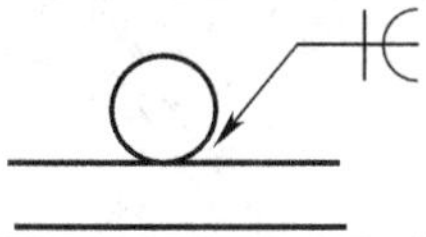	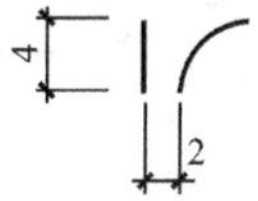 4, 2
19	塞焊	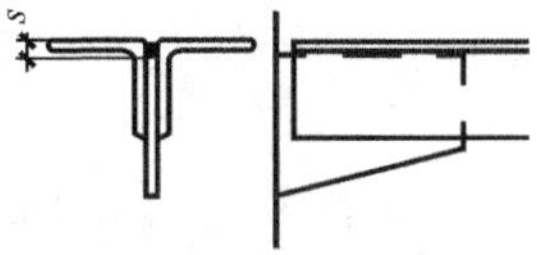 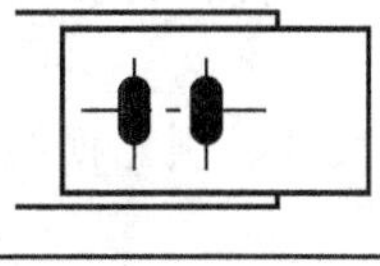 s	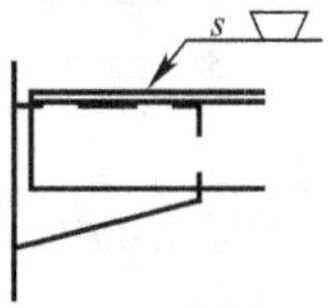 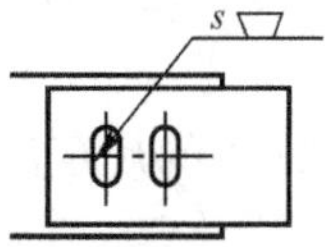 s, s	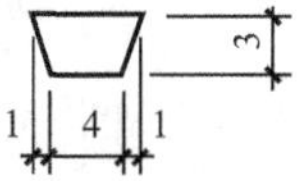 3, 1, 4, 1

1.3.4 尺寸标注

（1）两构件的两条很近的重心线，应按图 1-26 的规定在交汇处将其各自向外错开。

（2）弯曲构件的尺寸应按图 1-27 的规定沿其弧度的曲线标注弧的轴线长度。

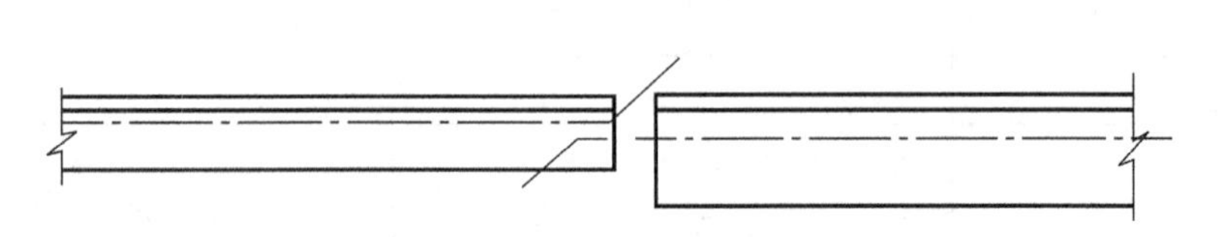

图 1-26 两构件重心不重合的表示方法

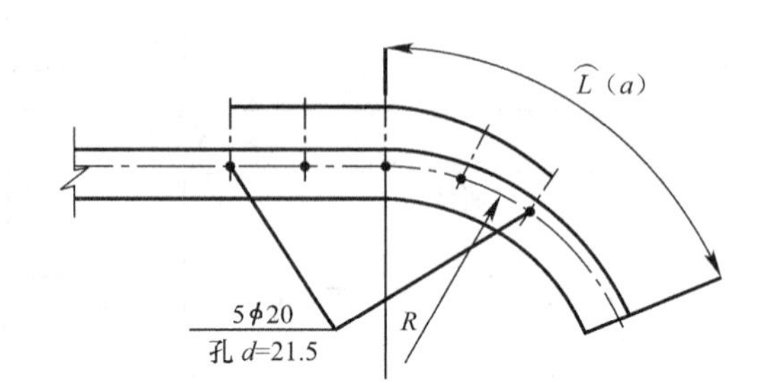

图 1-27 弯曲构件尺寸的标注方法

（3）切割的板材，应按图 1-28 的规定标注各线段的长度及位置。

（4）不等边角钢的构件，应按图 1-29 的规定标注出角钢一肢的尺寸。

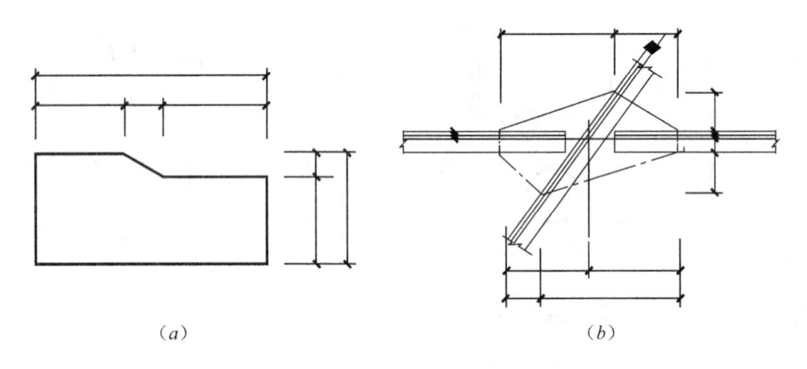

图 1-28 切割板材尺寸的标注方法

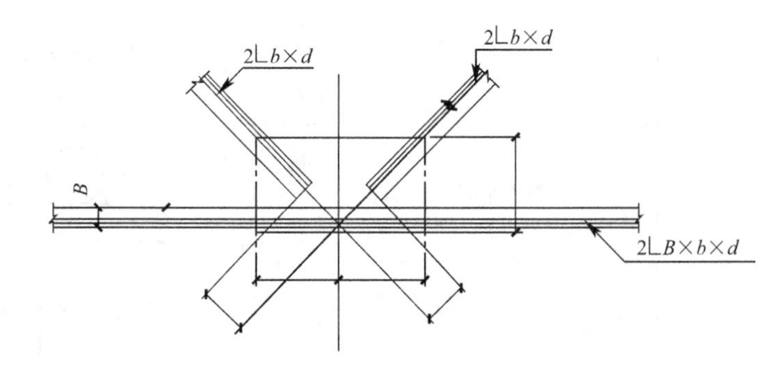

图 1-29 节点尺寸及不等边角钢的标注方法

（5）节点尺寸，应按图 1-29、图 1-30 的规定，注明节点板的尺寸和各杆件螺栓孔中心或中心距，以及杆件端部至几何中心线交点的距离。

（6）双型钢组合截面的构件，应按图 1-31 的规定注明缀板的数量及尺寸。引出横线上方标注缀板的数量及缀板的宽度、厚度，引出横线下方标注缀板的长度尺寸。

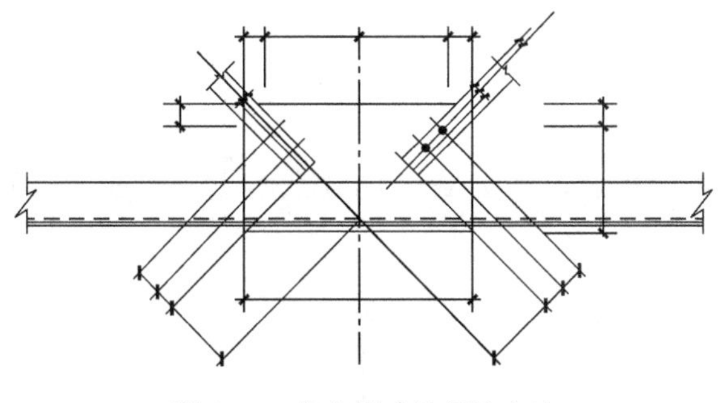

图 1-30 节点尺寸的标注方法

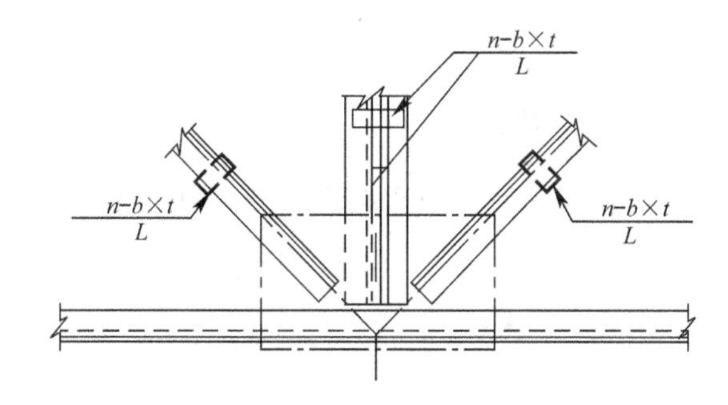

图 1-31 缀板的标注方法

(7) 非焊接的节点板，应按图 1-32 的规定注明节点板的尺寸和螺栓孔中心与几何中心线交点的距离。

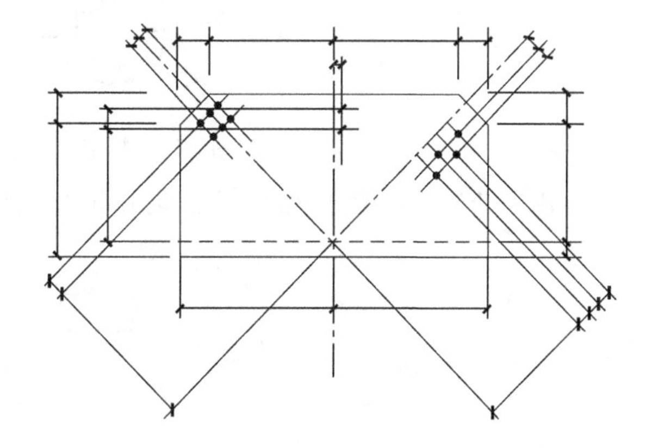

图 1-32 非焊接节点板尺寸的标注方法

1.3.5 钢结构制图一般要求

(1) 钢结构布置图可采用单线表示法、复线表示法及单线加短构件表示法，并符合下列规定：

1) 单线表示时，应使用构件重心线（细点画线）定位，构件采用中实线表示；非对称截面应在图中注明截面摆放方式。

2) 复线表示时，应使用构件重心线（细点画线）定位，构件使用细实线表示构件外轮廓，细虚线表示腹板或肢板。

3) 单线加短构件表示时，应使用构件重心线（细点画线）定位，构件采用中实线表示；短构件使用细实线表示构件外轮廓，细虚线表示腹板或肢板；短构件长度一般为构件实际长度的 1/3～1/2。

4) 为方便表示，非对称截面可采用外轮廓线定位。

(2) 构件断面可采用原位标注或编号后集中标注，并符合下列规定：

1) 平面图中主要标注内容为梁、水平支撑、栏杆、铺板等平面构件。

2) 剖、立面图中主要标注内容为柱、支撑等竖向构件。

(3) 构件连接应根据设计深度的不同要求，采用如下表示方法：

1) 制造图的表示方法，要求有构件详图及节点详图。

2) 索引图加节点详图的表示方法。

3）标准图集的方法。

1.3.6 复杂节点详图的分解索引

（1）从结构平面图或立面图引出的节点详图较为复杂时，可按图 1-34 的规定，将图 1-33 的复杂节点分解成多个简化的节点详图进行索引。

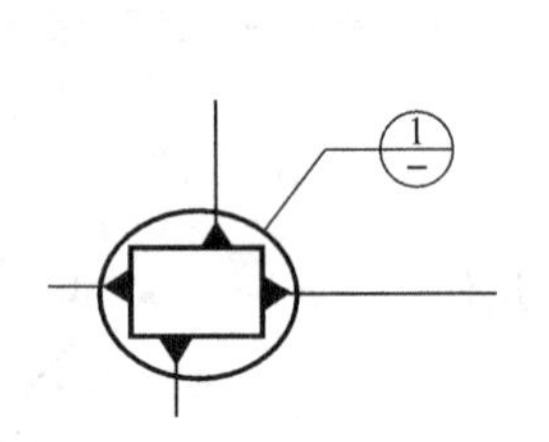

图 1-33　复杂节点详图的索引

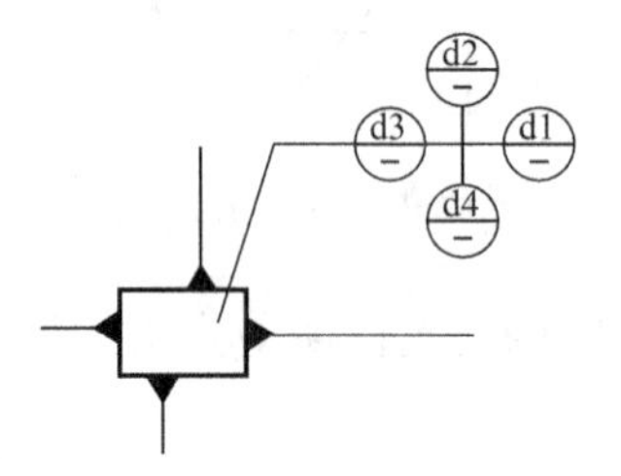

图 1-34　分解为简化节点详图的索引

（2）由复杂节点详图分解的多个简化节点详图有部分或全部相同时，可按图 1-35 的规定简化标注索引。

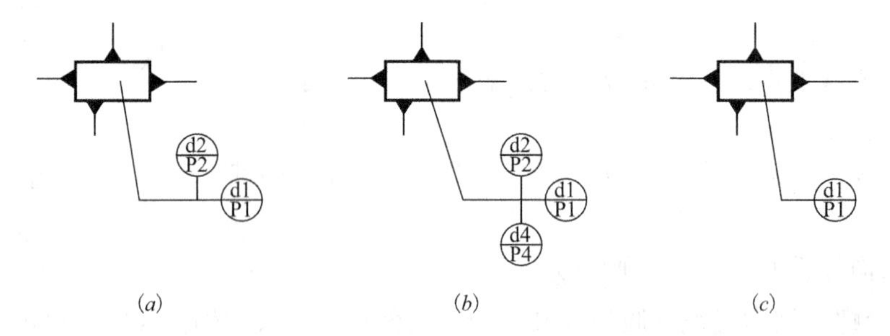

图 1-35　节点详图分解索引的简化标注

（*a*）同方向节点相同；（*b*）d1 与 d3 相同，d2 与 d4 不同；（*c*）所有节点相同

2　识读钢筋混凝土结构施工图

2.1　识读基础施工图

2.1.1　基础的类型与构造

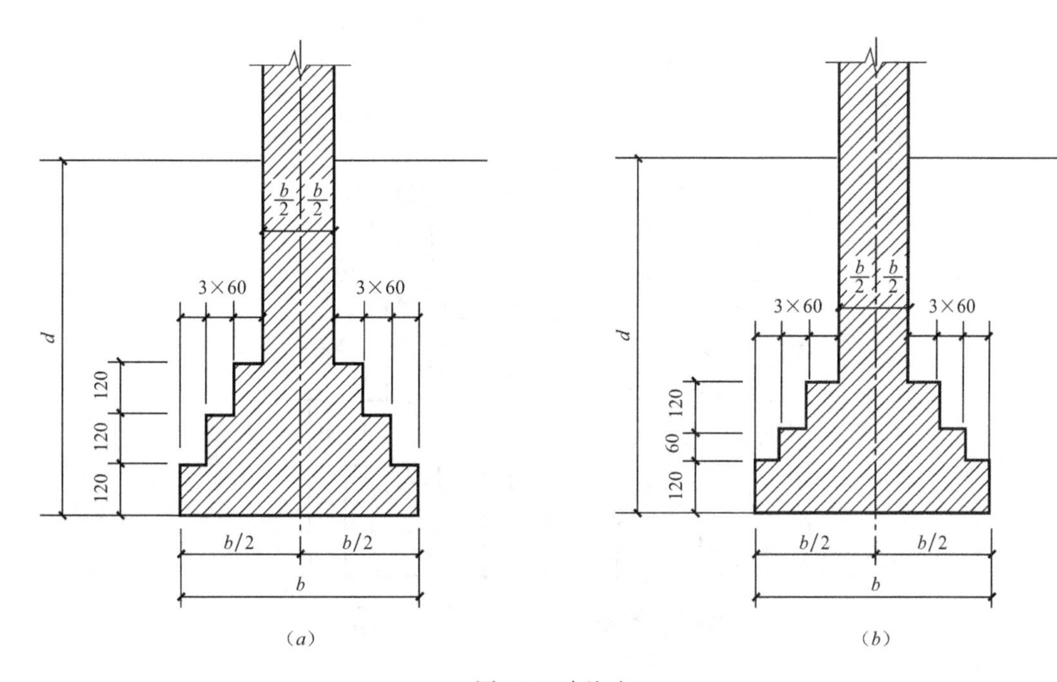

图 2-1　砖基础

1. 基础的类型

基础是建筑物最下部的组成部分，埋于地面以下，负责将建筑物的全部荷载传递给地基。基础作为建筑物的主要承重构件，要求坚固、稳定、耐久，还应具有防潮、防水、耐腐蚀等性能。基础的类型很多，划分方法也不尽相同。

（1）按基础的材料性能和受力特点划分

1）刚性基础。指用砖、灰土、混凝土、三合土等抗压强度大而抗拉强度小的刚性材料做成的基础，常见的有砖基础、三合土基础、灰土基础、毛石基础、混凝土基础等。

① 砖基础。砖基础由砖和砂浆砌筑而成，其剖面一般为阶梯形，称为大放脚。大放脚的砌法有两皮一收和二一间隔收两种，每次收进 1/4 砖长（60mm）。砖基础如图 2-1 所示。

② 三合土基础。三合土基础是由石灰、砂、碎砖（或碎石）按体积比 1∶2∶4～1∶3∶6配制，加入适量水拌和而成的。三合土基础如图 2-2（a）所示。

③ 灰土基础。灰土基础是用石灰和黏土按体积比 3∶7 或 2∶8 混合而成的。灰土基础如图 2-2（b）所示。

④ 毛石基础。毛石基础是用毛石（未经加工整平的石料）砌筑而成的。毛石基础如图 2-3 所示。

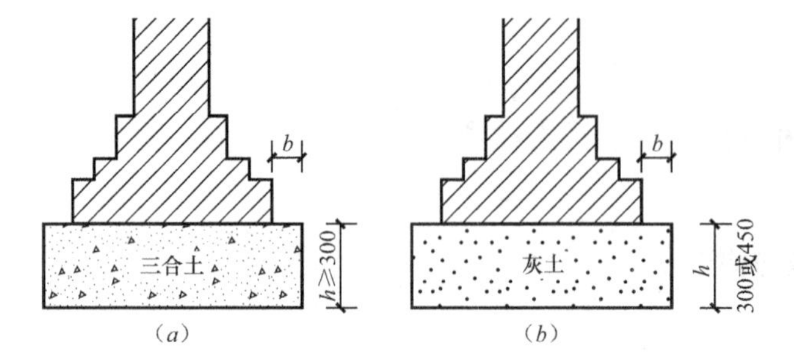

图 2-2　三合土、灰土基础

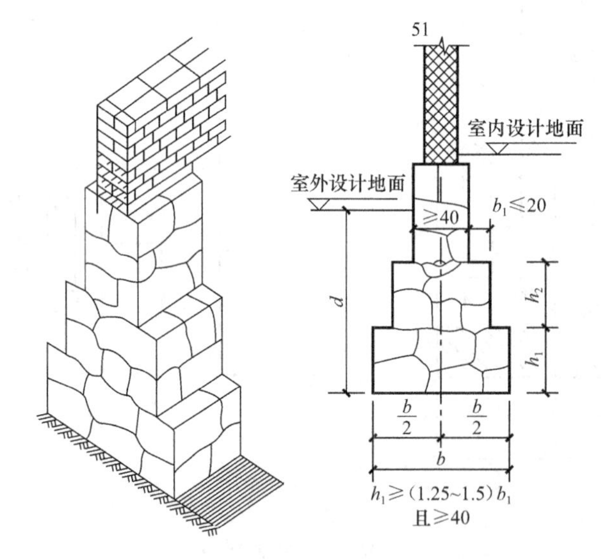

图 2-3　毛石基础

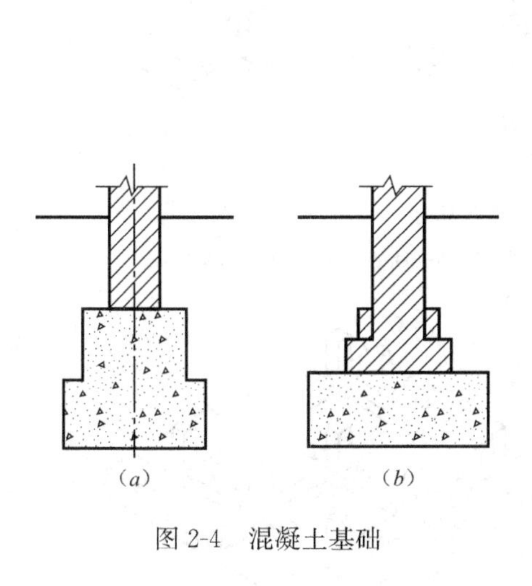

图 2-4 混凝土基础

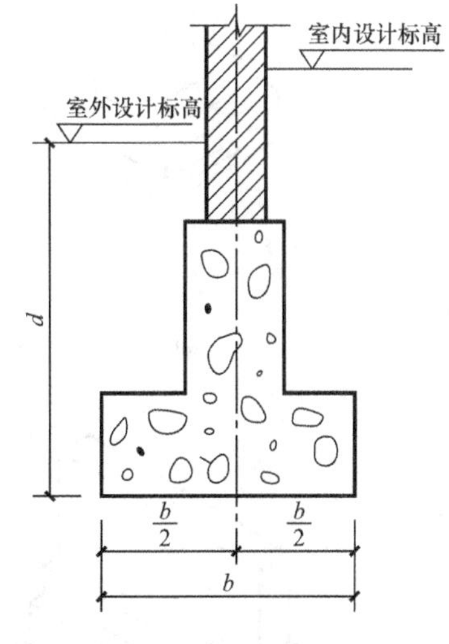

图 2-5 毛石混凝土基础

⑤ 混凝土和毛石混凝土基础。混凝土基础常用强度等级为 C10 的混凝土浇筑而成。混凝土基础如图 2-4 所示，毛石混凝土基础如图 2-5 所示。

2）柔性基础。一般指钢筋混凝土基础，是用钢筋混凝土制成的受压、受拉均较强的基础。

（2）按基础的构造形式划分

1）独立基础。当建筑物上部结构采用框架结构或单层排架结构承重时，柱下常采用独立基础，独立基础是柱下基础的基本形式。独立基础通常有阶梯形和坡形（锥形）两种形式，如图 2-6（*a*）、（*b*）所示。

当柱采用预制构件时，则基础做成杯口形，然后将柱插入并嵌固在杯口内，故称杯口独立基础，如图 2-6（*c*）所示。

2）条形基础。当建筑物上部结构采用墙承重时，基础沿墙身设置，多做成长条形，这类基础称为条形基础或带形基础，一般用于多层混合结构，如图 2-7 所示。

3）筏形基础。建筑物基础由整片的钢筋混凝土板组成，这样的基础称为筏形基础（又称满堂基础）。筏形基础常用于建筑物上部荷载大而地基又较弱的多层砌体结构、框架结构和剪力墙结构等的墙下和柱下。按其结构布置分为平板式和梁板式两种，其受力特点与倒置的楼板相似，如图 2-8 所示。

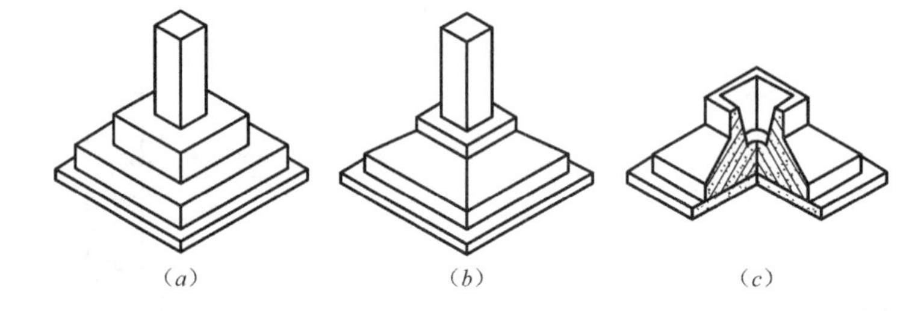

图 2-6　独立基础

（*a*）阶梯形独立基础；（*b*）坡形独立基础；（*c*）杯口独立基础

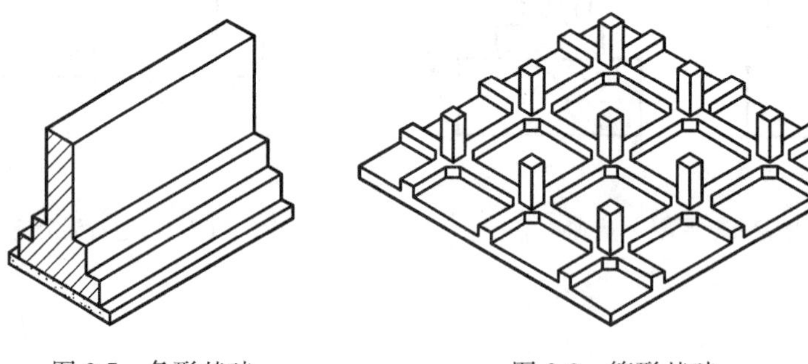

图 2-7　条形基础

图 2-8　筏形基础

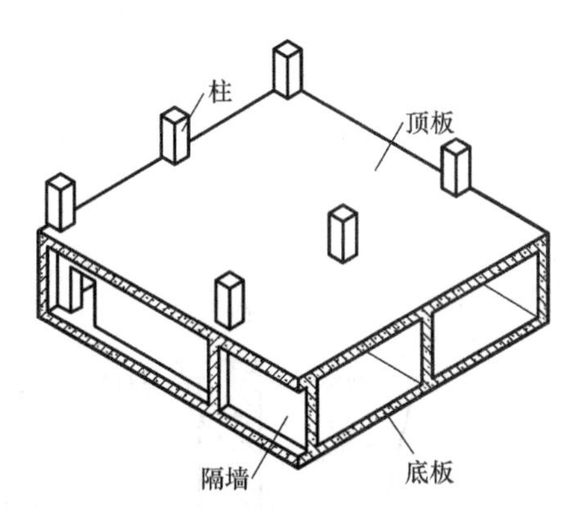

图 2-9　箱形基础

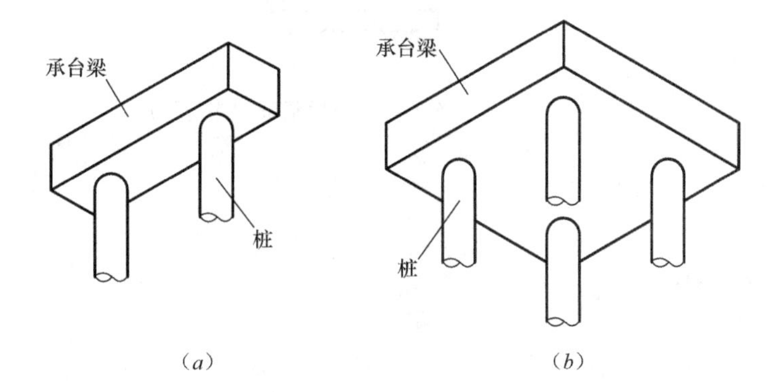

图 2-10　桩基础

(a) 承台梁式桩基础；(b) 承台板式桩基础

4）箱形基础。箱形基础是由钢筋混凝土底板、顶板和若干纵、横隔墙组成的整体结构，基础的中空部分可用作地下室（单层或多层的）或地下停车库。箱形基础整体空间刚度大，整体性强，能抵抗地基的不均匀沉降，较适用于高层建筑或在软弱地基上建造的重型建筑物，如图 2-9 所示。

5）桩基础。当浅层地基不能满足建筑物对地基承载力的要求，而又不适宜采取地基处理措施时，就要考虑以下部坚实土层或岩层作为持力层的深基础，可采用桩基础。桩基础一般由设置于土中的桩身和承接上部结构的承台组成，如图 2-10所示。

2. 基础的构造组成

下面以条形基础为例，介绍基础的构造组成，如图 2-11 所示。

（1）地基　地基是基础下面的土层，承受由基础传递的建筑物的全部荷载。地基必须具有足够的承载力。一般对房屋进行设计之前应对地基土层进行勘察，以了解地基土层的组成、地下水位、承载力等地质情况。

（2）垫层　垫层位于基础与地基之间，将基础传来的荷载均匀地传递给地基。基础垫层材料一般采用混凝土，荷载比较小时也可采用灰土垫层。

（3）大放脚　基础底部一阶一阶扩大的部分称为大放脚。大放脚可以增加基础底部与垫层的接触面积，减少垫层上单位面积的压力。

（4）基础墙　基础顶面以上、室内地面以下的墙体称为基础墙。

（5）防潮层　为了防止水分沿基础墙上升，导致墙身受潮，通常在室内地面以下（一般为 0.060m 处）设置一层防水材料，此防水层称为防潮层。

（6）基础埋深　室外地面至基础底面的垂直距离称为基础埋置深度，简称基础埋深。基础按其埋置深度分为浅基础和深基础。基础埋深一般不小于 0.5m，埋深小于 5m 时称为浅基础，埋深大于等于 5m 时称为深基础。

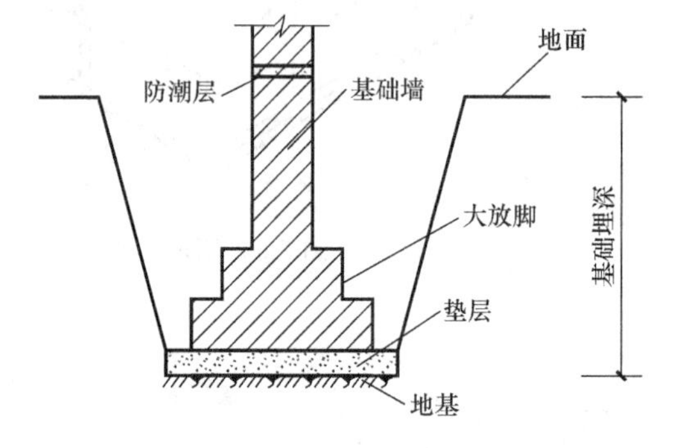

图 2-11　条形基础的构造组成

2.1.2 地质勘探图

地质勘探图虽然不属于结构施工图的范围，但它与结构施工图中的基础施工图有着密切的关系。因为任何房屋建筑的基础都坐落在一定的地基上。地基土的好坏，对工程的影响很大，所以施工人员除了要看基础施工图外，尚应能看懂该建筑坐落处地基的地质勘探图。地质勘探图及其相应资料都是伴随基础施工图一起交给施工单位的，在看图时可以结合基础施工图一起看地质勘探图，目的是了解地基的构造层次和地基土的工程力学性能，从而明确地基为什么要埋置在某个深度，并在什么土层中。看懂了勘探图及地质资料后，可以检查基础开挖深度的土质、土色、成分是否与勘探情况符合，如发现异常则可及时提出，便于及时处理，防止造成事故。

1. 地质勘探图概念

地质勘探图是利用钻机钻取一定深度内土层土壤后，经土工试验确定该处地面以下一定深度内土壤成分和分布状况的图纸。地质勘探前要根据该建筑物的大小、高度以及该处地貌变化情况，确定钻孔的多少、深度和在该建筑上的平面布置，以便钻孔后取得的资料能满足建筑基础设计的需要。施工人员阅读该类图纸只是为了核对施工土方时的准确性和防止异常情况的出现，达到顺利施工，保证工程质量。另外，根据国家有关规定，土方施工完成后，还应请地质勘察单位、设计单位、监理单位等部门共同组成检查组验证签字后，方能进行基础的施工。

2. 地质勘探图内容

地质勘探图正名为工程地质勘察报告。它包括四个部分，一是建筑物平面外形轮廓和勘探点位置的平面布点图；二是场地情况描述，如场地历史和现状、地下水位的变化情况；三是工程地质剖面图，描述钻孔钻入深度范围内土层土质类别的分布；四是一张描述土层土质及地基承载力的表格，在表中将土的类别、色味、土层厚度、湿度、密度、状态以及有无杂物的情况加以说明，并提供各土层土的承载力特征值。

地质勘察单位还可以对取得的土质资料提出结论和建议，作为设计人员进行基础设计时的参考和依据。

（1）建筑物外形及探点图　图 2-12 为某工程的平面图，在这个建筑外形上布了 10 个钻孔点。孔点用小圆圈表示，在孔边用数字编号。编号下面有一道横线，横线下的数字代表孔面高程，有的是 30.06m，有的是 30.50m，钻孔时就按照布点图钻取土样。在图中可以看到，孔点的小圆圈中有不同的图案，它们分别代表不同用途的钻孔，这可以根据给出的图例了解到。由于不同的勘察单位有不同的表示符号，因此，在阅读工程地质探点图时应首先注意阅读图例。

（2）工程地质剖面图地质勘察的剖面图是将平面上布的钻孔连成一线，以该连线作为两孔之间地质剖切面的剖切处，由此绘出两钻孔深度范围内其土质的土层情况。例如，将图 2-12 中 5～9 孔连成一线剖切后可以看到如图 2-13 所示的剖面图。其中，I_2 类土厚 2.4～3.4m，在孔 9 的位置深约 2.7m。I_3 类土最深点又在孔 9 处，深度为 6.3m，其大致厚度约为 3.6m，即 I_3 类土深度减去 I_2 类土深度为该 I_3 类土的厚度。从图中还可看出 I_3 类土往下为Ⅱ类土，Ⅱ类土往下为Ⅲ类土。

从图 2-13 中还可以看到，该处地下水位在地面下约 3.8m，以及各钻孔深度。要说明的是，图中孔与孔之间的土层采用直线分布表示，这是简化方法，实际的土层变化是很复杂的，但作为钻探工作者不能随便臆造两孔间的土层变化，所以采用直线表示作为制图的规则。

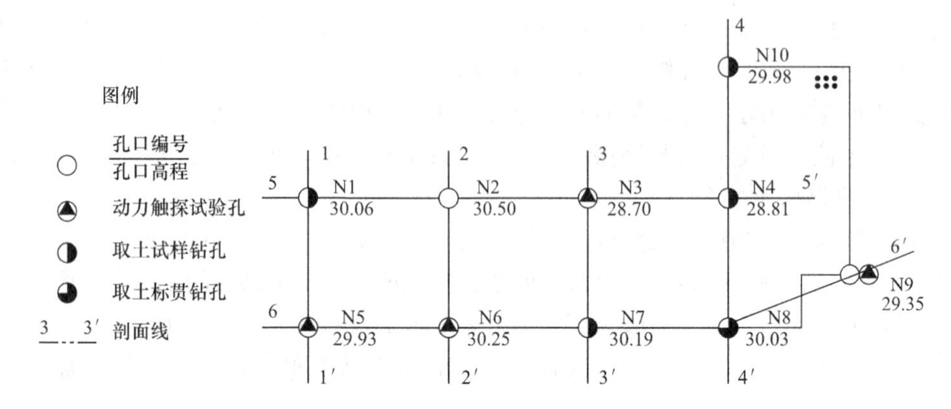

图 2-12　地质钻孔平面布置图（单位：m）

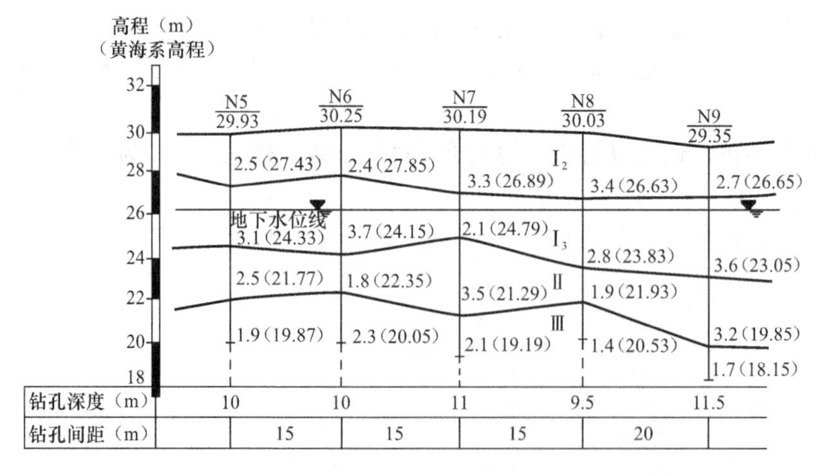

图 2-13　工程地质剖面图

（3）土层描述表 从图2-13可以看出，该建筑物地面下一定深度范围内有三类不同土质的土层。由此，勘察报告要制成如表2-1所示的土层描述表。从表2-1中可以看出，不同土层采用不同代号，如 I_2 表示杂填土土层。不同土层的土质是不同的，因此，针对不同土层填写土工试验分析情况，让设计及施工人员明确。其中，湿度、密度、状态告诉我们土质的含水率、孔隙率；色和味，是给我们直接的比较。因此，施工人员看懂地质勘探图并与工程施工现场结合，这对于掌握土方工程施工和做好房屋基础施工具有一定的意义。

土层描述表 **表2-1**

土层代号	土类	色味	厚度（m）	湿度	密度	状态	地基承载力特征值 f_{ak}（kPa）
I_2	杂填土	—	2.40～3.40	稍湿	稍密	杂	—
I_3	粉质黏土	灰黄	2.10～3.70	湿	稍密	流塑	80
Ⅱ	黏土	灰黄	1.80～3.50	稍湿	密实	可塑	180

注：1. 钻探期间稳定地下水位在地面下约3.8m，不同季节有升降变化。
2. 本场地的黏土层在较厚的填土层以下，由于民用建筑荷载不是十分大，故建议换土处理，做条形基础、板式基础等天然浅基础时，承载力特征值按120kPa计。

房屋的基础施工图归属于结构施工图，因为基础埋入地下，所以一般不需要做建筑装饰，主要是让它承受上部建筑物的全部荷载（建筑物本身的自重及建筑物内人员、设备的质量，风、地震作用），并将这些荷载传递给地基。一般说来，在房屋标高±0.000以下的构造部分均属于基础工程。根据基础工程施工需要所绘制的图纸，均称为基础施工图。

地基是指支承建筑物质量和作用的土层或岩层。地基，特别是土的抗压强度一般远低于墙体和柱。为降低地基单位面积上所受到的压力，避免地基在上部荷载作用下被压溃、失稳，产生过大或过于不均匀的沉降，往往需要把墙、柱下的基础部分适当扩大，墙、柱下端基础的扩大部分称为基础的大放脚。墙下基础与地基示意图，如图2-14所示。

2.1.3 基础施工图

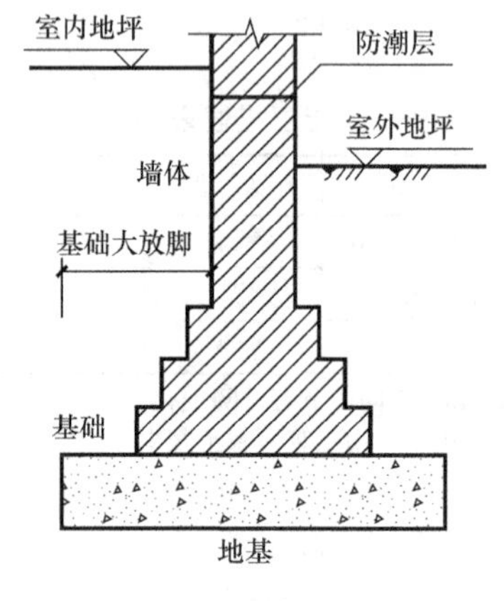

图2-14 墙下基础与地基示意

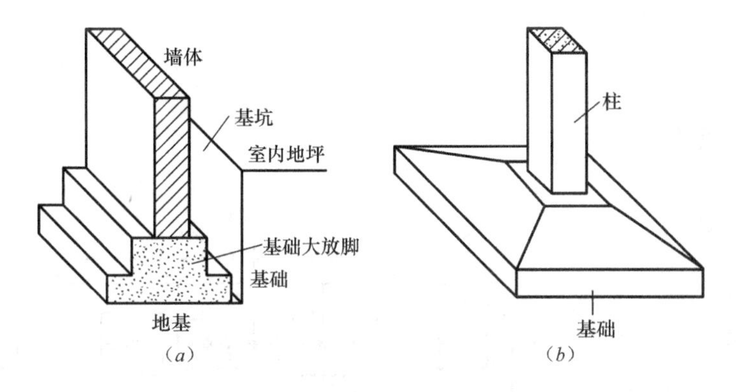

图 2-15　常见的基础形式

(*a*) 条形基础；(*b*) 独立基础

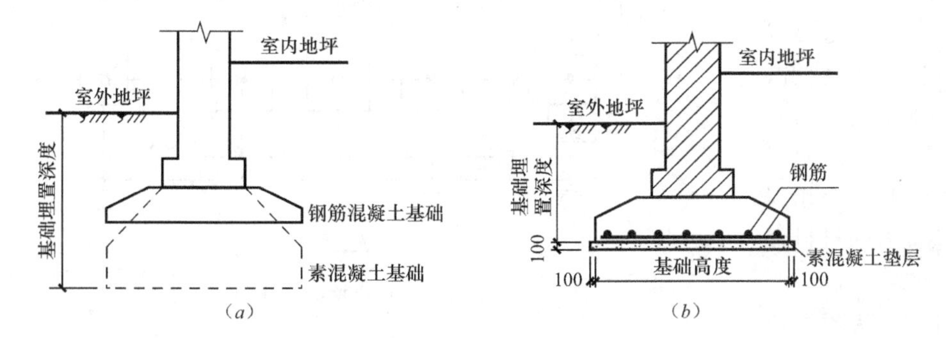

图 2-16　素混凝土基础与钢筋混凝土基础

(*a*) 素混凝土基础和钢筋混凝土基础比较；(*b*) 混凝土基础与钢筋混凝土基础

基础的形式和种类很多，从大的原则可以分为天然基础和人工基础两类。天然基础中，按其构造形式，大致可分为条形基础和独立基础两类，如图 2-15 所示；按其所采用的材料不同，又可分为砖基础、素混凝土基础［图 2-16 (*a*)］、钢筋混凝土基础［图 2-16 (*b*)］等。其中，砖、块石及素混凝土基础称为刚性基础，钢筋混凝土基础称为柔性基础［《建筑地基基础设计规范》GB 50007—2011 中称为扩展基础］。刚性基础一般做成阶梯形，台阶的宽高比（宽/高）一般要小于《建筑地基基础设计规范》GB 50007—2011 规定的宽高比限值（b/h），此限值与基础材料、地基反力大小等因素有关。因此，要加大基础底部的接触面积（增大基础大放脚的尺寸），就要加高基础，因而要相应地增加基础埋置深度。而钢筋混凝土基础（柔性基础）由于配置足够的钢筋，基础大放脚的尺寸不受宽高比的限制，因而埋深可以比具有相同基底面积的刚性基础小，如图 2-16 (*a*) 所示。

基础施工图一般由基础平面图、基础详图和设计说明组成。由于基础是首先施工的部分，基础施工图往往又是结构施工图的前几张图纸。其中，设计说明的主要内容是明确室内地面的设计标高及基础埋深、基础持力层及其承载力特征值、基础材料，以及对基础施工的具体要求。

1. 基础平面图

基础平面图的表达内容主要有：

（1）图名、比例。

（2）纵、横定位轴线及其编号。

（3）基础梁或基础圈梁的位置及其代号。

（4）基础的平面布置，包括基础墙、构造柱、承重柱以及基础底面的形状、大小及其与轴线之间的关系。

（5）轴线尺寸、基础大小尺寸和定位尺寸。

（6）断面图的剖切线及其编号。

（7）施工说明。

（8）如果基础底面标高发生变化，则应当在基础平面图对应部位周围画出一段基础垂直剖面图，以此来表明基底标高的变化，并且应当标注对应的基底标高。

基础平面图是一种剖视图，是假设一个水平剖切面，在房屋的室内底层地面标高±0.000处将房屋水平剖开，移开剖切平面以上的房屋和基础回填土后，然后再向房屋下部所做的水平投影。基础平面图主要包括以下几方面：基础的平面布置、基础的形状和尺寸、定位轴线位置、基础详图的剖切位置和编号、基础梁的位置和代号等。基础平面图的绘制比例一般设定为1∶50、1∶100、1∶200。

建筑平面图的轴线网格和基础平面图的定位轴线网格都是完全相同的，而且比例也尽量相同。另外，还要用文字说明地基承载力和材料强度等级等各类资料。

图2-17为某建筑独立基础平面图，绘制比例为1∶100。从图2-17中可看出，该建筑基础采用的是柱下独立基础，图中涂黑的方块表示剖切到的钢筋混凝土柱，柱周围的细线方框表示柱下独立基础轮廓。定位轴网及轴间尺寸都已在图中标出。独立基础共有J-1、J-2、J-3三种编号，每种基础的平面尺寸及与定位轴线的相对位置尺寸都已标出，如J-1的平面尺寸为3000mm×3000mm，两方向定位轴线居中。

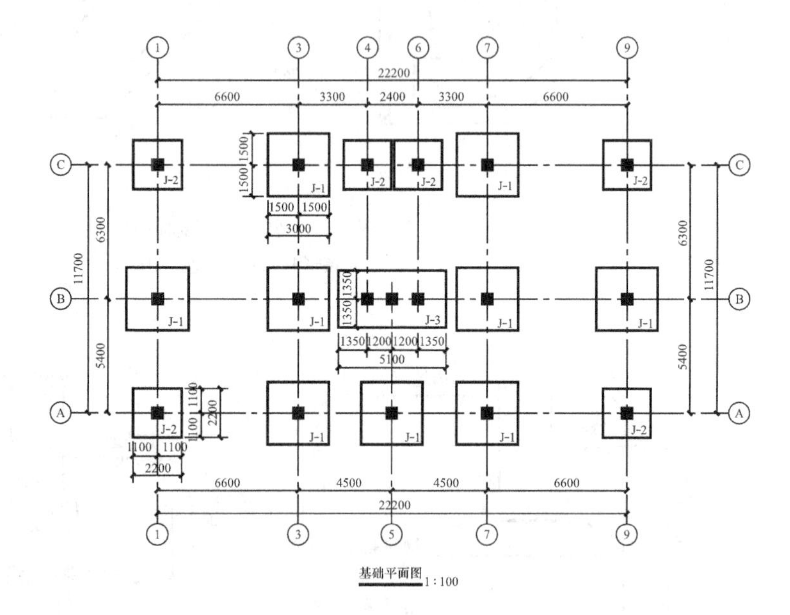

图2-17 某建筑独立基础平面图

2. 基础详图

(1) 基础详图的表达内容

1) 图名（或基础代号）、比例。

2) 基础梁和基础圈梁的截面尺寸及配筋。

3) 基础断面形状、大小、材料、配筋以及定位轴线及其编号（若为通用断面图，则轴线圆圈内为空白，不予编号）。

4) 基础圈梁与构造柱的连接做法。

5) 基础断面的细部尺寸和室内外地面、基础垫层底面的标高等。

6) 防潮层的位置和做法。

7) 施工说明等。

因为基础布置平面图只是表示了基础平面布置，并没有表达出基础各部位的断面，为了能够给基础施工提供详细的依据，就要画出各部分的基础断面详图。

基础详图是一种断面图，是利用假想的剖切平面垂直剖切基础具有代表性的部位而得到的断面图。为了能够清楚地表达基础的断面，基础详图的绘制比例一般取 1∶20、1∶30。基础详图详尽充分地表达了基础的断面形状、材料、大小、构造和埋置深度等具体内容。

基础详图一般都是采用垂直的横剖断面表示，断面详图相同的基础用同一个编号、同一个详图表示。对断面形状和配筋形式都比较类似的条形基础，可以使用通用基础详图的形式，通用基础详图的轴线符号圆圈内不注明具体编号。

对于同一幢房屋，由于它内部各处的荷载和地基承载力不尽相同，其基础断面的形式也不相同，所以就需要画出每一处断面形式不同的基础断面图，断面的剖切位置在基础平面图上是用剖切符号来表示的。

(2) 阅读基础详图施工图的注意事项

1) 把图、剖面编号与基础平面图进行相互对照，找出它在平面图中的剖切位置。

2) 将各个不同的基础断面都以详图的方式绘出。

3) 对于断面结构形式基本相同、仅尺寸和配筋略有不同的基础，可以只绘出一个详图示意，不同的地方用代号表示，再通过列表的方式将不同的断面与各自的尺寸和配筋一一对应给出。二者只是表达形式有所不同，这与不同设计单位的施工图表达习惯有关。

(3) 基础详图的主要内容

1) 基础断面图的定位轴线及其编号。

2) 基础断面结构、形状、尺寸、材料、配筋以及标高。

3) 防潮层的位置。

4) 基础梁（或地梁）的尺寸和配筋等。

图 2-18 是与图 2-17 对应基础 J-1 的基础详图，由平面图和 1-1 断面图组成。从图 2-18 中可以看出，基础为阶梯形独立基础，基础上部柱的断面尺寸为 450mm×450mm，阶梯部分的平面尺寸与竖向尺寸图中都已标出，基础底面的标高为－1.800m。基础垫层为 100mm 厚 C10 混凝土，每侧宽出基础 100mm。J-1 两个方向的底板配筋均为直径 12mm 的 HRB400 级钢筋，分布间距 130mm。基础中预放 8 根直径 20mm 的 HRB400 级钢筋，是为了与柱内的纵筋搭接。在基础范围内还设置了两道箍筋 2Φ8。

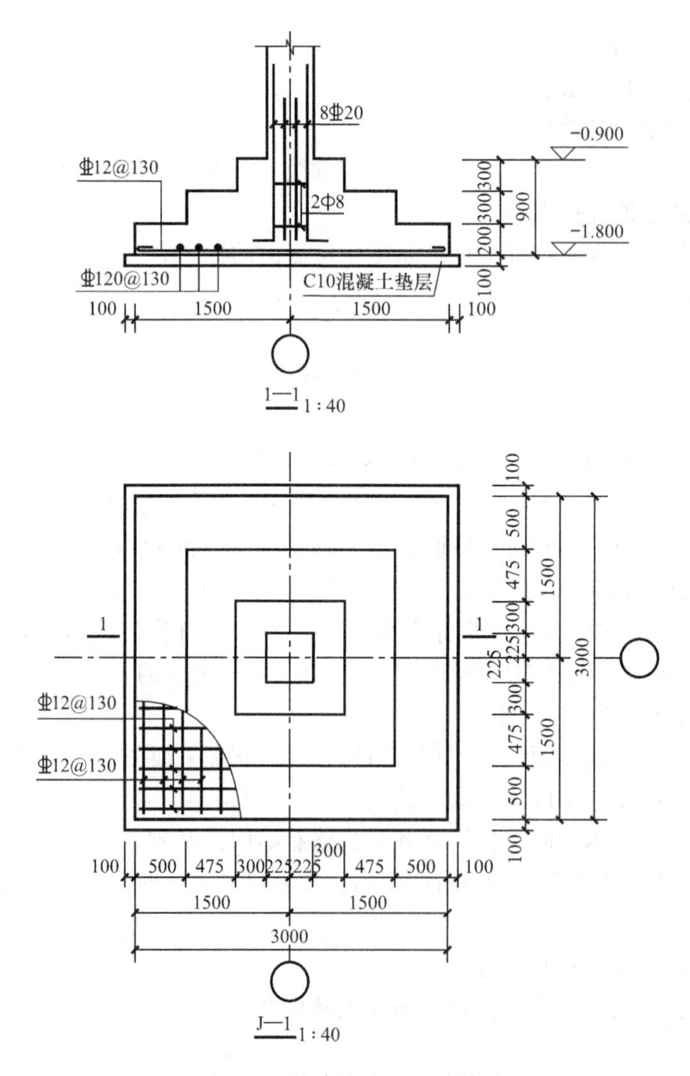

图 2-18　某建筑独立基础详图

3. 桩基础施工图

通常荷载比较大的建筑物、高层或者超高层建筑等一般都会使用深基础。经常使用的深基础类型主要包括：沉井、桩基础、地下连续墙等，其中应用最多的是桩基础。

桩基础施工图中所要表达的是桩、承台、柱或墙的平面位置、相互之间的位置关系、使用材料、尺寸和配筋及其他施工要求等，一般由桩基础设计说明、桩位平面布置图、承台平面布置图和基础详图（包括承台配筋图和桩身配筋图）等部分组成。

（1）桩平面布置图

1）桩基础设计说明。在图纸上无法反映的设计要求，可以通过在图纸上增加文字说明的方式进行表达。桩基础设计说明的主要内容包括：

① 桩所采用的持力层，桩入土深度的控制方法。

② 桩的种类、数量、施工方式，单桩承载力特征值。

③ 桩身的混凝土强度等级、钢筋类别和保护层厚度。

④ 设计依据，桩的特定标高。

⑤ 其他在施工中应注意的事项。

2）桩位平面布置图。桩位平面布置图是通过一个假想水平面把基础从桩顶附近切开，然后移去上面部分后向下部分作正投影所形成的水平投影图。桩位平面布置图的具体内容包括：

① 图名，比例（比例应当与建筑平面保持一致，一般采用 1∶100、1∶200），定位轴线及其编号，尺寸间距。

② 桩的名称、类型、数量、断面尺寸、桩长、结构和其他在施工中应注意的事项。

③ 桩位平面位置反映桩与定位轴线的相对关系。

3）桩位布置平面图一般阅读步骤：

① 看图名、绘图比例。

② 读设计说明，明确了解桩的施工方法、单桩承载力值、采用的持力层、桩身入土深度及控制、桩的构造要求。

③ 与建筑首层平面图进行仔细对照，校对定位轴线编号是否与之相符合。

4）明确试桩的数量以及为试桩提供反力的锚桩数量、配筋情况，以便能够及时与设计单位共同确定试桩和锚桩桩位。

5）结合设计说明或桩详图，清楚理解不同长度桩的数量、桩顶标高和分布位置等。

（2）承台平面布置图和承台详图

1）承台平面布置图是通过使用一个略高于承台底面的假想水平面将桩基剖开移去上面部分，并且向下作正投影所得到的水平投影图。它的主要内容：图名、比例，定位轴线及其编号、尺寸间距，承台的位置和平面外形尺寸，承台的平面布置。

2）承台详图是反映承台或承台梁剖面详细几何尺寸、配筋及其他细部构造说明等内容的剖面图。它的主要内容包括：图名、比例，常采用 1∶20、1∶50 等比例；承台或承台梁剖面形式、详细几何尺寸和配筋情况；垫层的材料、强度等级和厚度；以及一些其他相关注释。

图 2-19 为 80m 高建筑主楼部分下面桩位的平面位置布置图。从图 2-19 中可以看出，桩的布局范围是左右宽约 25m，上下长约 36m。总计桩数为 269 根，其中 3 根黑色的为试桩位置。在Ⓖ轴及Ⓖ轴以下、Ⓢ轴及Ⓢ轴以上布置桩位网格线上不需要打桩的共有 46 根。其中黑色桩位为试桩的点，要求施工单位在全面打桩前先行打入，经试验合格后才能全面开始打桩。若试验不合格，则设计部门要重新布置桩位图。桩与桩之间的中心距离为 1.8m，上下左右均相同。从图下部往上数第三道桩位线，它与Ⓖ轴线的关系是向下 400mm；左右两边的桩位线与③轴、⑨轴均偏过 100mm；其他在图上可以看出，相距 800mm、900mm 等。

3）一般阅读步骤：

① 看图名和绘图比例。

② 看承台的数量、形式和编号是否与桩布置平面图中的位置一一对应。

③ 与桩位布置平面图进行对照，看定位轴线及编号是否与之相符合。

④ 明确柱的尺寸、位置以及其与承台的相对位置关系。

⑤ 读承台详图和基础梁剖面图，明确各个承台的剖面形式、尺寸、标高、材料和配筋等。

⑥ 明确垫层的材料、强度等级和厚度。

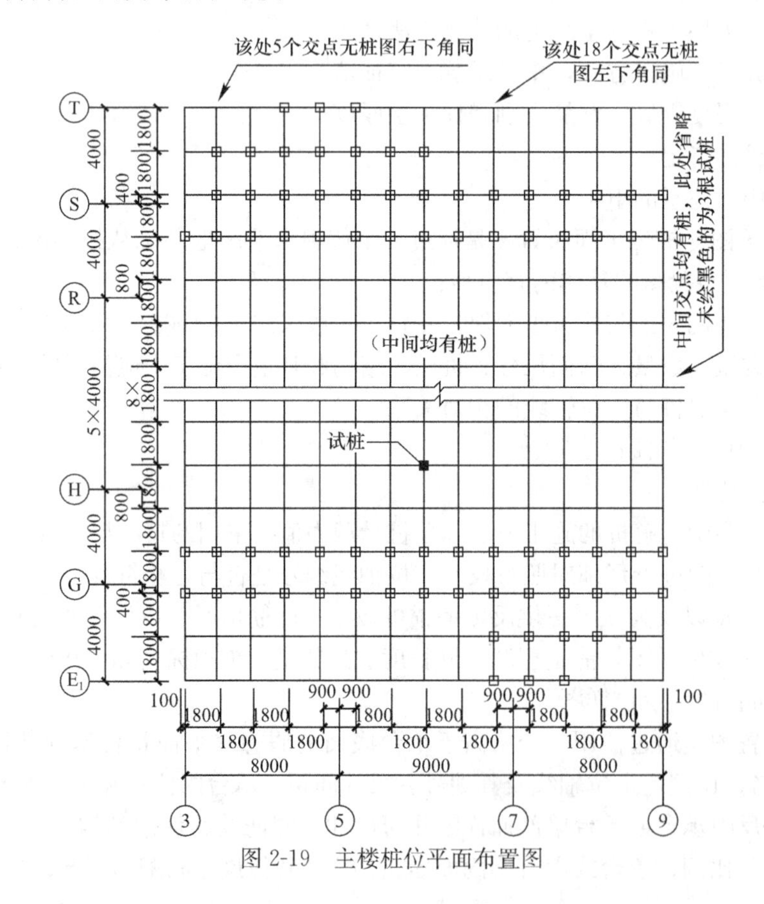

图 2-19　主楼桩位平面布置图

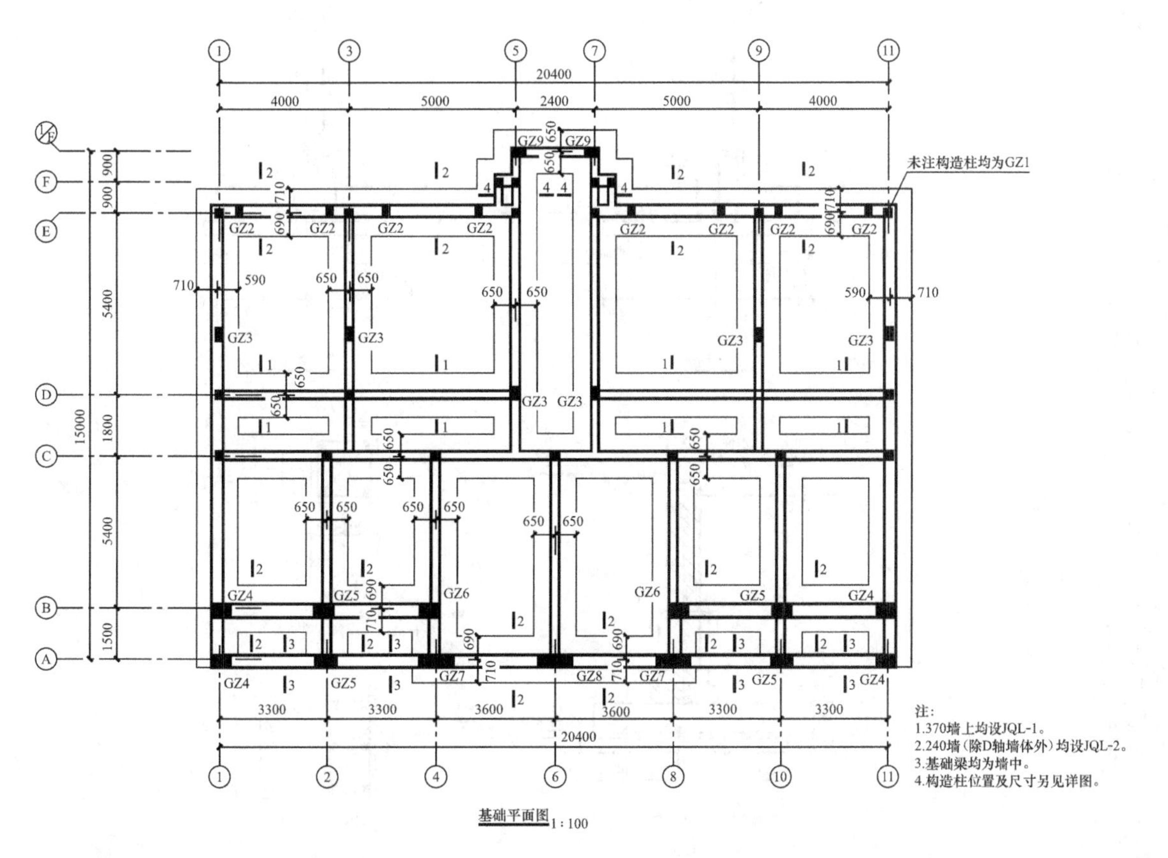

图 2-20　某建筑条形基础平面图

【例 2-1】 识读某建筑条形基础施工图。

图 2-20 为某建筑条形基础平面图，绘制比例为 1∶100。从图 2-20 中可以看出，该建筑基础为条形基础，轴线两侧中粗实线表示基础墙，细实线表示基础底面边线，图中标注了基础宽度。以①轴线为例，墙厚 370mm，基础底面宽度 1300mm，基底左右边线到轴线的定位尺寸分别为 710mm 和 590mm。图中涂黑表示构造柱，其编号已在图中注明，构造柱的几何、定位尺寸及配筋情况另有详图表示。图中还画出了多处剖切符号，如 1-1、2-2 等，表明基础详图的剖切位置。

图 2-21 是图 2-20 条形基础的三个断面图及 GZ1、GZ2 的配筋断面图，三个基础断面图分别是 370 墙基础断面 240 墙基础断面和 1-1 断面。

现以 370 墙断面图为例，识读基础详图。该图比例为 1∶20，因为它是通用详图，所以在定位轴线圆圈符号内未注编号。该条形基础上部是砖砌的 370mm 厚基础墙，在底层地面以下 60mm 处设有基础圈梁 JQL-1，其断面尺寸为 370mm×240mm，配置 6 根直径为 12mm 的 HRB400 级纵向钢筋和箍筋Φ 6@200。基础采用钢筋混凝土结构，基础梁配置 8 根直径为 20mm 的 HRB400 级纵向钢筋和箍筋Φ 8@150。基础板底配筋一个方向是直径 10mm 的 HRB400 级钢筋，间距 200mm；另一个方向是直径 8mm 的 HRB400 级钢筋，间距 200mm。基础下面设置 100mm 厚的混凝土垫层，使基础与地基接触良好，传力均匀。图中还标注了室内、室外地面和基础底面的标高以及其他一些细部尺寸。

从 1-1 断面图中可见，该处基础墙内未设基础圈梁，设有防潮层，基础墙的下端为两级大放脚，每一级大放脚高为 120mm（两皮砖的厚度），向两边各放出 60mm（1/4 砖的宽度），基础内未设基础梁。

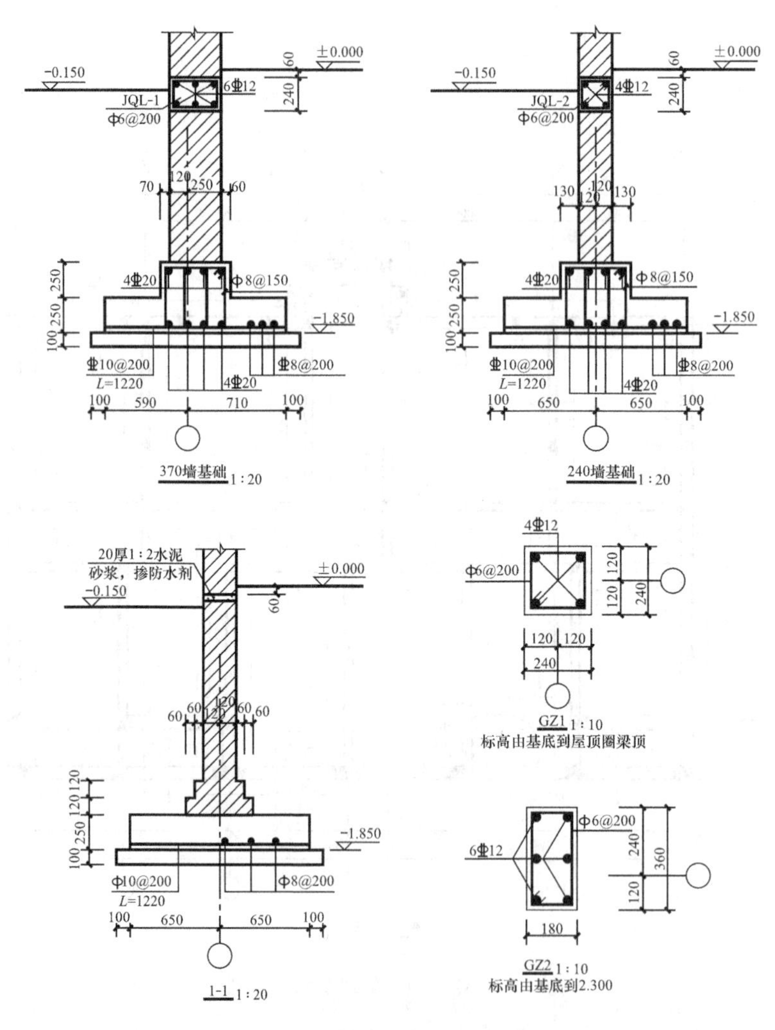

图 2-21　某建筑条形基础详图

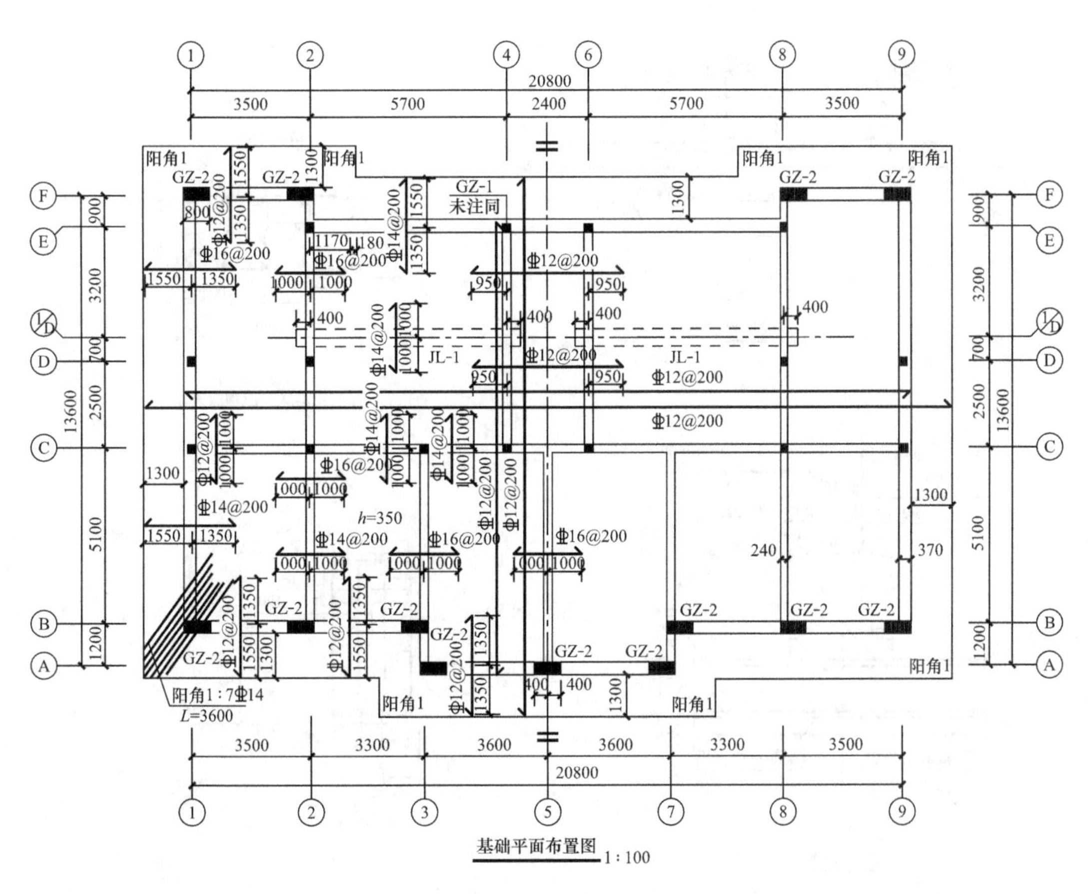

图 2-22 某建筑筏形基础平面图

【例 2-2】 识读某建筑筏形基础施工图。

图 2-22 为某建筑筏形基础平面图，绘制比例为 1∶100。从图 2-22 中可看出，该建筑基础采用筏形基础，最外围一圈细实线表示整个筏形基础的底板轮廓，轴线两侧的中实线表示剖切到的基础墙，外墙厚度为 370mm，内墙厚度为 240mm。墙体中涂黑的部分表示钢筋混凝土构造柱，共有 GZ-1、GZ-2 两种编号。②、④轴线之间，⑥、⑧轴线之间的细虚线表示编号为 JL-1 的基础梁。整个筏形基础的底板厚度为 350mm。基础底板配筋双层双向配置贯通筋，并且底部沿梁或墙的方向需增加与梁或墙垂直的非贯通筋。该底板配筋左右对称，顶部横、纵方向均配置直径 12mm 的 HRB400 级钢筋，钢筋间距 200mm，钢筋伸至外墙边缘；底部横、纵方向配置的钢筋与顶部相同，钢筋伸至基础底板边缘；另外，板底配置附加非贯通钢筋，如①轴线墙上配有直径 16mm 和 14mm 的 HRB400 级钢筋，两种钢筋的间距均为 200mm，两侧伸出轴线的长度分别为 1550mm 和 1350mm。另外，在每个阳角部位还配有 7 根直径 14mm 的 HRB400 级钢筋，每根长度为 3600mm。

图 2-23 是图 2-22 所示筏形基础的基础详图，图 2-23 给出了外墙、内墙部位的基础断面图和 GZ-1、GZ-2、JL-1 的配筋断面图。以外墙基础详图为例进行识读。从图中可以看出，基础底板上方外墙厚 370mm，墙中有防潮层和基础圈梁 JQL-1，JQL-1 的截面尺寸为 370mm×180mm，底部、顶部分别配置 3 根直径 12mm 的 HRB400 级钢筋，箍筋为直径 6mm 间距 200mm 的 HPB300 级钢筋。墙下为编号 JL-1 的基础梁，基础梁底部与顶部各配置 4 根直径 25mm 的 HRB400 级钢筋，箍筋为直径 10mm 间距 200mm 的 HPB300 级钢筋，基础梁底部与基础底板底部一平，“一平”是指在同一个平面上。图中外挑部位为坡形，底部配置直径 6mm 间距 200mm 的 HPB300 级分布筋。由于底板配筋在平面图中已表示清楚，故在断面图中未标注。基础各部位的尺寸、标高图中都已标出。

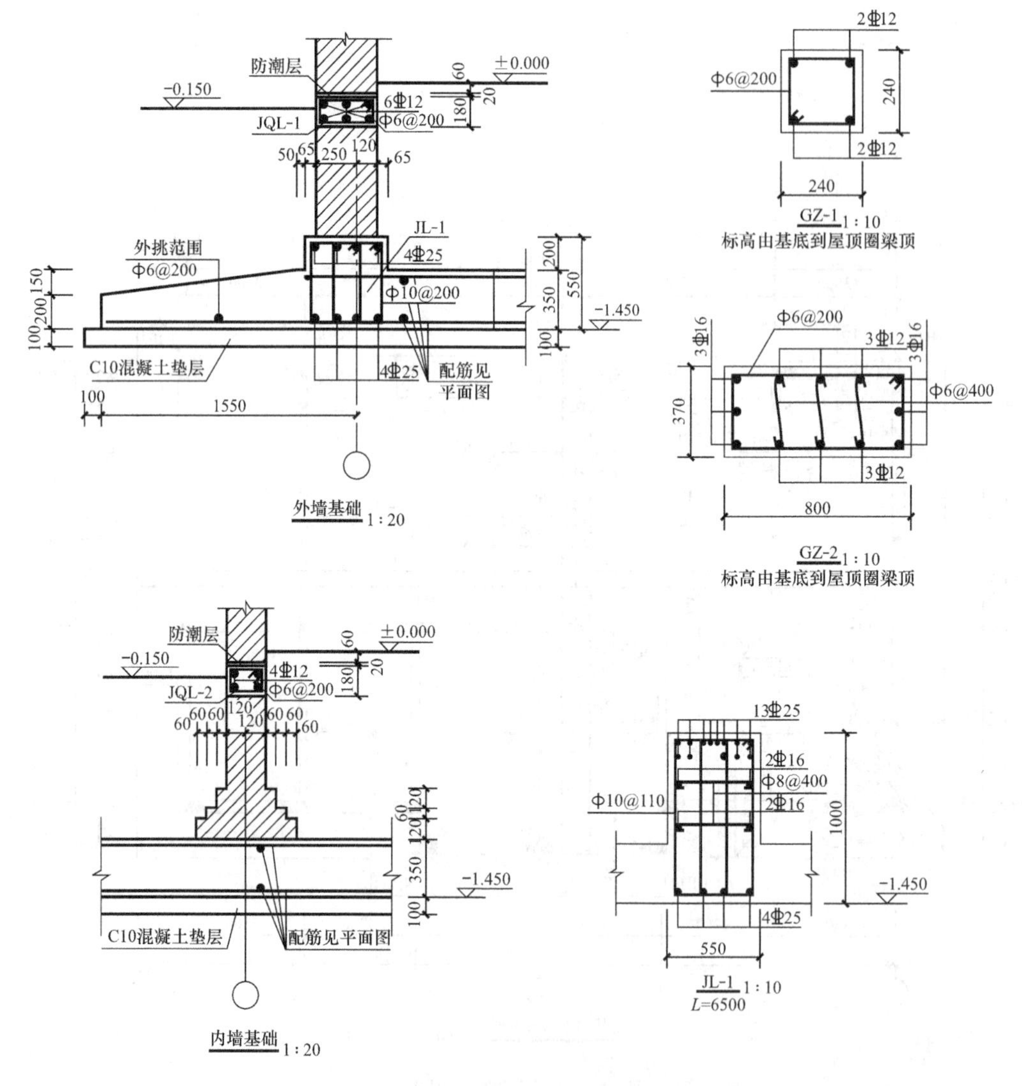

图 2-23　某建筑筏形基础详图

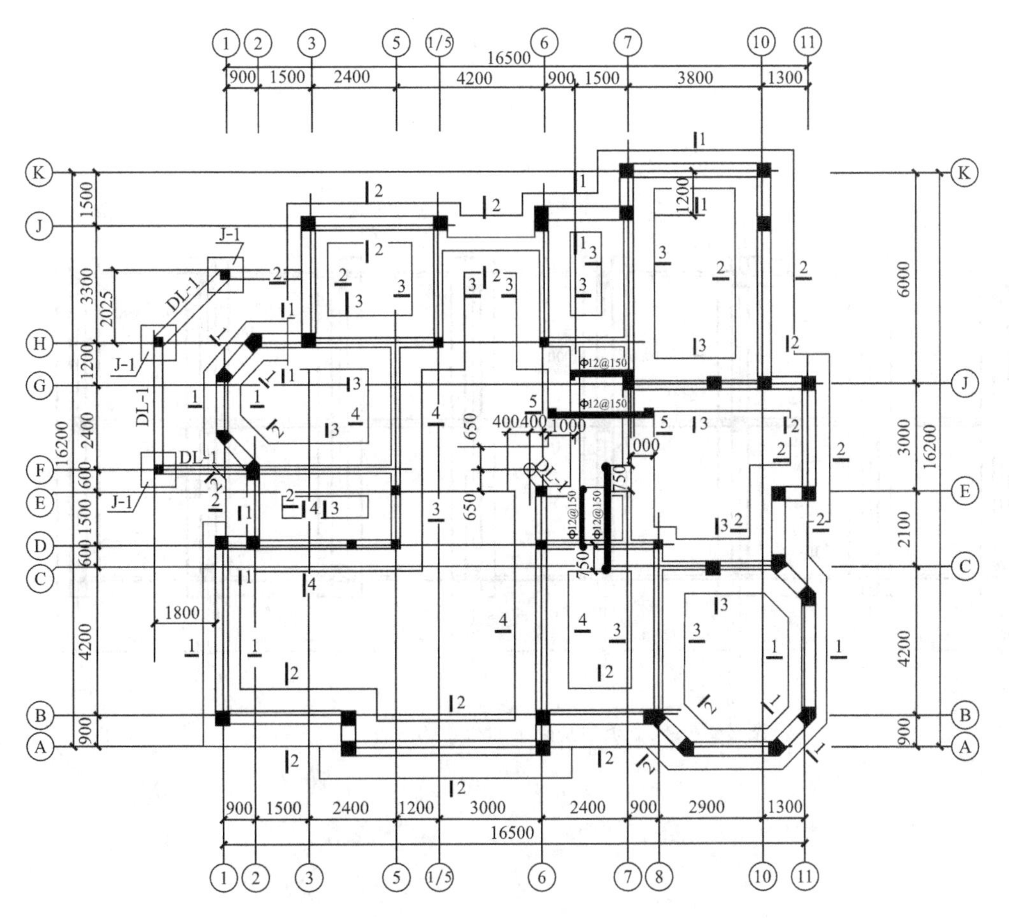

图 2-24　墙下混凝土条形基础平面布置图（1：100）

【例 2-3】 识读墙下混凝土条形基础平面布置图。

图 2-24 为墙下混凝土条形基础平面布置图，从图 2-24 中可以看出：

（1）图中涂黑的矩形或块状部分表示被剖切到的建筑物构造柱。

（2）图中出现的符号、代号。如 DL-1，DL 表示地梁，“1”为编号，图中有许多个“DL-1”，表明它们的内部构造相同。类似的如“J-1”，表示编号为“1”的由地梁连接的柱下条形基础。

（3）图中基础各个部位的定位尺寸（一般均以定位轴线为基准确定构件的平面位置）和定形尺寸。如标注 1-1 剖面，所在定位轴线到该基础外侧边线的距离为 665mm，到该基础内侧线的距离为 535mm；标注 4-4 剖面，墙体轴线居中，基础两边线到定位轴线的距离均为 1000mm；标注 5-5 剖面，本为两基础的外轮廓线重合交叉，该图所示是将两基础做成一个整体，并用间距为 150mm 的Φ 12 钢筋拉接。

（4）图中标注的“1-1”、“2-2”等为剖切符号，不同的编号代表断面形状、细部尺寸不尽相同的不同种基础。在剖切符号中，剖切位置线注写编号数字或字母的一侧表示剖视方向。

（5）定位轴线⑥与定位轴线Ⓕ交叉处附近的圆圈未被涂黑，可以看出它是非构造柱，结合其他图纸可知道，它是建筑物内的一个装饰柱。

【例 2-4】 识读柱下条形基础平面布置图。

图 2-25 为柱下条形基础平面布置图，从图 2-25 中可以看出：

（1）基础中心位置和定位轴线是相互重合的，基础轴线间的距离都是 6m。

（2）基础全长为 17.6m，地梁长度是 15.6m，基础两端为承托上部墙体（砖墙或轻质砌块墙）而设置基础梁，编号为 JL-3，每根基础梁上都设有 3 根柱（图中黑色矩形部分），柱间距为 6m，跨度是 7.8m。由 JL-3 的设置可知，这个方向不必再另外挖土方做砖墙基础。

（3）地梁底部扩大的面是基础底板，基础的宽度是 2m。

（4）从图中编号可以看出，①轴线和⑧轴线的基础是相同的，都是 JL-1，其余各轴线间基础相同，都是 JL-2。

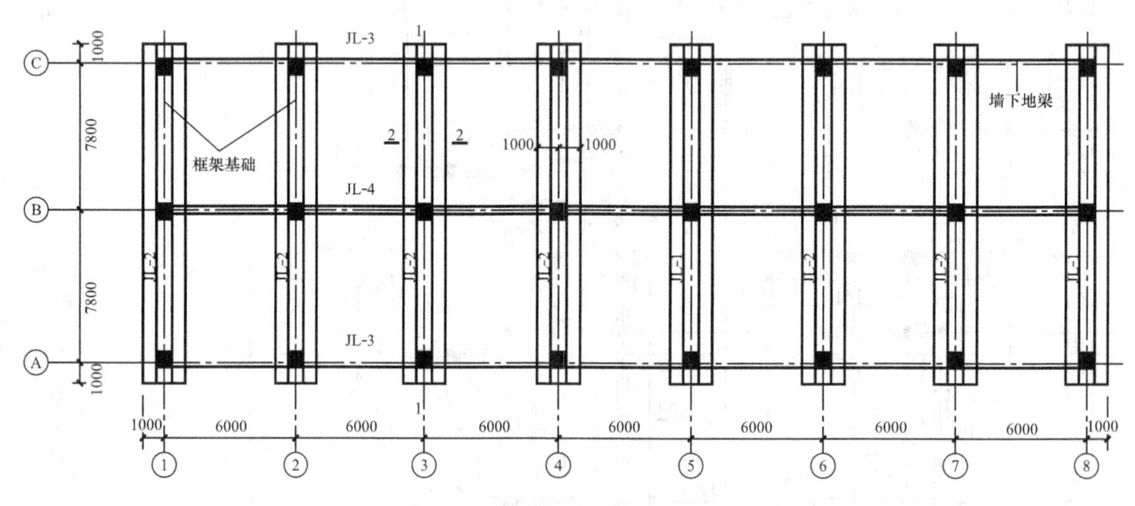

图 2-25 柱下条形基础平面布置图

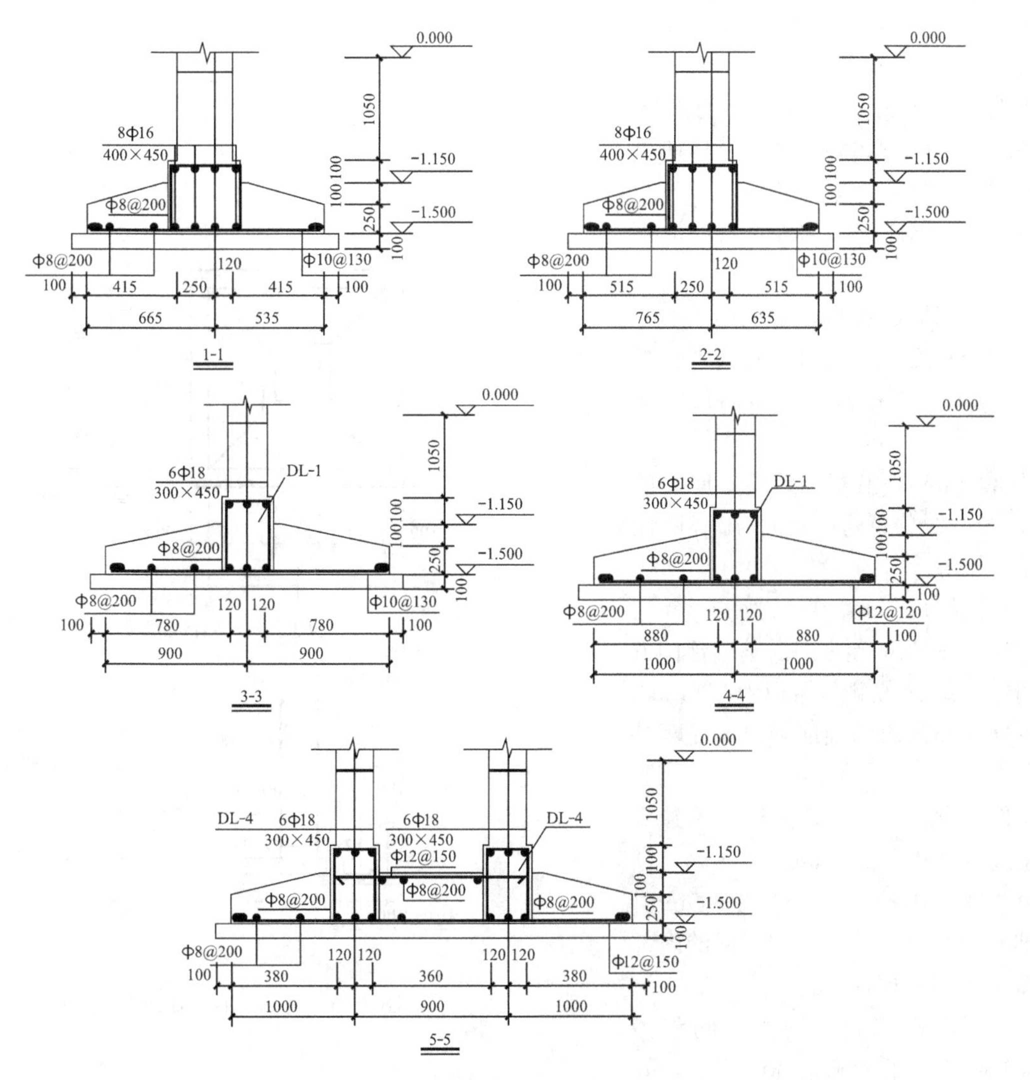

图 2-26 墙下条形基础详图（一）

【例 2-5】 识读墙下条形基础详图。

图 2-26 为墙下条形基础详图，从图 2-26 中可以看出：

（1）图中基础为墙下钢筋混凝土柔性条形基础，为突出表示配筋，钢筋用粗线表示，墙体线、基础轮廓线、定位轴线、尺寸线和引出线等均为细线。

（2）此基础详图给出“1-1”、“2-2”、“3-3”、“4-4”四种断面基础详图，其基础底面宽度分别为 1200mm、1400mm、1800mm、2000mm；5-5 断面详图为特殊情况，两基础之间整体浇筑。为保护基础钢筋，同时也为施工时铺设钢筋、弹线方便，基础下面设置 C10 素混凝土垫层 100mm 厚，每侧超出基础底面各 100mm。

（3）基础埋置深度。基础底面即垫层顶面标高为－1.500m，埋深应以室外地坪计算，在基础开挖时必须要挖到这个深度。

（4）从 1-1 断面基础详图中可以看到，沿基础纵向排列着间距为 200mm、直径为 8mm 的 HPB300 级通长钢筋，和间距为 130mm、直径为 10mm 的 HPB300 级分布钢筋。该基础地梁内，沿基础延长方向排列着 8 根直径为 16mm 的通长钢筋，和间距为 200mm、直径为 8mm 的 HPB300 级箍筋；还可以看出基础梁的截面尺寸为 400mm×450mm，基础墙体厚 370mm。

（5）2-2 断面基础详图除基础底宽与 1-1 断面基础详图不同外，其内部钢筋种类和布置大致相同。

（6）3-3 断面图中，基础墙体厚为 240mm，基础大放脚底宽为 1800mm，“DL-1”所示的截面尺寸为 300mm×450mm，沿基础延长方向排列着 6 根直径为 18mm 的 HPB300 级通长钢筋，和间距为 200mm、直径为 8mm 的 HPB300 级箍筋。

（7）4-4 断面图所示，除基础大放脚底宽 2000mm，沿基础延长方向大放脚布置的间距为 120mm、直径为 12mm 的 HPB300 级分布筋，其他与 3-3 断面图内容大体相同。

（8）5-5 断面图所示，基础大放脚内布置间距为 150mm、直径为 12mm 的 HPB300 级分布筋，两基础定位轴线间距为 900mm；两基础之间沿基础延伸方向布置间距为 150mm、直径为 12mm 的 HPB300 级分布箍和间距为 200mm、直径为 8mm 的 HPB300 级通长钢筋，分布筋分别伸入两基础地梁内，使两基础形成一个整体。

（9）图 J-1 所示的是独立基础平面图，绘图比例为 1∶30，旁边是该独立基础的 6-6 断面图。可以看出，独立基础的柱截面尺寸为 240mm×240mm，基础底面尺寸为 1200mm×1200mm，垫层每边边线超出基础底部边线 100mm，垫层平面尺寸为 1400mm×1400mm。独立基础断面图表达独立基础正面的内部构造，基底有 100mm 厚的素混凝土垫层，基础底面即垫层标高为－1.500m；该独立基础的内部钢筋配置情况；沿基础底板纵、横方向分别摆放间距为 100mm 的Φ10 钢筋，独立柱内的竖向钢筋因锚固长度不能满足锚固要求，故沿水平方向弯折，弯折后的水平锚固长度为 220mm。

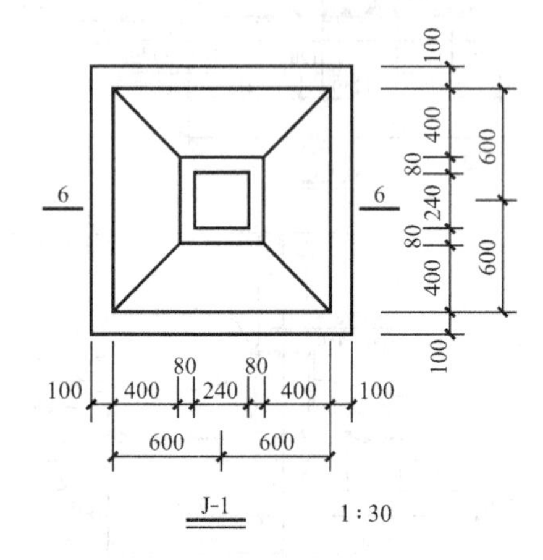

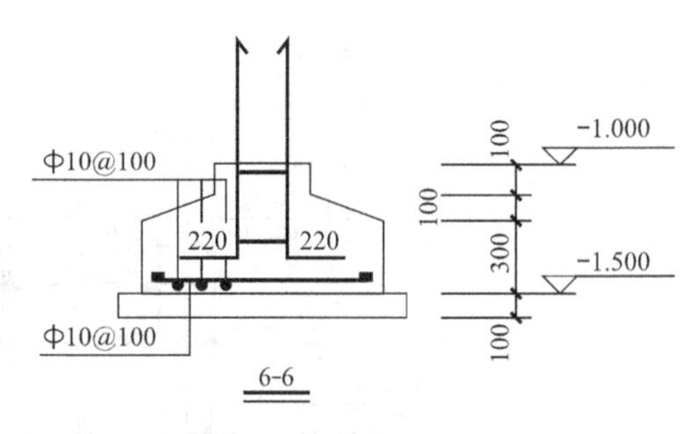

图 2-26　墙下条形基础详图（二）

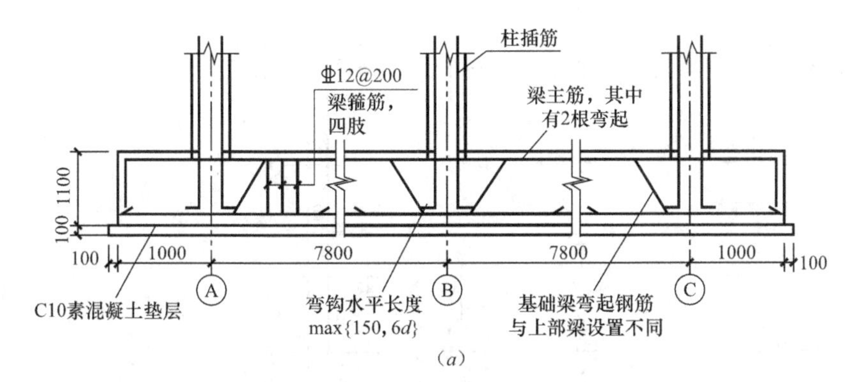

(a)

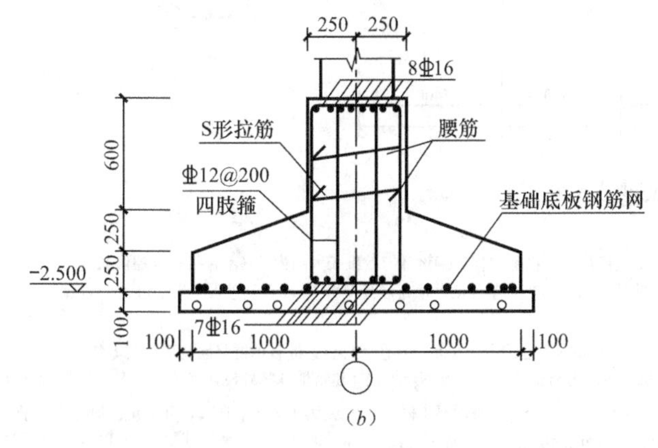

(b)

图 2-27 柱下条形基础详图

(a) 1-1 纵向剖面图；(b) 2-2 横向剖面图

【例 2-6】 识读柱下条形基础详图。

图 2-27 为柱下条形基础详图。

(1) 从图 2-27 (a) 中可以看出：

1) 基础梁是用 100mm 厚的 C10 素混凝土做垫层，长度是 17600mm，高度是 1100mm，两端延伸出的长度是 1000mm，这种设置可以更好地平衡梁在框架柱处的支座弯矩。

2) 竖向有 3 根柱插筋，插筋下部水平弯钩长度要求在 150mm 和 6 倍插筋直径中取最大值。长向有梁的上部主筋与其下部的受力主筋：上部梁主筋有 2 根弯起，弯起钢筋在柱边支座处的倾斜方向与上部结构梁的弯起钢筋倾斜方向相反。

3) 上下受力钢筋用钢箍绑扎成梁，箍筋使用直径为 12mm 的 HRB400 级钢筋，从图中标注可以知道，箍筋采用四肢箍（由两个长方形的钢箍组成，上下钢筋由四肢钢筋联结在一起）的形式。

(2) 从图 2-27 (b) 中可以看出：

1) 基础宽度是 2m，地基梁宽度是 500mm。

2) 基础底部有 100mm 厚的素混凝土垫层，底板边缘厚度和斜坡高度都是 250mm，梁高与纵剖一样，为 1100mm。

3) 底板在宽度方向上是主要的受力钢筋，摆放在最下面，断面上一个个的黑点表示长向钢筋，通常是分布筋。

4) 板钢筋上面是梁的配筋，上部主筋有 8 根，下部主筋有 7 根，钢筋均为 HRB400 级。

5) 箍筋采用四肢箍，箍筋使用的是直径 12mm 的 HRB400 级钢筋，间距是 200mm。

6) 梁的两侧设置腰筋，并且采用 S 形拉结筋勾住，以形成整体。

【例 2-7】 识读桩位平面布置图。

图 2-28 为桩位平面布置图，从图 2-28 中可以看出：

（1）图名为桩位平面布置图，比例为 1∶100。定位轴线为①～⑧和Ⓐ～Ⓗ。

（2）定位轴线⑧和Ⓔ交叉点附近桩身的两个尺寸数字“55”，分别表示桩的中心位置线与定位轴线⑧和Ⓔ的距离为 55mm。又如定位轴线⑦和Ⓖ交叉处的桩身，从图中可以看出，定位轴线⑦穿过桩身中心，定位轴线Ⓖ偏离桩身中心线 55mm。

（3）在图 2-28 说明中讲到，本工程采用泥浆护壁机械钻孔灌注桩，总桩数 23 根，以及其他有关桩基的详细内容。

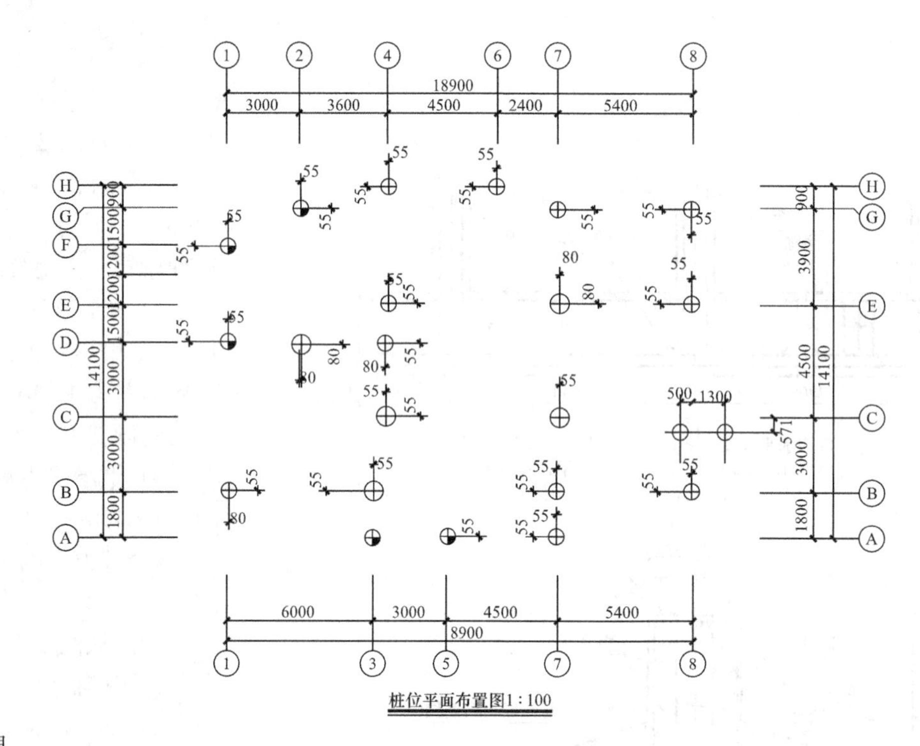

说明

1.本工程采用泥浆护壁机械钻孔灌注桩基础。为摩擦端承桩。本工程设计总桩数23根。⊕设计有效桩长大约为8m（不包括桩顶超灌长度），桩端必须进入②卵石层中，有效嵌入深8.0m。⊕ ⊕设计有效桩长大约为15.8m（不包括桩顶超灌长度），桩端必须进入②夹层进入②卵石层中，有效嵌入深8.0m。

2.用⊕表示600mm直径为4根，桩基单桩竖向抗压承载力特征值R_a为370kN；用⊕表示600mm直径为13根，桩基单桩竖向抗压承载力特征值R_a为887kN；用⊕表示800mm直径桩为5根，桩基单桩竖向抗压承载力特征值R_a为1370kN；均按《建筑地基基础设计规范》（GB 50007—2011）取值。

3.桩身混凝土强度等级为C25，混凝土坍落度为180~220mm，水灰比不大于0.5。桩身混凝土灌注充盈系数应大于等于1.2，孔底沉渣厚度应小于100mm。

4.钢筋笼长度均为通长，不包括锚入承台长度500mm，钢筋保护层厚度为50mm。桩顶嵌入乘台50mm。⊕⊕600mm直径桩配筋为6Φ14，Φ8@250螺旋箍（桩顶2400mm范围箍筋加密为Φ8@150），并且设Φ12@2000加劲箍。⊕800mm直径大于等于配筋为8Φ14，Φ8@250螺旋箍（桩顶3500mm范围箍筋加密为Φ8@150），并且设Φ12@2000加劲箍。

5.本工程设计桩顶标高-1.500m为待定标高，故桩长设计均暂从勘探报告的孔口高程向下算起。

6.沉降观测点详见基础平面图同，用Φ20螺纹钢制作，外做Φ16保护圈，并要层层观测，做好记录。

7.本工程基桩检测程序及单桩竖向承载力检测按《建筑基桩检测技术规范》（JG J106—2014），待符合设计要求后方可进行工程桩施工。

图 2-28 桩位平面布置图

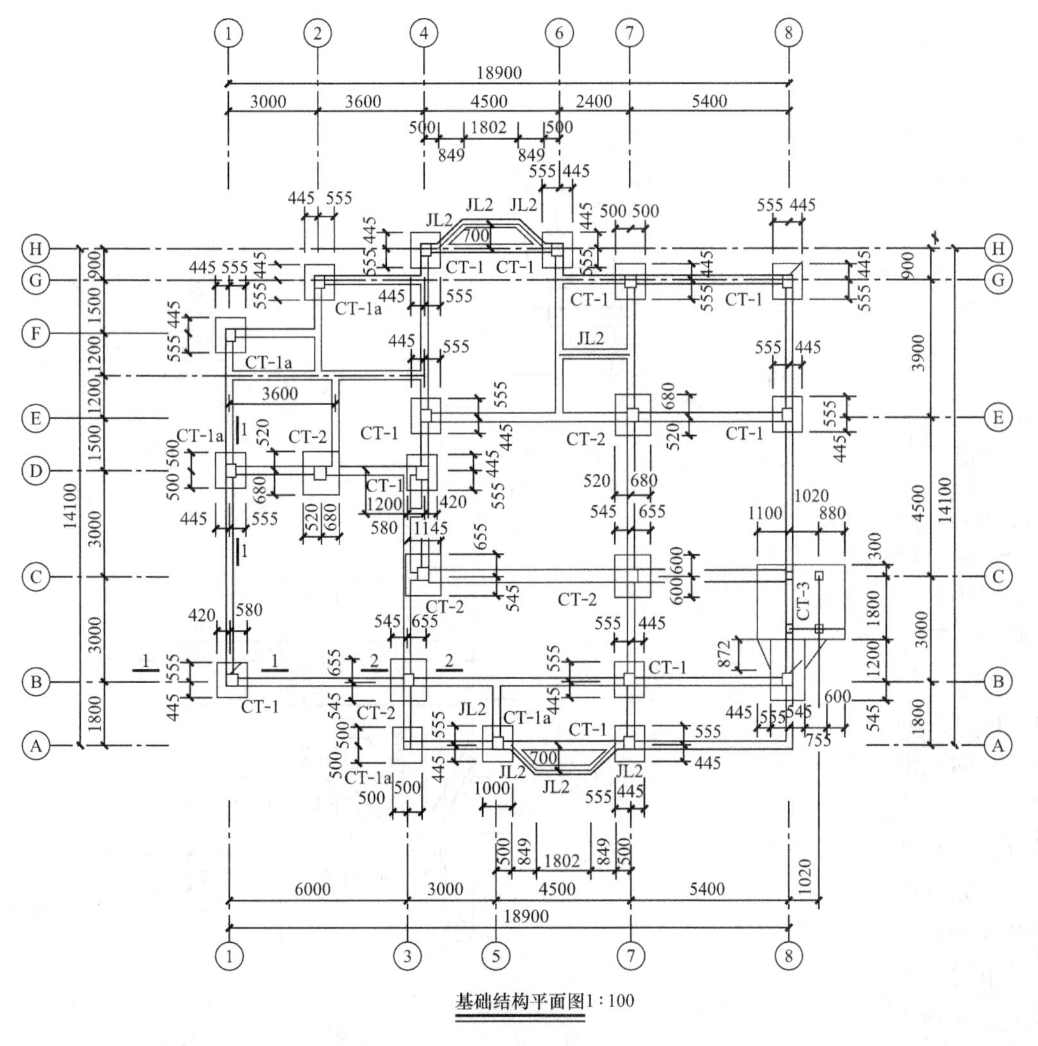

图 2-29　承台平面布置图和承台详图（一）

【例 2-8】 识读承台平面布置图和承台详图。

图 2-29 为承台平面布置图和承台详图，从图 2-29 中可以看出：

(1) 图名为基础结构平面图，绘图比例为 1∶100，以及下文的承台详图和地梁剖面图。

(2) CT 为独立承台代号，图中出现的此类代号有“CT-1a”、“CT-1”、“CT-2”、“CT-3”，表示四种类型独立承台。承台周边尺寸表达承台中心线偏离定位轴线的距离以及承台外形几何尺寸。如图中定位轴线①与Ⓑ交叉处的独立承台，尺寸数字“420”和“580”表示承台中心向右偏移①轴线 80mm，承台该边边长 1000mm；从尺寸数字“445”和“555”中可以看出，该独立承台中心向上偏移Ⓑ轴线 55mm，承台该边边长 1000mm。

(3)“JL1”、“JL2”代表两种类型地梁，从JL1剖面图下的附注说明可知，基础结构平面图中未注明的地梁均为JL1，所有主次梁相交处附加吊筋2Φ14，垫层同承台。地梁连接各个独立承台，并把它们形成一个整体，地梁一般沿轴线方向布置，偏移轴线的地梁标有位移大小。剖切符号“1-1”、“2-2”表示承台详图中承台在基础结构平面图上的剖切位置。

(4)断面图1-1、2-2分别为独立承台CT-1（CT-1a)、CT-2的剖面图。图JL1、JL2分别为JL1、JL2的断面图。图CT-3为独立承台CT-3的平面详图，断面图3-3、4-4为独立承台CT-3的剖面图。

(5)从1-1剖面图中可知，承台高度为1000mm，承台底面，即垫层顶面标高为−1.500m。垫层分上、下两层，上层为70mm厚的C10素混凝土垫层，下层用片石灌砂夯实。由于承台CT-1与CT-1a的剖面形状、尺寸相同，仅是承台内部配筋有所差别，如图中“Φ10@150”为承台CT-1的配筋，其旁边括号内注写的“三向箍”为承台CT-1a的内部配筋，所以当选用括号内的配筋时，图1-1表示为承台CT-1a的剖面图。

(6)从平面详图CT-3中可以看出，该独立承台由两个不同形状的矩形截面组成，一个是边长为1200mm的正方形独立承台，另一个为截面尺寸为2100mm×3000mm的矩形双柱独立承台。两个部分之间用间距为150mm的Φ18钢筋拉结成一个整体。图中“上下Φ16@150”表示该部分上下两排钢筋均为间距150mm的Φ16钢筋，其中弯钩向左和向上的钢筋为下排钢筋，弯钩向右和向下的钢筋为上排钢筋。

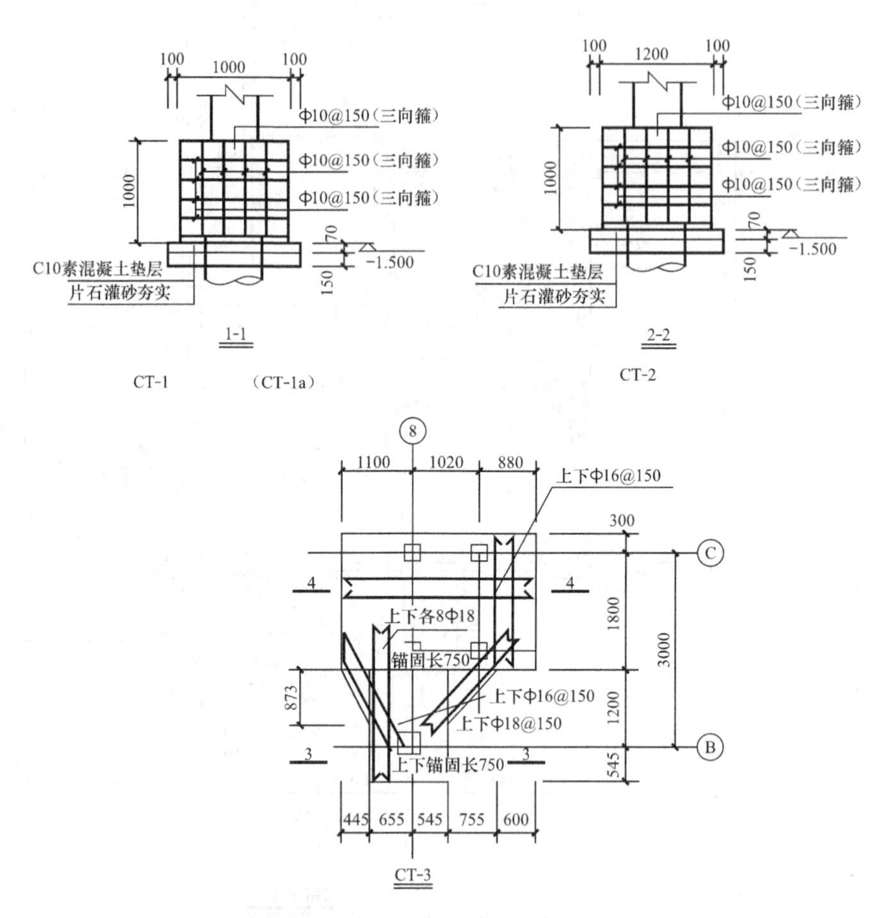

图2-29　承台平面布置图和承台详图（二）

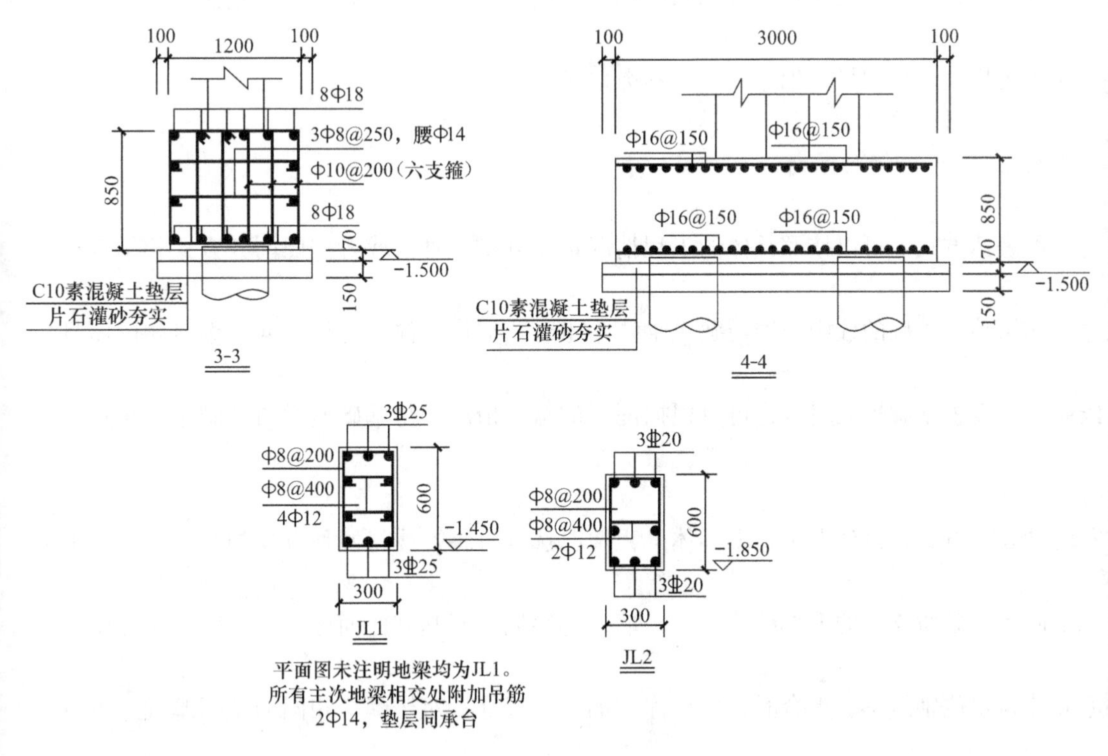

图 2-29 承台平面布置图和承台详图（三）

（7）剖切符号“3-3”、“4-4”表示断面图 3-3、4-4在该详图中的剖切位置。从 3-3 断面图中可以看出，该承台断面宽度为 1200mm，垫层每边多出 100mm，承台高度 850mm，承台底面标高为－1.500m，垫层构造与其他承台垫层构造相同。从 4-4 断面图中可以看出，承台底部所对应的垫层下有两个并排的桩基，承台底部与顶部均纵横布置间距 150mm 的Φ 16 钢筋，该承台断面宽度为 3000mm，下部垫层两外侧边线分别超出承台宽两边线 100mm。

（8）JL1 和 JL2 为两种不同类型的基础梁或地梁。

（9）JL1 详图是该种地梁的断面图，截面尺寸为 300mm×600mm，梁底面标高为－1.450m；在梁截面内布置 3 根直径 25mm 的 HRB400 级架立筋，3 根直径 25mm 的 HRB400 级受力筋，间距为 200mm、直径为 8mm 的 HPB300 级箍筋，4 根直径 12mm 的 HPB300 级腰筋和间距为 400mm、直径为 8mm 的 HPB300 级拉筋。

（10）JL2 详图截面尺寸为 300mm×600mm，梁底面标高为－1.850m；在梁截面内上部布置 3 根直径 20mm 的 HRB400 级架立筋，底部为 3 根直径 20mm 的 HRB400 级受力钢筋，和间距为 200mm、直径为 8mm 的 HPB300 级箍筋，2 根直径 12mm 的 HPB300 级腰筋，间距为 400mm、直径为 8mm 的 HPB300 级拉筋。

2.1.4 识读基础平法施工图

1. 基础施工图平面注写总则

（1）平面布置图，应以平面注写方式为主，以截面注写方式为辅。

（2）按照平法设计绘制的基础结构施工图，应当根据具体工程设计，按照各类基础构件的平法制图规则，在基础平面布置图上直接表示各类基础构件的平面位置、尺寸和配筋。

（3）按照平法设计的施工图，应将所有基础构件按照图集规则进行编号，编号中含有各类型代号。

（4）当两向柱网正交布置时，图面从左到右为 X 向，从下到上为 Y 向。

（5）采用表格或者其他方式注明基础底面基准标高以及±0.000 的绝对标高。

2. 独立基础平法施工图表示方法

（1）独立基础平法施工图包括平面注写与截面注写两种表达方式，可以按照具体的工程情况选择其中一种，或者按照两种方式相结合进行独立基础的施工图设计。

（2）在独立基础平面布置图上应注写基础定位尺寸；如果独立基础的柱中心线与建筑轴线不重合，应该标注其定位尺寸。编号相同而且定位尺寸相同的基础，可仅选择一个进行标注。

（3）把独立基础平面与基础所支承的柱一起进行绘制。当设置基础连梁时，也可以根据图面的疏密情况，将基础连梁与基础平面布置图一起进行绘制，或者是将基础连梁布置图单独绘制。

3. 条形基础平法施工图表示方法

（1）条形基础平法施工图包括平面注写和截面注写两种表达方式，设计者可根据具体工程情况选择一种，或将两种方式相结合进行条形基础的施工图设计。

（2）当绘制条形基础平面布置图时，应把条形基础平面和基础所支承的上部结构的柱、墙一起绘制。当基础底面标高不同时，需注明和基础底面基准标高不同之处的范围和标高。

（3）若梁板式基础梁中心或者板式条形基础板中心和建筑定位轴线不能重合时，应标注它的定位尺寸；对于编号相同的条形基础，可以仅选择一个进行标注。

（4）条形基础整体上可分为两类：

1）梁板式条形基础。该类条形基础适用于钢筋混凝土框架结构、框架-剪力墙结构、部分框支剪力墙结构和钢结构。平法施工图将梁板式条形基础分解为基础梁和条形基础底板分别进行表达。

2）板式条形基础。该类条形基础适用于钢筋混凝土剪力墙结构和砌体结构。平法施工图仅表达条形基础底板。

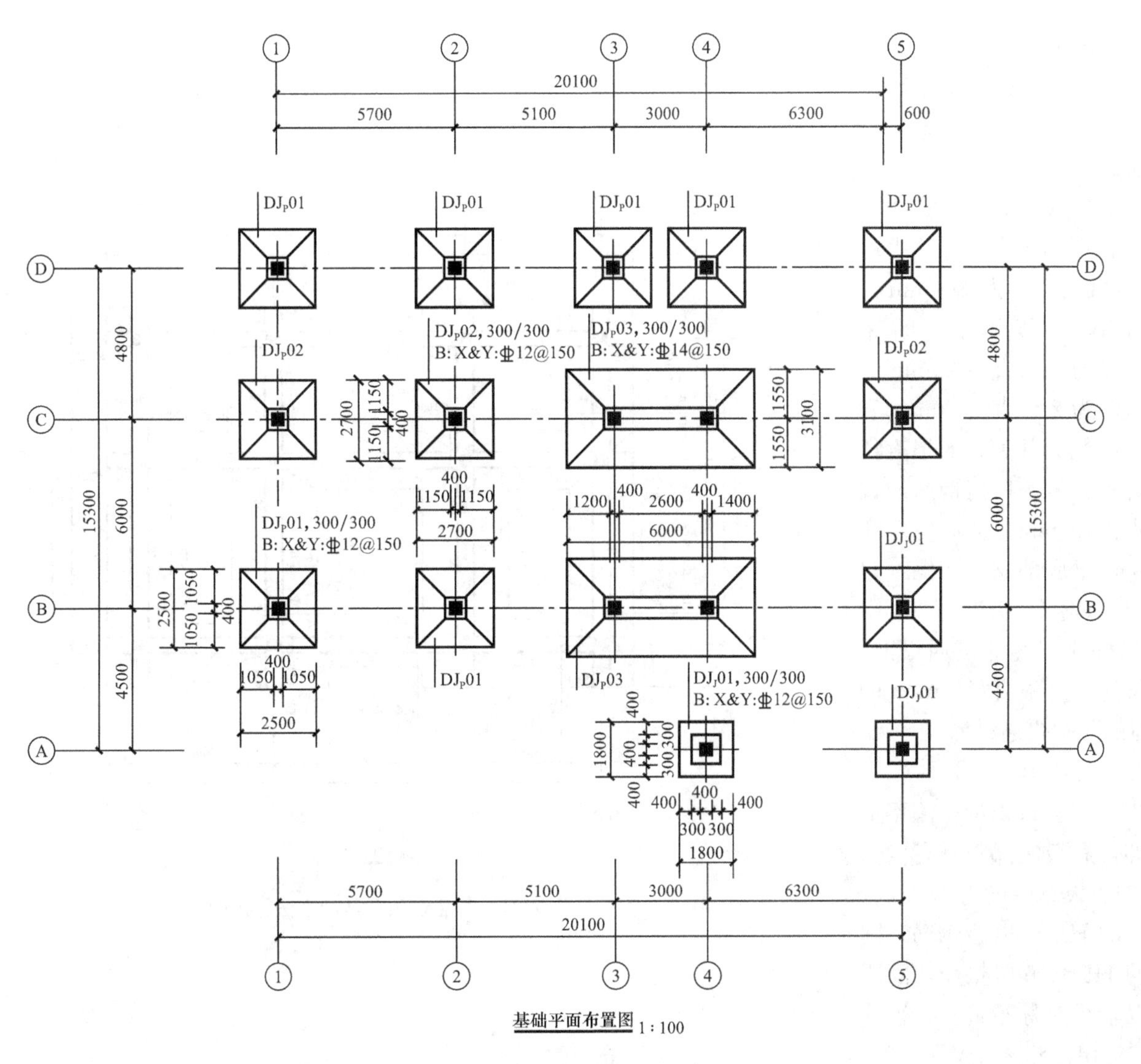

图 2-30 某建筑独立基础平法施工图

【例 2-9】 识读某建筑独立基础平法施工图。

图 2-30 为某建筑独立基础平法施工图，从图 2-30 中可以看出：

（1）该建筑基础为普通独立基础，坡形截面普通独立基础有三种编号，分别为“DJ_P01”、“DJ_P02”、“DJ_P03”；阶形截面普通独立基础有一种编号，为“DJ_J01”。每种编号的基础选择其中一个进行集中标注和原位标注。

（2）以 DJ_P01 为例进行识读。从标注中可以看出，该基础平面尺寸为 2500mm×2500mm，竖向尺寸第一阶为 300mm，第二阶尺寸为 300mm，基础底板总厚度为 600mm。柱截面尺寸为 400mm×400mm。基础底板双向均配置直径 12mm 的 HRB400 级钢筋，分布间距均为 150mm。各轴线编号以及定位轴线间距，图中都已标出。

【例 2-10】 识读某建筑条形基础平法施工图。

图 2-31 为某建筑条形基础平法施工图，从图 2-31 中可以看出：

（1）该建筑基础为梁板式条形基础。

（2）基础梁有五种编号，分别为“JL01”、“JL02”、“JL03”、“JL04”、“JL05”。下面以 JL01 为例进行识读。从集中标注中可以看出，该梁为两跨两端有外伸，截面尺寸为 800mm × 1200mm。箍筋为直径 10mm 的 HPB300 级钢筋，间距 200mm，四肢箍。梁底部配置的贯通纵筋为 4 根直径 25mm 的 HRB400 级钢筋，梁顶部配置的贯通纵筋为 2 根直径 20mm 和 6 根直径 18mm 的 HRB400 级钢筋。梁的侧面共配置 6 根直径 18mm 的 HRB400 级抗扭钢筋，每侧配置 3 根，抗扭钢筋的拉筋为直径 8mm 的 HPB300 级钢筋，间距 400mm。从原位标注中可以看出，在Ⓐ、Ⓑ轴线之间的一跨，梁底部支座两侧（包括外伸部位）均配置 8 根直径 25mm 的 HRB400 级钢筋，其中 4 根为集中标注中注写的贯通纵筋，另外 4 根为非贯通纵筋。在Ⓑ、Ⓒ轴线之间的一跨，梁底部通长配置 8 根直径 25mm 的 HRB400 级钢筋（包括集中标注中注写的 4 根贯通纵筋）。

（3）基础底板有四种编号，分别为“TJB$_{P}$01”、“TJB$_{P}$02”、“TJB$_{P}$03”、“TJB$_{P}$04”。下面以 TJB$_{P}$01 为例进行识读。该条形基础底板为坡形底板，两跨两端有外伸。底板底部竖直高度为 200mm，坡形部分高度为 200mm，基础底板总厚度为 400mm。基础底板底部横向受力筋为直径 14mm 的 HRB400 级钢筋，间距 180mm；底部构造筋为直径 8mm 的 HPB300 级钢筋，间距 200mm。基础底板宽度为 3000mm，以轴线对称布置。各轴线间尺寸、基础外伸部位尺寸，图中都已标出。

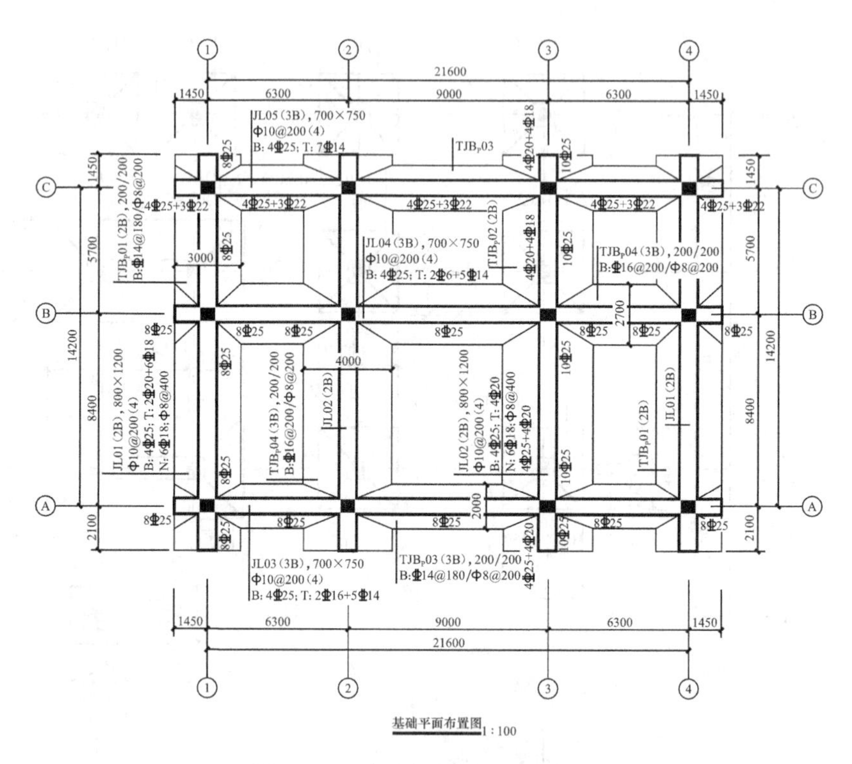

图 2-31 某建筑条形基础平法施工图

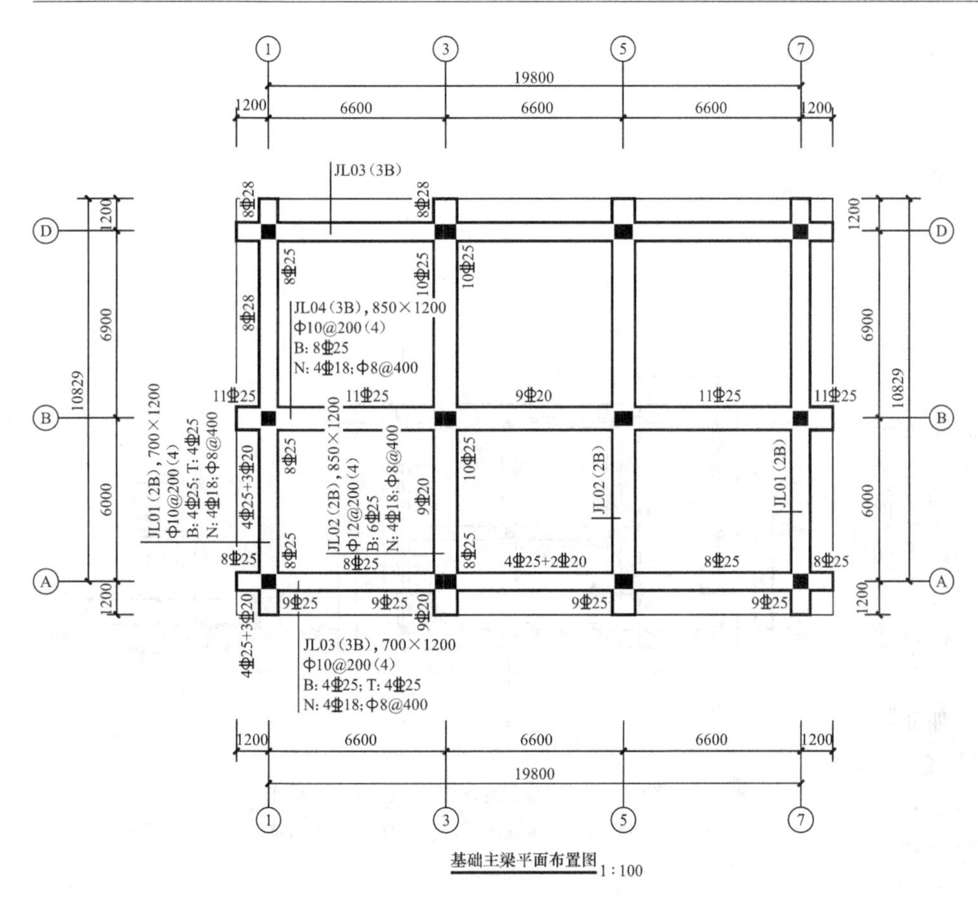

图 2-32 某建筑梁板式筏形基础主梁平法施工图

【例 2-11】 识读某建筑梁板式筏形基础主梁平法施工图。

图 2-32 为某建筑梁板式筏形基础主梁平法施工图，从图 2-32 中可以看出：

（1）该基础的基础主梁有四种编号，分别为“JL01”、“JL02”、“JL03”、“JL04”。

（2）识读 JL01。JL01 共有 2 根，①轴位置的 JL01 进行详细标注，⑦轴位置的 JL01 仅标注编号。

先识读集中标注。从集中标注中可以看出，该梁为两跨两端有外伸，截面尺寸为 700mm×1200mm。箍筋为直径 10mm 的 HPB300 级钢筋，间距 200mm，四肢箍。梁的底部和顶部均配置 4 根直径为 25mm 的 HRB400 级贯通纵筋。梁的侧面共配置 4 根直径 18mm 的 HRB400 级抗扭钢筋，每侧配置 2 根，抗扭钢筋的拉筋为直径 8mm、间距 400mm 的 HPB300 级钢筋。

再识读原位标注。从原位标注中可以看出，在Ⓐ、Ⓑ轴线之间的第一跨及外伸部位标注顶部贯通纵筋修正值，梁顶部共配置 7 根贯通纵筋，有 4 根为集中标注中的“4 Φ 25”，另外 3 根为“3 Φ 20”，梁底部支座两侧（包括外伸部位）均配置 8 根直径 25mm 的 HRB400 级钢筋，其中 4 根为集中标注中注写的贯通纵筋，另外 4 根为非贯通纵筋。在Ⓑ、Ⓓ轴线之间的第二跨及外伸部位，梁顶部通长配置 8 根直径 25mm 的 HRB400 级钢筋（包括集中标注中注写的 4 根贯通纵筋），梁底部支座处配筋同第一跨。

（3）识读 JL04。从集中标注中可以看出，基础梁 JL04 为三跨两端有外伸，截面尺寸为 850mm×1200mm。箍筋为直径 10mm 的 HPB300 级钢筋，间距 200mm，四肢箍。梁底部配置 8 根直径为 25mm 的 HRB400 级贯通纵筋，顶部无贯通纵筋。梁的侧面共配置 4 根直径 18mm 的 HRB400 级抗扭钢筋，每侧配置 2 根，抗扭钢筋的拉筋为直径 8mm、间距 400mm 的 HPB300 级钢筋。

从原位标注中可知，梁各跨底部支座处均未设置非贯通纵筋。对于梁顶部纵筋，第一跨、第三跨及两端外伸部位顶部配置“11 ⌀ 25”，第二跨顶部配置“9 ⌀ 20”。

【例 2-12】 识读某建筑梁板式筏形基础平板钢筋构造。

图 2-33 为某建筑梁板式筏形基础平板平法施工图，从图 2-33 中可以看出：

(1) 图 2-33 是与图 2-32 对应的梁板式筏形基础平板平面布置图及外墙基础详图。从图中基础平板 LPB 的集中标注可以看出，整个基础底板为一个板区，厚度为 550mm。基础平板 X 方向上底部与顶部均配置直径为 16mm 的 HRB400 级贯通纵筋，间距 200mm；贯通纵筋纵向总长度为三跨两端有外伸。基础平板 Y 方向上底部与顶部也均配置直径为 16mm 的 HRB400 级贯通纵筋，间距 200mm；贯通纵筋纵向总长度为两跨两端有外伸。

(2) 从基础平板的原位标注可以看出，在平板底部设有附加非贯通纵筋。下面以①号钢筋为例进行识读。①号附加非贯通纵筋在Ⓐ、Ⓑ轴线之间，沿①轴线方向布置，配置为直径 16mm 的 HRB400 级钢筋，间距 200mm。①号钢筋仅布置一跨，一端向跨内的伸出长度为 1650mm，另一端布置到基础梁的外伸部位。沿⑦轴线布置的①号钢筋仅注写编号。

(3) 外墙基础详图主要表示钢筋混凝土外墙的位置、尺寸、配筋等情况。外墙厚度 300mm，墙内皮位于轴线上。墙身内配置 2 排钢筋网，内侧一排钢筋网中，竖向分布钢筋和水平分布钢筋均为⌀ 12@200；外侧一排钢筋网中，竖向分布钢筋为⌀ 14@200，水平分布钢筋为⌀ 12@200，两侧竖向分布钢筋锚固入基础底部。墙内还梅花形布置直径 6mm、间距 400mm×400mm 的 HPB300 级钢筋作为拉筋。

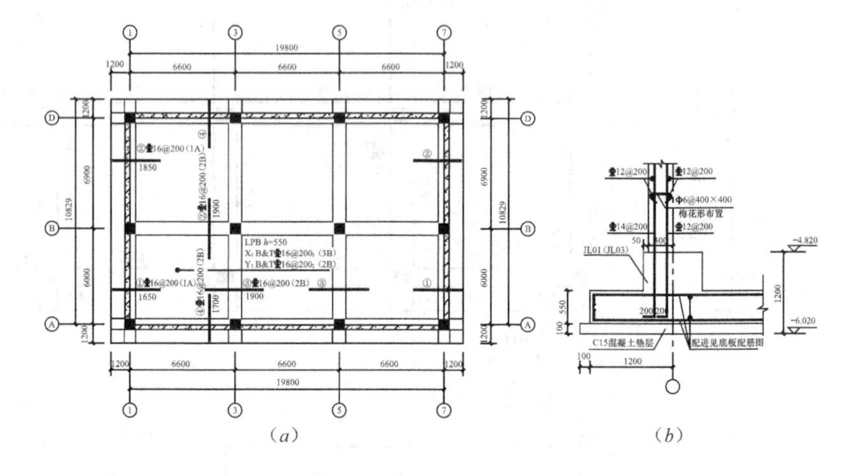

图 2-33　某建筑梁板式筏形基础平板平法施工图

(a) 基础平板平面布置图（1∶100）；(b) 外墙基础详图（1∶20）

2.2 识读主体结构施工图

2.2.1 识读柱平法施工图

柱平法施工图的表示方法有两种：列表注写方式和截面注写方式。

在柱平法施工图中，应当用表格或其他方式注明包括地下和地上各层的结构层楼（地）面标高、结构层高及相应的结构层号。结构层楼面标高系指将建筑图中的各层地面和楼面标高值扣除建筑面层及垫层做法厚度后的标高，结构层号应与建筑楼层号对应一致。

1. 柱平法施工图的主要内容

柱平法施工图的主要内容包括：

（1）图名和比例。

（2）定位轴线及其编号、间距和尺寸。

（3）柱的编号、平面布置，应反映柱与定位轴线的关系。

（4）每一种编号柱的标高、截面尺寸、纵向受力钢筋和箍筋的配置情况。

（5）必要的设计说明。

柱编号 **表 2-2**

柱类型	代号	序号
框架柱	KZ	××
框支柱	KZZ	××
芯柱	XZ	××
梁上柱	LZ	××
剪力墙上柱	QZ	××

2. 柱编号

绘图时需注写柱编号，柱编号由类型代号和序号组成，应符合表 2-2 的规定。从表 2-2 中可以看出，其代号都是以汉语拼音的第一个字母表示，序号一般用阿拉伯数字表示。

框架柱：在框架结构中主要承受竖向压力，将来自框架梁的荷载向下传递，是框架结构中承力最大的构件。

框支柱：一般情况下出现在转换层结构中。下层为框架结构、上层为剪力墙结构时，支撑上层结构的柱定义为框支柱。

芯柱：不是一根独立的柱子，隐藏在柱内。

梁上柱：梁上起柱，柱的生根不在基础而在梁上的柱，称之为梁上柱。主要出现在建筑物上下结构或建筑布局发生变化时。

剪力墙上柱：墙上起柱，柱的生根不在基础而在墙上的柱，称之为墙上柱。主要出现在建筑物上下结构或建筑布局发生变化时。

3. 列表注写方式

列表注写方式是在柱平面布置图上（一般仅需采用适当比例绘制一张柱平面布置图，包括框架柱、框支柱、梁上柱和剪力墙上柱），分别在同一编号的柱中选择一个（有时需选择几个）截面标注几何参数代号；然后绘制柱表，在柱表中注写柱编号、柱段起止标高、几何尺寸（含柱截面对轴线的偏心情况）与配筋的具体数值，并配以各种柱截面形状及其箍筋类型图。

柱表注写内容规定如下。

（1）注写柱编号。

（2）注写柱段起止标高，自柱根部往上以变截面位置或截面未变但配筋改变处为界分段注写。框架柱和框支柱的根部标高系指基础顶面标高，芯柱的根部标高系指根据结构实际需要而定的起始位置标高，梁上柱的根部标高系指梁顶面标高，剪力墙上柱的根部标高为墙顶面标高。

（3）注写截面几何尺寸。对于矩形柱，截面尺寸用 $b \times h$ 表示，通常，$b \times h$ 及与轴线关系的几何参数代号 b_1、b_2 和 h_1、h_2 的具体数值，需对应于各段柱分别注写。其中 $b=b_1+b_2$，$h=h_1+h_2$。当截面的某一边收缩变化至与轴线重合或偏到轴线的另一侧时，b_1、b_2、h_1、h_2 中的某项为零或为负值。

对于圆柱，截面尺寸用 d 表示。为表达简单，圆柱截面与轴线的关系也用 b_1、b_2 和 h_1、h_2 表示，并使 $d=b_1+b_2=h_1+h_2$。

对于芯柱，根据结构需要，可以在某些框架柱的一定高度范围内，在其内部的中心位置设置（分别引注其柱编号）。芯柱截面尺寸按构造确定，并按标准图集构造详图施工，设计不需注写；当设计者采用不同的做法时，应另行注明。芯柱定位随框架柱，不需要注写其与轴线的几何关系。

（4）注写柱纵筋。当柱纵筋直径相同，各边根数也相同时（包括矩形柱、圆柱和芯柱），可将纵筋注写在"全部纵筋"一栏中；除此之外，柱纵筋分角筋、截面 b 边中部筋和 h 边中部筋三项分别注写（对于采用对称配筋的矩形截面柱，可仅注写一侧中部筋，对称边省略不注）。

（5）在箍筋类型栏内注写箍筋的类型号与肢数。具体工程所设计的各种箍筋类型图以及箍筋复合的具体方式，需画在表上部或图中适当位置，并在其上标注与表中相对应的 b、h 和类型号。常见箍筋类型号及其所对应的箍筋形状，如图 2-34 所示。当为抗震设计时，确定箍筋肢数时要满足对柱纵筋"隔一拉一"以及箍筋肢距的要求。

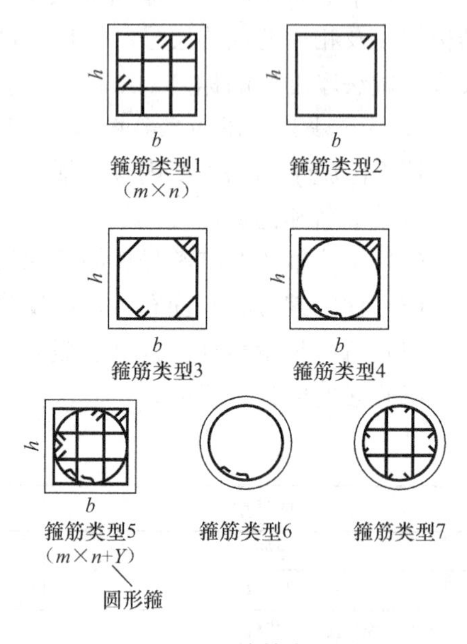

图 2-34　箍筋类型

（6）注写柱箍筋，包括箍筋级别、直径与间距。当为抗震设计时，用斜线“/”区分柱端箍筋加密区与柱身非加密区长度范围内箍筋的不同间距。施工人员需根据标准构造详图的规定，在规定的几种长度值中取其最大者作为加密区长度。当框架节点核芯区内箍筋与柱端箍筋设置不同时，应在括号中注明核芯区箍筋直径及间距。例如“Φ10@100/250”，表示柱中箍筋为 HPB300 级钢筋，直径为 10mm，加密区间距为 100mm，非加密区间距为 250mm。当箍筋沿柱全高均匀等间距配置时，则不使用“/”线，例如“Φ10@100”，表示沿柱全高范围内箍筋均为 HPB300 级钢筋，直径为 10mm，间距为 100mm。当圆柱采用螺旋箍筋时，需在箍筋前加“L”，例如“LΦ10@100/200”，表示采用螺旋箍筋，HPB300 级钢筋，直径 10mm，加密区间距为 100mm，非加密区间距为 200mm。

图 2-35 为采用列表注写方式表达的柱平法施工图，从图 2-35 中可以看出：在柱平面布置图中给出 KZ1、XZ1 和 LZ1 的编号，标注确定柱位置的几何参数代号。在柱表中，列出 KZ1、XZ1 的相关信息。

框架柱 KZ1 分三段，在标高 −0.030～19.470m 段，截面尺寸为 750mm×700mm，共配置 24 根直径 25mm 的 HRB400 级钢筋，箍筋为直径 10mm 的 HPB300 级钢筋，加密区间距 100mm，非加密区间距 200mm；在标高 19.470～37.470m 段，截面尺寸为 650mm×600mm，配置 4 根直径 22mm 的 HRB400 级角部钢筋，b 边每边配制 5 根直径 22mm 的 HRB400 级中部筋，h 边每边配制 4 根直径 20mm 的 HRB400 级中部筋，箍筋为直径 10mm 的 HPB300 级钢筋，加密区间距 100mm，非加密区间距 200mm；第三段自行分析。

芯柱 XZ1 设置在③×Ⓑ轴 KZ1 中 −0.030～8.670m 标高段，截面尺寸按构造确定，共配置 8 根直径 25mm 的 HRB400 级钢筋，箍筋为直径 10mm 的 HPB300 级钢筋，沿芯柱全高范围均匀配置，间距为 100mm。

图中左侧用表格给出有关各层的结构层楼（地）面标高、结构层高及相应的结构层号。所示上部结构嵌固部位是指上部结构在基础中的生根部位，常取基础顶面、地下室顶板等处，本例取地下一层结构顶部结构标高 −0.030m 处。

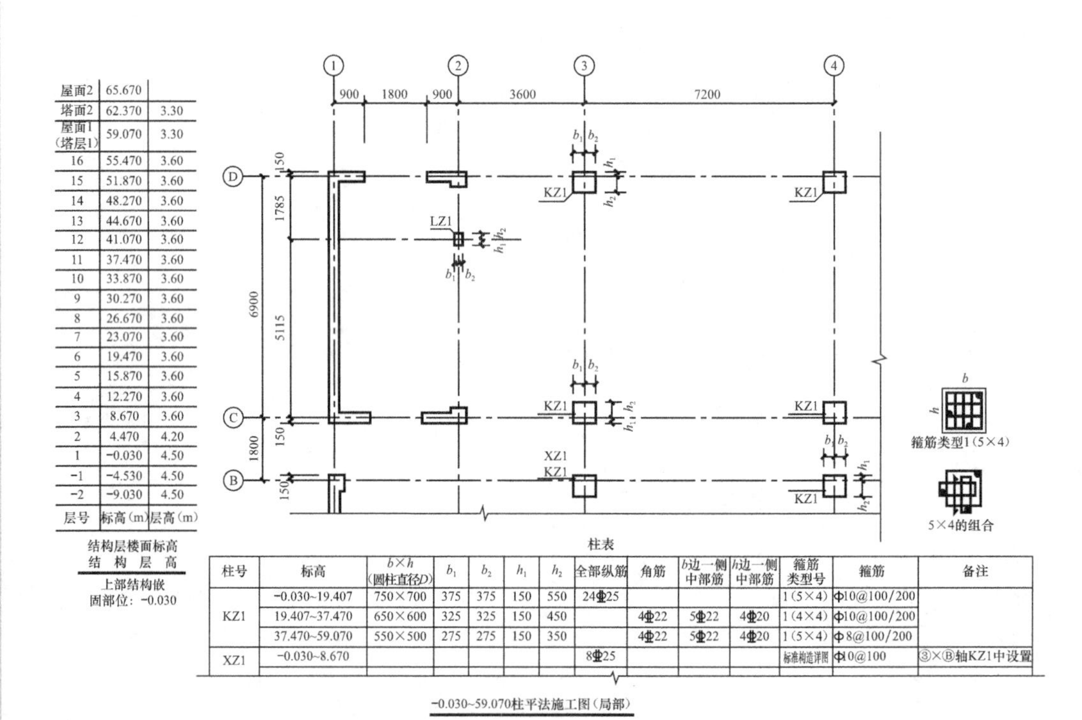

层号	标高（m）	层高（m）
屋面2	65.670	
塔面2	62.370	3.30
屋面1（塔层1）	59.070	3.30
16	55.470	3.60
15	51.870	3.60
14	48.270	3.60
13	44.670	3.60
12	41.070	3.60
11	37.470	3.60
10	33.870	3.60
9	30.270	3.60
8	26.670	3.60
7	23.070	3.60
6	19.470	3.60
5	15.870	3.60
4	12.270	3.60
3	8.670	3.60
2	4.470	4.20
1	−0.030	4.50
−1	−4.530	4.50
−2	−9.030	4.50

柱表

柱号	标高	$b\times h$（圆柱直径D）	b_1	b_2	h_1	h_2	全部纵筋	角筋	b边一侧中部筋	h边一侧中部筋	箍筋类型号	箍筋	备注
KZ1	−0.030~19.407	750×700	375	375	150	550	24Φ25				1（5×4）	Φ10@100/200	
	19.407~37.470	650×600	325	325	150	450		4Φ22	5Φ22	4Φ20	1（4×4）	Φ10@100/200	
	37.470~59.070	550×500	275	275	150	350		4Φ22	5Φ22	4Φ20	1（5×4）	Φ8@100/200	
XZ1	−0.030~8.670						8Φ25				标准构造详图	Φ10@100	③×Ⓑ轴KZ1中设置

图 2-35　柱平法施工图（列表注写方式）

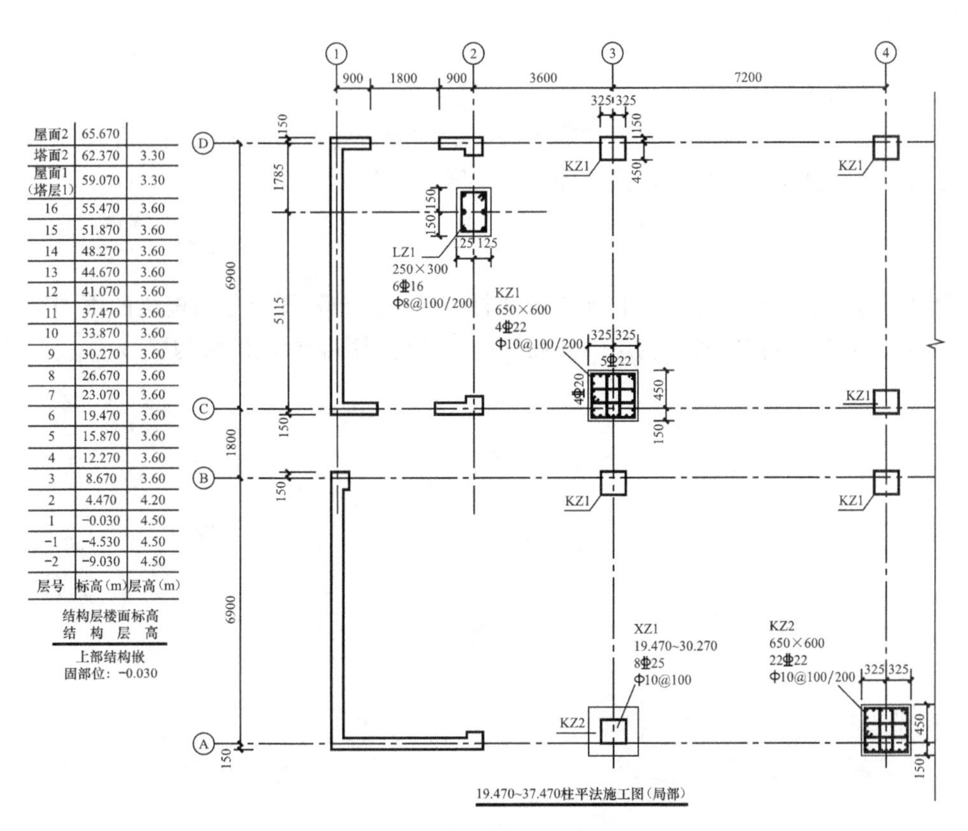

屋面2	65.670	
塔面2	62.370	3.30
屋面1（塔层1）	59.070	3.30
16	55.470	3.60
15	51.870	3.60
14	48.270	3.60
13	44.670	3.60
12	41.070	3.60
11	37.470	3.60
10	33.870	3.60
9	30.270	3.60
8	26.670	3.60
7	23.070	3.60
6	19.470	3.60
5	15.870	3.60
4	12.270	3.60
3	8.670	3.60
2	4.470	4.20
1	−0.030	4.50
−1	−4.530	4.50
−2	−9.030	4.50
层号	标高(m)	层高(m)

图 2-36 柱平法施工图（截面注写方式）

4. 截面注写方式

截面注写方式是在柱平面布置图上，从相同编号的柱中选择一个截面（不同编号中各选择一个截面），按另一种比例原位放大绘制柱截面配筋图，并在各配筋图上注写截面尺寸和配筋数值。具体注写内容如下。

（1）柱编号。

（2）截面尺寸 $b\times h$（矩形）及其与轴线关系 b_1、b_2、h_1、h_2 的具体数值。

（3）角筋、截面各边中部筋或全部纵筋（纵筋采用一种直径时）。

（4）箍筋的级别、直径和间距的具体数值。

图 2-36 为采用截面注写方式表达的柱平法施工图实例。其中柱 LZ1 截面尺寸为 250mm×300mm，共配置 6 根直径 16mm 的 HRB400 级纵筋，箍筋采用 HPB300 级钢筋，直径为 8mm，加密区间距 100mm，非加密区间距 200mm。柱 KZ1 截面尺寸 650mm×600mm，角筋为 4 根直径 22mm 的 HRB400 级钢筋，b 边每侧中部筋为 5 根直径 22mm 的 HRB400 级钢筋，h 边每侧中部筋为 4 根直径 20mm 的 HRB400 级钢筋，b、h 边另一侧中部筋均对称配置，箍筋为 HPB300 级钢筋，直径为 10mm，加密区间距为 100mm，非加密区间距为 200mm。柱 KZ2 截面尺寸 650mm×600mm，共配置 22 根直径 22mm 的 HRB400 级纵筋，箍筋为 HPB300 级钢筋，直径为 10mm，加密区间距为 100mm，非加密区间距为 200mm。在Ⓐ×③轴 KZ2 中 19.470～30.270m 标高段设置 XZ1，截面尺寸按构造确定，共配置 8 根直径 25mm 的 HRB400 级钢筋，箍筋为直径 10mm 的 HPB300 级钢筋，沿芯柱全高范围均匀配置，间距为 100mm。

5. 柱平法施工图的识读方法

柱平法施工图可按如下方法识读：

(1) 查看图名、比例。

(2) 校核轴线编号及间距尺寸，必须与建筑图、基础平面图保持一致。

(3) 与建筑图配合，明确各柱的编号、数量及位置。

(4) 阅读结构设计总说明或有关分页专项说明，明确标高范围柱混凝土的强度等级。

(5) 根据各柱的编号，查对图中截面或柱表，明确柱的标高、截面尺寸和配筋，再根据抗震等级、标准构造要求确定纵向钢筋和箍筋的构造要求（包括纵向钢筋的连接方式、位置、锚固搭接长度、弯折要求、柱头节点要求，箍筋加密区长度范围等）。

2.2.2 识读梁平法施工图

梁平法施工图是在梁平面布置图上采用平面注写方式或截面注写方式表达梁截面尺寸和配筋的图样。梁平面布置图应分别按梁的不同结构层，将全部梁和与其相关联的柱、墙、板一起绘制。在梁平法施工图中，应注明各结构层的楼面标高、结构层高和相应的结构层号。

1. 梁平法施工图主要内容

梁平法施工图主要内容包括：

(1) 图名和比例。

(2) 定位轴线及其编号、间距和尺寸。

(3) 梁的编号和平面布置。

(4) 每一种编号梁的标高、截面尺寸和钢筋配置情况。

(5) 必要的设计说明和详图。

梁编号　　表 2-3

梁类型	代号	序号	跨数及是否带有悬挑
楼层框架类型	KL	××	(××)、(××A) 或 (××B)
屋面框架梁	WKL	××	(××)、(××A) 或 (××B)
非框架梁	L	××	(××)、(××A) 或 (××B)
框支梁	KZL	××	(××)、(××A) 或 (××B)
悬挑梁	XL	××	
井字梁	JZL	××	(××)、(××A) 或 (××B)

注：(××A) 为一端有悬挑，(××B) 为两端有悬挑，悬挑不计入跨数。

2. 梁编号

采用平法表示梁的施工图时，需要对梁进行分类与编号，其编号由梁类型代号、序号、跨数及有无悬挑代号几项组成，如表 2-3 所示。

3. 平面注写方式

梁的平面注写方式，系在梁平面布置图上，分别在不同编号的梁中各选一根梁，在其上注写截面尺寸及配筋具体数值的方式来表达梁平法施工图。

平面注写包括集中标注与原位标注，集中标注表达梁的通用数值，原位标注表达梁的特殊数值。当集中标注中的某项数值不适用于梁的某部位时，则将该项数值原位标注，施工时，原位标注取值优先。

图 2-37 为梁平面注写方式示例，图样下面四个梁配筋断面图系采用传统表示方法绘制，用于对比按平面注写方式表达的同样内容。实际采用平面注写方式表达时，不需绘制梁断面配筋图和表示断面剖切位置的相应截面号。

(1) 集中标注　集中标注的形式与内容如下：

KL2 (2A) 300×650——梁编号（跨数、有无悬挑）截面宽×高

Φ8@100/200 (2) ——箍筋直径、加密区间距/非加密区间距（箍筋肢数）

2Φ25——通长筋根数、钢筋级别、直径

G4Φ10——梁侧面纵向构造钢筋根数、直径

(−0.100) ——梁顶标高与结构层楼面标高的差值，负号表示低于结构层标高

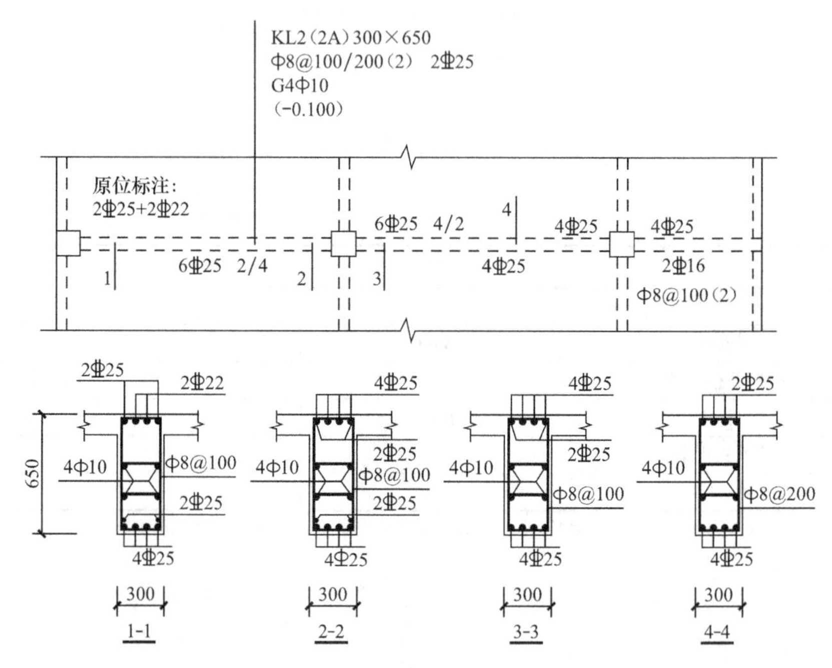

图 2-37　梁构件平面注写方式

集中标注可以从梁的任意一跨引出，其标注的内容有五项必注值和一项选注值，具体规定如下：

1）梁编号，如表 2-3 所示，该项为必注值。如 KL2（2A）表示 2 号框架梁，两跨，一端有悬挑。

2）梁截面尺寸，该项为必注值。当为等截面梁时，用 $b \times h$ 表示。

3）梁箍筋，包括钢筋级别、直径、加密区与非加密区间距及肢数，该项为必注值。箍筋加密区与非加密区的不同间距及肢数需用斜线“/”分隔；当梁箍筋为同一种间距及肢数时，则不需用斜线；当加密区与非加密区的箍筋肢数相同时，则将肢数注写一次；箍筋肢数应写在括号内。加密区范围见相应抗震等级的标准构造详图。

例如“Φ10@100/200（4）”，表示箍筋为 HPB300 级钢筋，直径 10mm，加密区间距为 100mm，非加密区间距为 200mm，均为四肢箍。

当抗震设计中的非框架梁、悬挑梁、井字梁，及非抗震设计中的各类梁采用不同的箍筋间距及肢数时，也用斜线“/”将其分隔开来。注写时，先注写梁支座端部的箍筋（包括箍筋的箍数、钢筋级别、直径、间距与肢数），在斜线后注写梁跨中部分的箍筋间距及肢数。

例如“18Φ12@150（4）/200（2）”，表示箍筋为 HPB300 级钢筋，直径 12mm；梁的两端各有 18 个四肢箍，间距为 150mm；梁跨中部分，间距为 200mm，双肢箍。

4）梁上部通长筋或架立筋配置，该项为必注值。梁构件的上部通长筋或架立筋配置（通长筋可为相同或不同直径采用搭接连接、机械连接或焊接的钢筋），所注规格与根数应根据结构受力要求及箍筋肢数等构造要求而定。当同排纵筋中既有通长筋又有架立筋时，应用加号“+”将通长筋和架立筋相连。注写时需将角部纵筋写在加号的前面，架立筋写在加号后面的括号内，以示不同直径及与通长筋的区别。当全部采用架立筋时，则将其写入括号内。例如“2Φ22”用于双肢箍；“2Φ22+(4Φ12)”用于六肢箍，其中“2Φ22”为通长筋，“4Φ12”为架立筋。

当梁的上部纵筋和下部纵筋为全跨相同，且多数跨配筋相同时，此项可加注下部纵筋的配筋值，用分号“；”将上部与下部纵筋的配筋值分隔开来。少数跨不同者，则将该项数值原位标注。例如“3Φ22”；“3Φ20”，表示梁的上部配置 3Φ22 的通长筋，梁的下部配置3Φ20 的通长筋。

5）梁侧面纵向构造钢筋或受扭钢筋配置，该项为必注值。

当梁腹板高度 $h_w \geqslant 450$mm 时，需配置纵向构造钢筋，所注规格与根数应符合相关规范规定。此项注写值以大写字母 G 打头，接续注写设置在梁两个侧面的总配筋值，且对称配置。例如“G4Φ12”，表示梁的两个侧面共配置 4Φ12 的纵向构造钢筋，每侧各配置 2Φ12。

当梁侧面需配置受扭纵向钢筋时，此项注写值以大写字母 N 打头，接续注写配置在梁两个侧面的总配筋值，且对称配置。受扭纵向钢筋应满足梁侧面纵向构造钢筋的间距要求，且不再重复配置纵向构造钢筋。例如“N6Φ22”，表示梁的两个侧面共配置 6Φ22 的受扭纵向钢筋，每侧各配置 3Φ22。

6）梁顶面标高高差，该项为选注值。

梁顶面标高高差，系指相对于结构层楼面标高的高差值，对于位于结构夹层的梁，则指相对于结构夹层楼面标高的高差。有高差时，需将其写入括号内，无高差时不注。例如，“（−0.100)”表示梁顶低于结构层 0.1m；“(0.050)”表示梁顶高于结构层 0.05m。

（2）原位标注　原位标注的内容规定如下：

1）梁支座上部纵筋，是指标注该部位含通长筋在内的所有纵筋。

① 当上部纵筋多于一排时，用斜线“/”将各排纵筋自上而下分开。

② 当同排纵筋有两种直径时，用加号“＋”将两种直径的纵筋相连，注写时角筋写在前面。

③ 当梁中间支座两边的上部纵筋不同时，须在支座两边分别标注；当梁中间支座两边的上部纵筋相同时，可仅在支座的一边标注配筋值，另一边省去不注，如图 2-38 所示。

2）梁下部纵筋。当下部纵筋多于一排时，用斜线“/”将各排纵筋自上而下分开。例如“6Φ252/4”，表示上排纵筋为 2Φ25，下一排纵筋为 4Φ25，全部伸入支座。

当同排纵筋有两种直径时，用加号“＋”将两种直径的纵筋相连，注写时角筋写在前面。

当梁下部纵筋不全部伸入支座时，将梁支座下部纵筋减少的数量写在括号内。例如“6Φ252（－2)/4”，表示上排纵筋为 2Φ25，且不伸入支座；下一排纵筋为 4Φ25，全部伸入支座。

当梁的集中标注中已分别注写梁上部和下部均为通长的纵筋值时，则不需在梁下部重复做原位标注。

3）附加箍筋或吊筋。平法标注是将其直接画在平面图中的主梁上，用线引注总配筋值（附加箍筋的肢数注在括号内)，如图 2-39 所示。当多数附加箍筋或吊筋相同时，可在梁平法施工图上统一注明，少数与统一注明值不同时，再原位引注。

4）当在梁上集中标注的内容（即梁截面尺寸、箍筋、上部通长筋或架立筋，梁侧面纵向构造钢筋或受扭纵向钢筋，以及梁顶面标高高差中的某一项或几项数值）不适用于某跨或某悬挑部分时，则将其不同数值原位标注在该跨或该悬挑部位，施工时应按原位标注数值取用。如 77 页图 2-37 最右端标注的Φ8@100（2)，为悬挑梁中配置的箍筋，HPB300 级钢筋，直径 8mm，通长配置，间距 100mm，双肢箍。

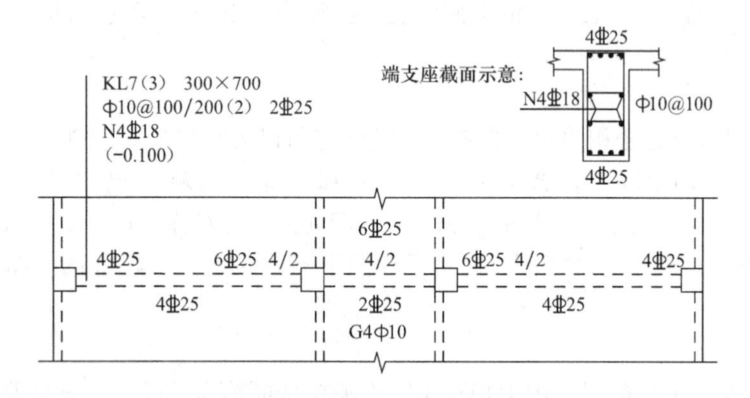

图 2-38　梁中间支座两边的上部纵筋不同注写方式

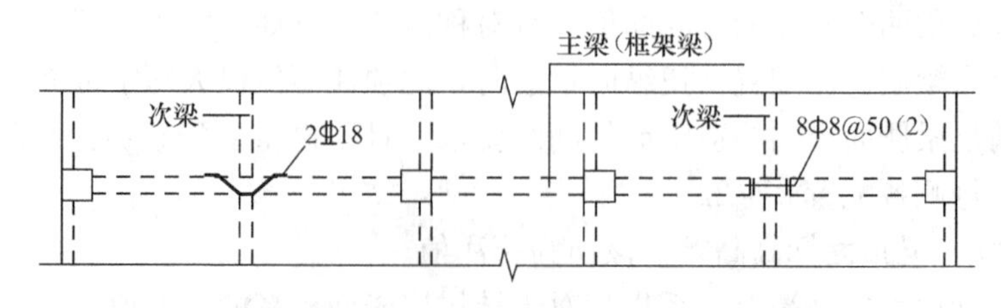

图 2-39　附加箍筋和吊筋的画法示例

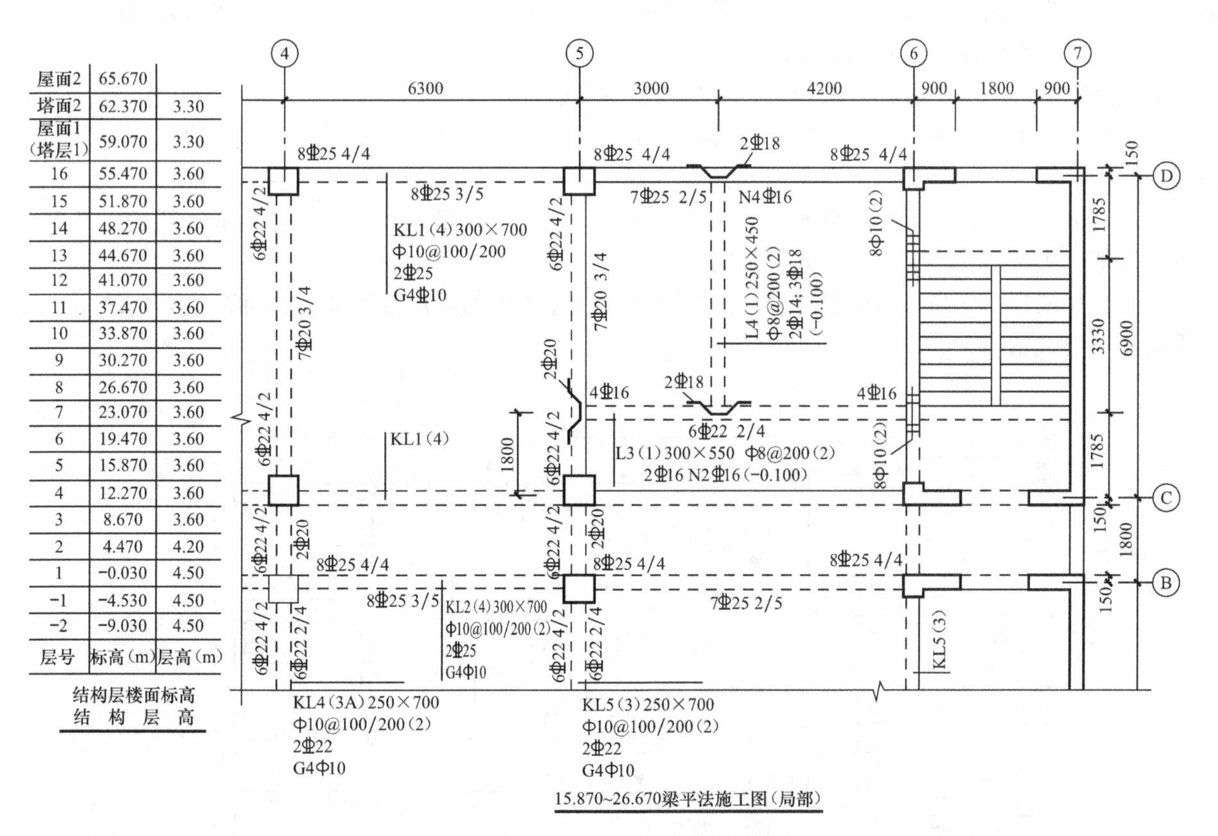

屋面2	65.670	
塔面2	62.370	3.30
屋面1（塔层1）	59.070	3.30
16	55.470	3.60
15	51.870	3.60
14	48.270	3.60
13	44.670	3.60
12	41.070	3.60
11	37.470	3.60
10	33.870	3.60
9	30.270	3.60
8	26.670	3.60
7	23.070	3.60
6	19.470	3.60
5	15.870	3.60
4	12.270	3.60
3	8.670	3.60
2	4.470	4.20
1	−0.030	4.50
−1	−4.530	4.50
−2	−9.030	4.50
层号	标高(m)	层高(m)

结构层楼面标高
结构层高

图 2-40 梁平法施工图（平面注写方式）

图 2-40 为梁平法施工图（平面注写方式）。由 KL1 的集中标注可知，该框架梁为四跨，两端无悬挑，截面尺寸为 300mm×700mm；箍筋采用直径为 10mm 的 HPB300 级钢筋，加密区间距为 100mm，非加密区间距为 200mm，均为双肢箍；梁上部配置 2Φ25 的通长筋；两个侧面各配置 2Φ10 的纵向构造钢筋。由原位标注可知，在④～⑤轴的第三跨中，梁两端支座上部各配置 8Φ25 的纵筋，分上下两排，每排 4 根，其中包括集中标注中的通长筋 2Φ25；梁下部配置 8Φ25 的纵筋，分上下两排，上排为 3 根，下排为 5 根，全部伸入支座；侧面构造纵筋和箍筋同集中标注。在⑤～⑥轴的第四跨中，梁两端支座上部纵筋与第三跨相同，梁下部配置 7Φ25，分上下两排，上排为 2 根，下排为 5 根，全部伸入支座；梁侧面共配置 4 根Φ16 的受扭纵筋，每侧 2 根；同时在该跨梁上还配置 2Φ18 的吊筋。

4. 截面注写方式

梁的截面注写方式是在分层绘制的梁平面布置图上，分别在不同编号的梁中各选择一根梁用剖面号引出配筋图，并在其上注写截面尺寸和配筋具体数值的方式来表达梁平法施工图。截面注写方式多适用于表达异形截面梁的尺寸与配筋或平面图上局部区域梁布置过密的情况。截面注写方式既可以单独使用，也可与平面注写方式结合使用。

截面注写方式与传统表达方法相似，注写内容规定如下：

（1）在梁的平面布置图上对梁进行编号，从相同编号的梁中选择一根梁，将“单边截面号”画在该梁上，然后将截面配筋详图画在本图或其他图上。

（2）在截面配筋详图上注写截面尺寸 $b \times h$、上部纵筋、下纵部筋、侧面构造筋或受扭筋以及箍筋的具体数值，表达形式与平面注写方式相同。

（3）当梁的顶面标高与结构层楼面标高不同时，尚应在梁编号后注写梁顶面标高高差，注写规定与平面注写方式相同。

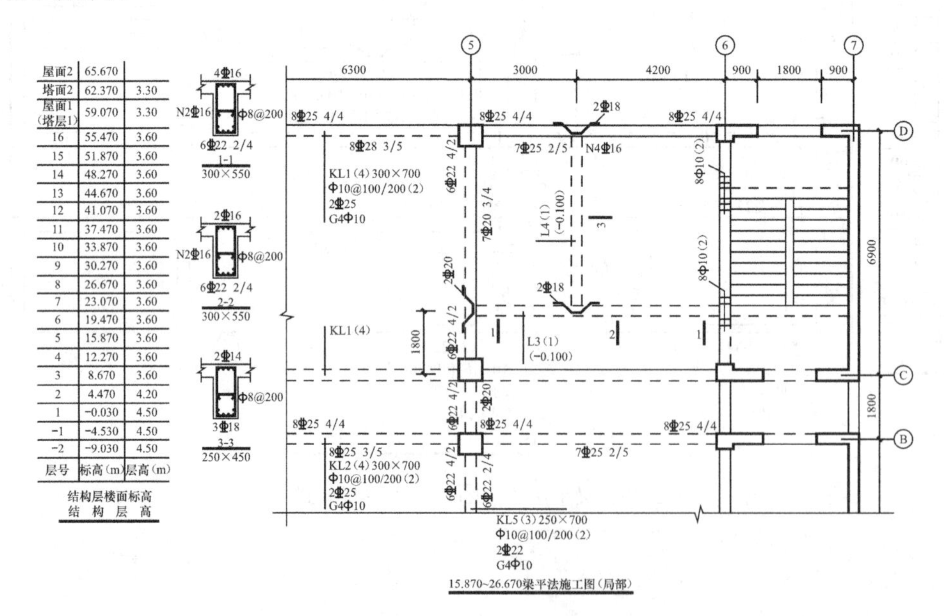

屋面2	65.670	
塔面2	62.370	3.30
屋面1（塔层1）	59.070	3.30
16	55.470	3.60
15	51.870	3.60
14	48.270	3.60
13	44.670	3.60
12	41.070	3.60
11	37.470	3.60
10	33.870	3.60
9	30.270	3.60
8	26.670	3.60
7	23.070	3.60
6	19.470	3.60
5	15.870	3.60
4	12.270	3.60
3	8.670	3.60
2	4.470	4.20
1	-0.030	4.50
-1	-4.530	4.50
-2	-9.030	4.50
层号	标高(m)	层高(m)

图 2-41 梁平法施工图（截面注写方式）

图 2-41 为梁平法施工图（截面注写方式）。在图 2-41 中，L3、L4 采用截面注写方式，下面以 L3 为例进行识读。L3 为平面注写方式和截面注写方式结合使用，L3 的集中标注显示：该梁为非框架梁，1 跨，梁顶标高比结构层楼面标高低 0.1m。该梁有 1-1、2-2 两个断面，1-1 为梁端支座处断面，2-2 为跨中断面。由 1-1 可知，梁截面尺寸为 300mm×550mm，该梁两端支座处配置上部纵筋 4⏀16；下部纵筋 6⏀22，分上下两排，上排为 2 根，下排为 4 根；侧面受扭纵筋 2⏀16，每侧 1 根；箍筋Φ 8@200，双肢箍。由 2-2 可知，该梁跨中配置上部纵筋 2⏀16，其他与两端支座处相同。由 1-1、2-2 共同分析可知，L3 上部通长筋为 2⏀16。识读时注意与图 2-40 对比阅读。

5. 梁平法施工图识读方法

梁平法施工图可按如下方法识读：

（1）查看图名、比例。

（2）校核轴线编号及间距尺寸，必须与建筑图、基础平面图、柱平面图保持一致。

（3）与建筑图配合，明确各梁的编号、数量及位置。

（4）阅读结构设计总说明或有关分页专项说明，明确各标高范围剪力墙混凝土的强度等级。

（5）根据各梁的编号，查对图中标注或截面标注，明确梁的标高、截面尺寸和配筋。再根据抗震等级、标准构造要求确定纵向钢筋、箍筋和吊筋的构造要求（包括纵向钢筋锚固搭接长度、切断位置、连接方式、弯折要求，箍筋加密区范围等）。

2.2.3　识读剪力墙平法施工图

剪力墙根据配筋形式，可将其看成由剪力墙柱、剪力墙身和剪力墙梁（简称墙柱、墙身、墙梁）三类构件组成。剪力墙平法施工图是在剪力墙平面布置图上，采用列表注写方式或截面注写方式来表达剪力墙柱、剪力墙身、剪力墙梁的标高、偏心、截面尺寸和配筋情况等。

1. 剪力墙平法施工图的主要内容

剪力墙平法施工图主要内容包括：

（1）图名和比例。

（2）定位轴线及其编号、间距和尺寸。

（3）剪力墙柱、剪力墙身、剪力墙梁的编号和平面布置。

（4）每一种编号剪力墙柱、剪力墙身、剪力墙梁的标高、截面尺寸和钢筋配置情况。

（5）必要的设计说明和详图。

2. 编号

为表达简便、清楚，规定将剪力墙按墙柱、墙身、墙梁三类构件分别编号。

(1) 墙柱编号　墙柱编号由墙柱类型代号和序号组成，表达形式应符合表 2-4 的规定。其中，约束边缘构件包括约束边缘柱、约束边缘端柱、约束边缘翼墙、约束边缘转角墙四种，构造边缘构件包括构造边缘暗柱、构造边缘端柱、构造边缘翼墙、构造边缘转角墙四种。

(2) 墙身编号　墙身编号由墙身代号、序号以及墙身所配置的水平与竖向分布钢筋的排数组成，其中，排数写在括号内。表达形式为：Q××（×排）。

(3) 墙梁编号　墙梁编号由墙梁类型代号和序号组成，表达形式应符合表 2-5 的规定。

由表 2-5 可知，在剪力墙结构中，墙梁被划分为连梁、暗梁、边框梁三类。其中，连梁是连接门窗洞口两边剪力墙的梁；暗梁和边框梁是剪力墙的一部分，都是剪力墙上部的加强构造，二者的区别在于暗梁梁宽与墙厚相同，边框梁梁宽大于墙厚。它们的具体位置，如图 2-42 所示。

墙柱编号　**表 2-4**

墙柱类型	代号	序号
约束边缘构件	YBZ	××
构造边缘构件	GBZ	××
非边缘暗柱	AZ	××
扶壁柱	FBZ	××

墙梁编号　**表 2-5**

墙梁类型	代号	序号
连梁	L	××
连梁（对角暗撑配筋）LL（JC）	××	
连梁（交叉对角斜筋配筋）LL（JX）	××	
连梁（集中对角斜筋配筋）LL（DX）	××	
暗梁	AL	××
边框梁	BKL	××

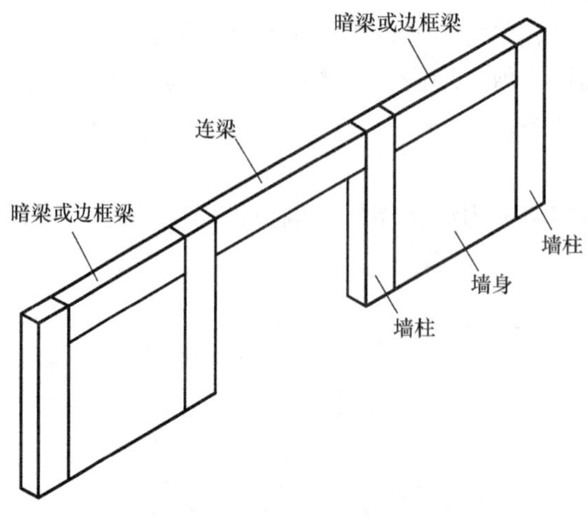

图 2-42　连梁、暗梁和边框梁的位置

3. 列表注写方式

列表注写方式，系分别在剪力墙柱表、剪力墙身表和剪力墙梁表中，对应于剪力墙平面布置图上的编号，用绘制截面配筋图并注写几何尺寸与配筋具体数值的方式，来表达剪力墙平法施工图。

（1）剪力墙柱表　剪力墙柱表中表达的内容规定如下：

1）注写墙柱编号，如表 2-4 所示，绘制该墙柱的截面配筋图，标注墙柱几何尺寸。

2）注写各段墙柱的起止标高，自墙柱根部往上以变截面位置或截面未变但配筋改变处为界分段注写。墙柱根部标高一般指基础顶面标高。

3）注写各段墙柱的纵向钢筋和箍筋，纵向钢筋注总配筋值，墙柱箍筋的注写方式与柱箍筋相同。注写值应与在表中绘制的截面配筋图对应一致。约束边缘构件除注写阴影部位的箍筋外，尚需在剪力墙平面布置图中注写非阴影区内布置的拉筋（或箍筋）。

（2）剪力墙身表　剪力墙身表中表达的内容规定如下：

1）注写墙身编号（含水平与竖向分布钢筋的排数）。

2）注写各段墙身起止标高，自墙身根部往上以变截面位置或截面未变但配筋改变处为界分段注写。墙身根部标高一般指基础顶面标高。

3）注写墙厚。

4）注写水平分布钢筋、竖向分布钢筋和拉筋的具体数值。注写数值仅为一排水平分布钢筋和竖向分布钢筋的规格与间距。拉筋应注明布置方式“双向”或“梅花双向”。

（3）剪力墙梁表　剪力墙梁表中表达的内容规定如下：

1）注写墙梁编号，如表 2-5 所示。

2）注写墙梁所在楼层号。

3）注写墙梁顶面标高高差，系指相对于墙梁所在结构层楼面标高的高差值。高者为正值，低者为负值，无高差时不注。

4）注写墙梁截面尺寸 $b \times h$，上部纵筋、下部纵筋和箍筋的具体数值。

图 2-43 为剪力墙平法施工图列表注写方式实例。

在图 2-43 中，剪力墙柱表给出 YBZ1、YBZ2 的编号、截面形状尺寸、配筋和标高。在剪力墙平面布置图中注写 YBZ1 非阴影区内的拉筋为Φ 10@200@200 双向，其他非阴影区拉筋直径为 8mm。剪力墙身表给出 Q1 的厚度、配筋和标高。剪力墙梁表给出 LL1、LL2、LL3 所在楼层号、标高、截面尺寸和配筋。

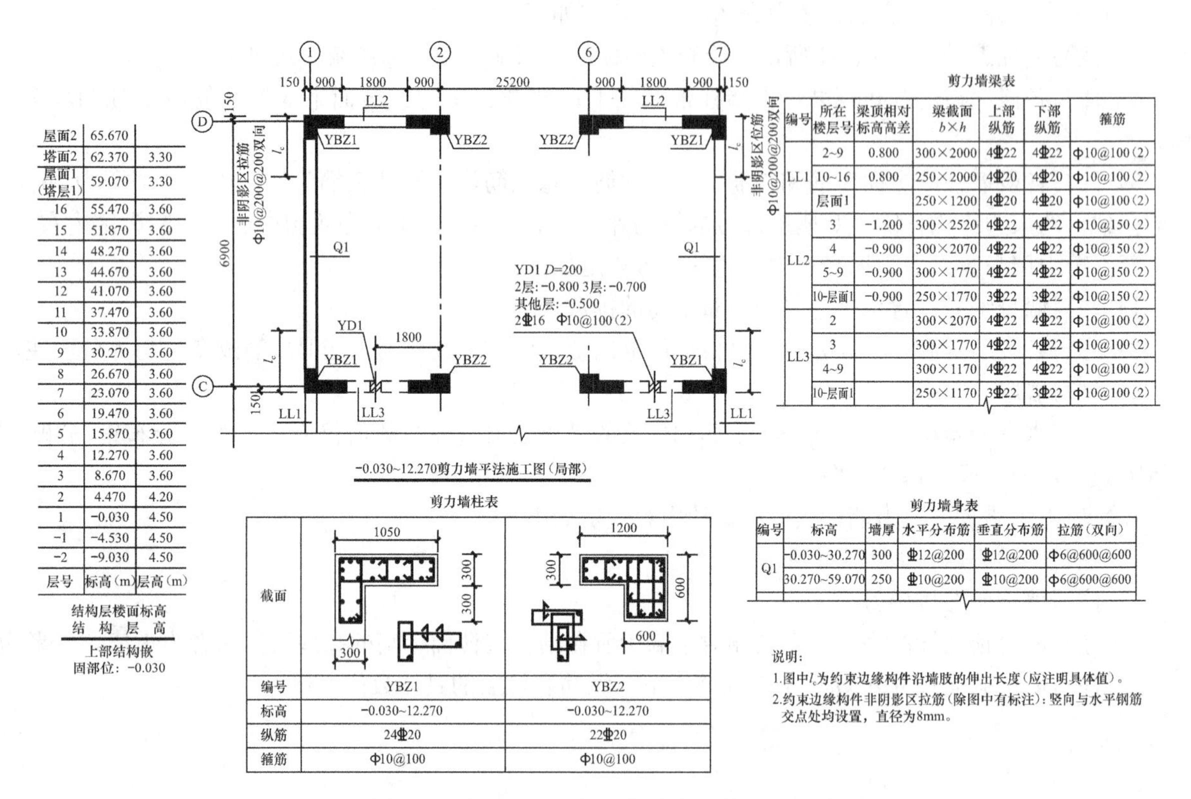

层号	标高(m)	层高(m)
屋面2	65.670	
塔层2	62.370	3.30
屋面1(塔层1)	59.070	3.30
16	55.470	3.60
15	51.870	3.60
14	48.270	3.60
13	44.670	3.60
12	41.070	3.60
11	37.470	3.60
10	33.870	3.60
9	30.270	3.60
8	26.670	3.60
7	23.070	3.60
6	19.470	3.60
5	15.870	3.60
4	12.270	3.60
3	8.670	3.60
2	4.470	4.20
1	−0.030	4.50
−1	−4.530	4.50
−2	−9.030	4.50

剪力墙梁表

编号	所在楼层号	梁顶相对标高高差	梁截面 b×h	上部纵筋	下部纵筋	箍筋
LL1	2~9	0.800	300×2000	4Φ22	4Φ22	Φ10@100(2)
	10~16	0.800	250×2000	4Φ20	4Φ20	Φ10@100(2)
	层面1		250×1200	4Φ20	4Φ20	Φ10@100(2)
LL2	3	−1.200	300×2520	4Φ22	4Φ22	Φ10@150(2)
	4	−0.900	300×2070	4Φ22	4Φ22	Φ10@150(2)
	5~9	−0.900	300×1770	4Φ22	4Φ22	Φ10@150(2)
	10-层面1	−0.900	250×1770	3Φ22	3Φ22	Φ10@150(2)
LL3	2		300×2070	4Φ22	4Φ22	Φ10@100(2)
	3		300×1770	4Φ22	4Φ22	Φ10@100(2)
	4~9		300×1170	4Φ22	4Φ22	Φ10@100(2)
	10-层面1		250×1170	3Φ22	3Φ22	Φ10@100(2)

剪力墙身表

编号	标高	墙厚	水平分布筋	垂直分布筋	拉筋(双向)
Q1	−0.030~30.270	300	Φ12@200	Φ12@200	Φ6@600@600
	30.270~59.070	250	Φ10@200	Φ10@200	Φ6@600@600

剪力墙柱表

截面		
编号	YBZ1	YBZ2
标高	−0.030~12.270	−0.030~12.270
纵筋	24Φ20	22Φ20
箍筋	Φ10@100	Φ10@100

图 2-43 剪力墙平法施工图列表注写方式实例

4. 截面注写方式

截面注写方式，系在分标准层绘制的剪力墙平面布置图上，以直接在墙柱、墙身、墙梁上注写截面尺寸和配筋具体数值的方式来表达剪力墙平法施工图。

选用适当比例原位放大绘制剪力墙平面布置图，其中，对墙柱绘制配筋截面图。对所有墙柱、墙身、墙梁进行编号，并分别在相同编号的墙柱、墙身、墙梁中选择一根墙柱、一道墙身、一根墙梁进行注写。

（1）墙柱　从相同编号的墙柱中选择一个截面，注明几何尺寸，标注全部纵筋及箍筋的具体数值。

（2）墙身　从相同编号的墙身中选择一道，标注墙身编号（包括墙身内配置的水平与竖向分布钢筋的排数）、墙厚尺寸、水平分布钢筋、竖向分布钢筋和拉筋的具体数值。

（3）墙梁　从相同编号的墙梁中选择一根，注写墙梁编号、截面尺寸 $b \times h$、箍筋、上部纵筋、下部纵筋和墙梁顶面标高高差的具体数值。

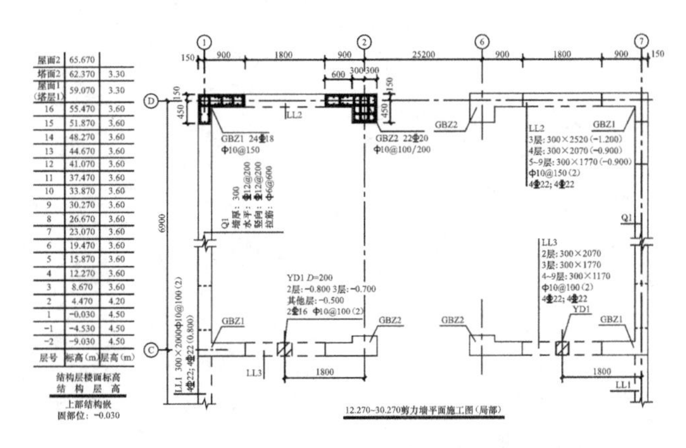

图 2-44　剪力墙平法施工图截面注写方式实例

图 2-44 为剪力墙平法施工图截面注写方式实例。

图 2-44 中画出构造边缘构件 GBZ1、GBZ2 的截面配筋图，并标注截面尺寸和具体配筋数值。Q1 的厚度为 300mm，水平分布钢筋和竖向分布钢筋均为⌀12@200，拉筋为Φ6@600。对 LL1、LL2、LL3 进行标注。LL1 截面尺寸为 300mm × 2000mm，箍筋为Φ10@100，双肢箍，梁上部和下部纵筋均为 4⌀22，梁顶标高比结构层楼面标高高出 0.8m。LL2 的上部纵筋和下部纵筋均为 4⌀22，箍筋为Φ10@150，双肢箍，并分层注写截面尺寸和梁顶面标高高差。

5. 剪力墙平法施工图的识读方法

剪力墙平法施工图可按如下方法识读：

（1）查看图名、比例。

（2）校核轴线编号及间距尺寸，必须与建筑平面图、基础平面图保持一致。

（3）与建筑图配合，明确各剪力墙边缘构件的编号、数量及位置，墙身的编号、尺寸和洞口位置。

（4）阅读结构设计总说明或有关分页专项说明，明确各标高范围剪力墙混凝土的强度等级。

（5）根据各剪力墙身的编号，查对图中截面或墙身表，明确剪力墙身的标高、截面尺寸和配筋。再根据抗震等级、标准构造要求确定水平分布钢筋、竖向分布钢筋和拉筋的构造要求（包括水平分布钢筋、竖向分布钢筋的连接方式、位置、锚固搭接长度和弯折要求）。

（6）根据各剪力墙柱的编号，查对图中截面或墙柱表，明确剪力墙柱的标高、截面尺寸和配筋。再根据抗震等级、标准构造要求确定纵向钢筋和箍筋的构造要求（包括纵向钢筋的连接方式、位置、锚固搭接长度、弯折要求、柱头节点要求；箍筋加密区长度范围等）。

（7）根据各剪力墙梁的编号，查对图中截面或墙梁表，明确剪力墙梁的标高、截面尺寸和配筋。再根据抗震等级、标准构造要求确定纵向钢筋和箍筋的构造要求（包括纵向钢筋锚固搭接长度和箍筋的摆放位置等）。

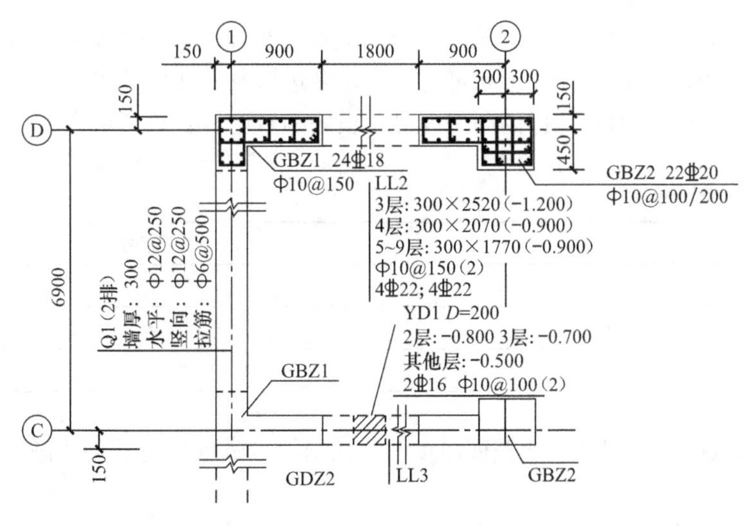

图 2-45 某剪力墙平法施工图

【例 2-13】 识读某剪力墙平法施工图。

图 2-45 为某剪力墙平法施工图，从图 2-45 中可以看出：

（1）GBZ2。纵筋全部为 22 根直径为 20mm 的 HRB400 级钢筋；箍筋为 HPB300 级钢筋，直径 10mm，加密区间距 100mm、非加密区间距 200mm 布置；*X* 向截面定位尺寸，自轴线向左 900mm；凸出墙部位：*X* 向截面定位尺寸，自轴线向两侧各 300mm；*Y* 向截面定位尺寸，自轴线向上 150mm，向下 450mm。

（2）Q1（设置 2 排钢筋）。墙身厚度 300mm；水平分布筋用 HPB300 级钢筋，直径 12mm，间距 250mm；竖向分布筋用 HPB300 级钢筋，直径 12mm，间距 250mm；墙身拉筋是 HPB300 级钢筋，直径 6mm，间距 250mm（图纸说明中会注明布置方式）。

（3）LL2。3 层连梁截面宽为 300mm，高为 2520mm，梁顶低于 3 层结构层标高 1.200m；4 层连梁截面宽为 300mm，高为 2070mm，梁顶低于 4 层结构层标高 0.900m；5～9层连梁截面宽为 300mm，高为 1770mm，梁顶低于对应结构层标高 0.900m；箍筋是 HPB300 级钢筋，直径 10mm，间距 150mm（双肢箍）；梁上部纵筋使用 4 根 HRB400 级钢筋，直径 22mm；下部纵筋用 4 根 HRB400 级钢筋，直径 22mm。

2.2.4 识读有梁楼盖板平法施工图

有梁楼盖板是指以梁为支座的楼面与屋面板。

有梁楼盖板平法施工图，是在楼面板和屋面板平面布置图上，采用平面注写的表达方式。板平面注写主要包括板块集中标注和板支座原位标注。

1. 板块集中标注

板块集中标注的内容：板块编号，板厚，贯通纵筋，以及当板面标高不同时的标高高差。

（1）板块编号　对于普通楼面，两向均以一跨为一板块。所有板块都应编号，同一编号板块的类型、板厚和贯通纵筋均应相同，但板面标高、跨度、平面形状以及板支座上部非贯通纵筋可以不同，如同一编号板块的平面形状可为矩形、多边形及其他形状等。

相同编号的板块可选择一块进行集中标注，其他仅标注编号（置于圆圈内）及标高高差即可。板块编号应符合表 2-6 的规定。

板块编号　　**表 2-6**

板类型	代号	序号
楼面板	LB	××
屋面板	WB	××
悬挑板	XB	××

（2）板厚　板厚注写为 h=×××（为垂直于板面的厚度）；当悬挑板的端部改变截面厚度时，用斜线分隔根部与端部的高度值，注写为 h=×××/×××；当设计已在图中统一注明板厚时，此项可不注。

（3）贯通纵筋　为方便设计表达和施工识图，规定结构平面的坐标方向为：当两向轴网正交布置时，图面从左至右为 X 向，从下至上为 Y 向；当轴网向心布置时，切向为 X 向，径向为 Y 向。

贯通纵筋按板块的下部和上部分别注写（当板块上部不设贯通纵筋时则不注），并以 B 代表下部，以 T 代表上部，B&T 代表下部与上部；X 向贯通纵筋以 X 打头，Y 向贯通纵筋以 Y 打头，两向贯通纵筋配置相同时则以 X&Y 打头。

当在某些板内配置有构造筋时，则 X 向以 X_C，Y 向以 Y_C 打头注写。

当为单向板时，另一向贯通的分布筋可不标注，而在图中统一注明。

当贯通纵筋采用两种规格钢筋“隔一布一”方式时，表达为 ϕ××/yy@×××，表示直径为××的钢筋和直径为 yy 的钢筋二者之间间距为×××，直径××的钢筋的间距为×××的 2 倍，直径 yy 的钢筋的间距为×××的 2 倍。

例如，某楼面板块注写为“LB5h=110B：XΦ 10/12@100；YΦ 10@110”，表示 5 号楼面板，板厚 110mm，板下部配置贯通纵筋，X 向为Φ10、Φ12 隔一布一，Φ10 与Φ12 之间间距为 100mm，Y 向为Φ10@110，板上部未配置贯通纵筋。

例如，某悬挑板注写为“XB1h＝150/100B：X_C&Y_C Φ8@200”，表示 1 号悬挑板，板根部厚度 150mm，端部厚度 100mm，板下部配置双向构造钢筋均为Φ8@200。

（4）板面标高高差　板面标高高差是相对于结构层楼面标高的高差，应将其注写在括号内，有高差则注，无高差不注。

2. 板支座原位标注

板支座原位标注的内容为板支座上部非贯通纵筋和悬挑板上部受力钢筋。

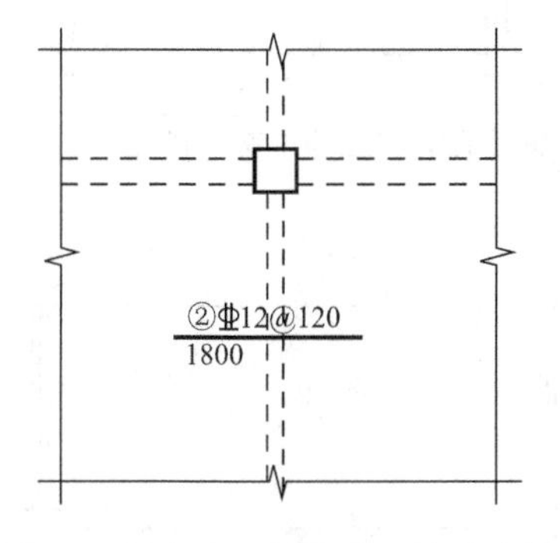

图 2-46　板支座上部非贯通筋对称伸出

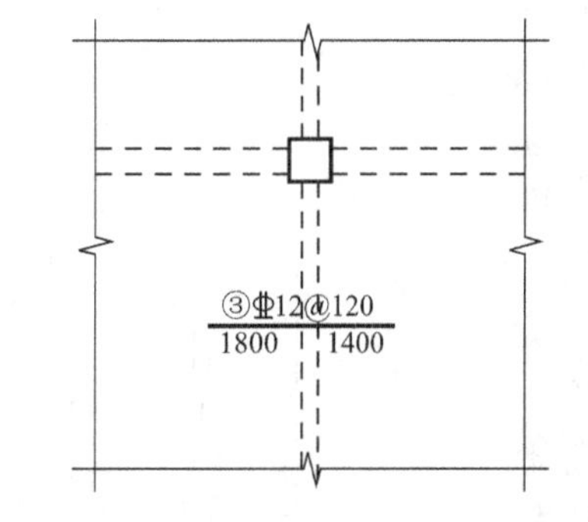

图 2-47　板支座上部非贯通筋非对称伸出

（1）板支座上部非贯通纵筋的标注　板支座原位标注的钢筋，应在配置相同跨的第一跨表达（当在梁悬挑部位单独配置时则在原位表达）。在配置相同跨的第一跨（或梁悬挑部位），垂直于板支座（梁或墙）绘制一段适宜长度的中粗实线（当该筋通长设置在悬挑板或短跨板上部时，实线段应画至对边或贯通短跨），以该线段代表支座上部非贯通纵筋，并在线段上方注写钢筋编号（如①、②等）、配筋值、横向连续布置的跨数（注写在括号内，且当为一跨时可不注），以及是否横向布置到梁的悬挑端。

板支座上部非贯通筋自支座中线向跨内的伸出长度，注写在线段的下方位置。

当中间支座上部非贯通纵筋向支座两侧对称伸出时，可仅在支座一侧线段下方标注伸出长度，另一侧不注，如图 2-46 所示。当向支座两侧非对称伸出时，应分别在支座两侧线段下方注写伸出长度，如图 2-47 所示。

对线段画至对边贯通全跨或贯通全悬挑长度的上部通长纵筋，贯通全跨或伸出至全悬挑一侧的长度值不注，只注明非贯通筋另一侧的伸出长度值，如图 2-48所示。

在板平面布置图中，不同部位的板支座上部非贯通纵筋及悬挑板上部受力钢筋，可仅在一个部位注写，对其他相同者则仅需在代表钢筋的线段上注写编号及按本条规则注写横向连续布置的跨数即可。

此外，与板支座上部非贯通纵筋垂直且绑扎在一起的构造钢筋或分布钢筋，应由设计者在图中注明。

当板的上部已配置有贯通纵筋，但需增配板支座上部非贯通纵筋时，应结合已配置的同向贯通纵筋的直径与间距采取“隔一布一”方式配置。

“隔一布一”方式，为非贯通纵筋的标注间距与贯通纵筋相同，两者组合后的实际间距为各自标注间距的 1/2。当设定贯通纵筋为纵筋总截面面积的 50%时，两种钢筋应取相同直径；当设定贯通纵筋大于或小于总截面面积的 50%时，两种钢筋则取不同直径。

(2) 悬挑板上部受力钢筋的标注　在梁悬挑部位，垂直于板支座（梁或墙）绘制一段长度适当的中粗实线，以该线段代表支座上部非贯通纵筋，并在线段上方注写钢筋编号（如①、②等）、配筋值、横向连续布置的跨数。

对线段画至对边贯通全悬挑长度的上部非贯通纵筋，伸出至全悬挑一侧的长度值不注，只注明非贯通筋另一侧的伸出长度值，如图 2-49 所示。

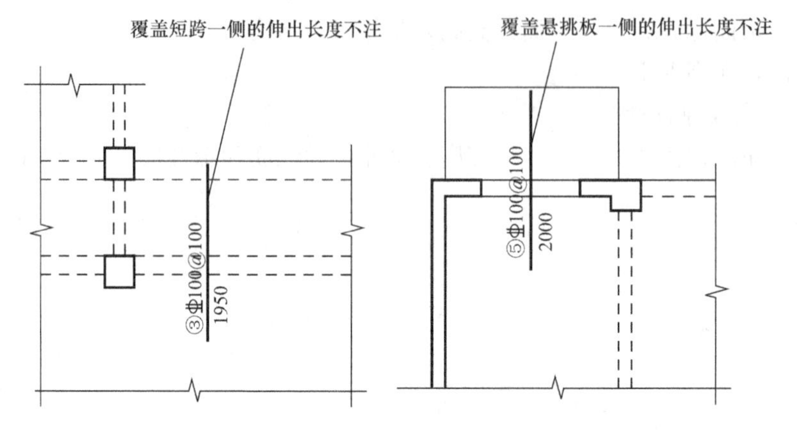

图 2-48　板支座上部非贯通筋贯通全跨或伸出至悬挑端

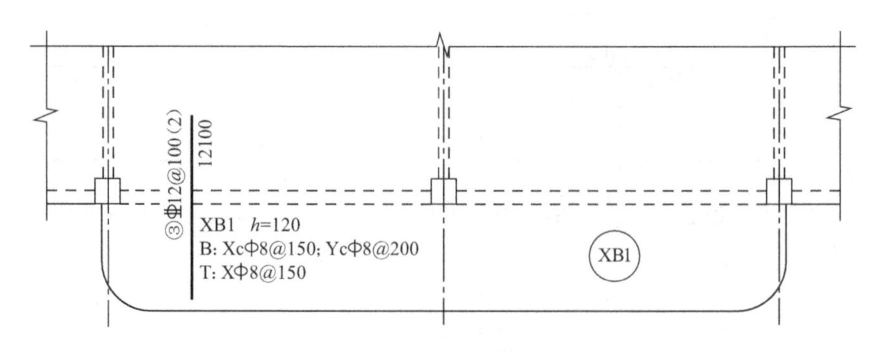

图 2-49　悬挑板支座非贯通筋

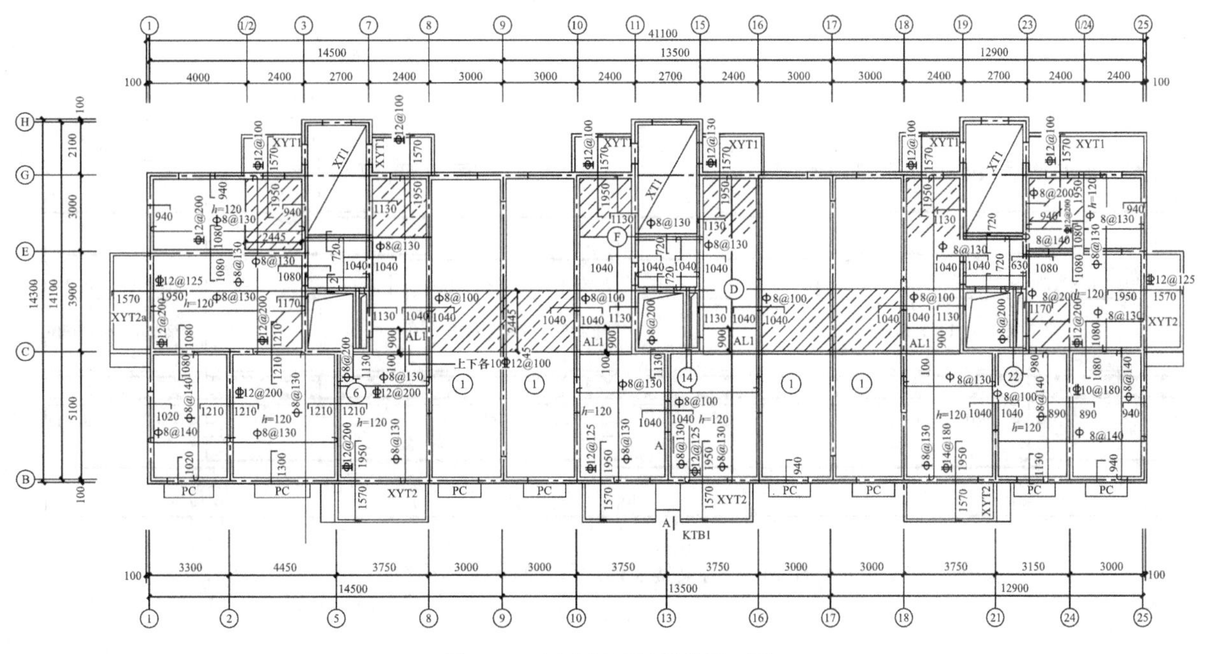

图 2-50　标准层顶板配筋平面图

标准层顶板配筋平面图设计说明　　　　表 2-7

说明：

1. 混凝土强度等级 C30，钢筋采用 HPB（Φ）级、HRB400（Φ）级。
2. ▨所示范围为厨房或卫生间顶板，板顶标高为标高－0.080m，其他部位板顶标高－0.050m，降板钢筋构造见 11G101-1 图集。
3. 未注明板厚度均为 110mm。
4. 未注明钢筋有规格均为Φ 8@140。

【例 2-14】 识读××工程标准层顶板配筋平面图。

图 2-50 为××工程现浇板施工图，设计说明如表 2-7 所示。从图 2-50 中可以了解以下内容：

（1）图 2-50 为××工程标准层顶板配筋平面图，绘制比例为 1∶100。

（2）轴线编号及其间距尺寸，与建筑图、梁平法施工图一致。

（3）根据图纸说明可知，板的混凝土强度等级为 C30。

（4）板厚度有 110mm 和 120mm 两种，具体位置和标高如图所示。

（5）以左下角房间为例，说明配筋：

1）下部：下部钢筋弯钩向上或向左，受力钢筋为Φ 8@140（直径为 8mm 的 HPB300 级钢筋，间距为 140mm）沿房屋纵向布置，横向布置钢筋同样为Φ 8@140，纵向（房间短向）钢筋在下，横向（房间长向）钢筋在上。

2）上部：上部钢筋弯钩向下或向右，与墙相交处有上部构造钢筋，①轴处沿房屋纵向设Φ 8@140（未注明，根据图纸说明配置），伸出墙外1020mm；②轴处沿房屋纵向设Φ 12@200，伸出墙外1210mm；Ⓑ轴处沿房屋横向设Φ 8@140，伸出墙外1020mm；Ⓒ轴处沿房屋横向设Φ 12@200，伸出墙外1080mm。上部钢筋作直钩顶在板底。

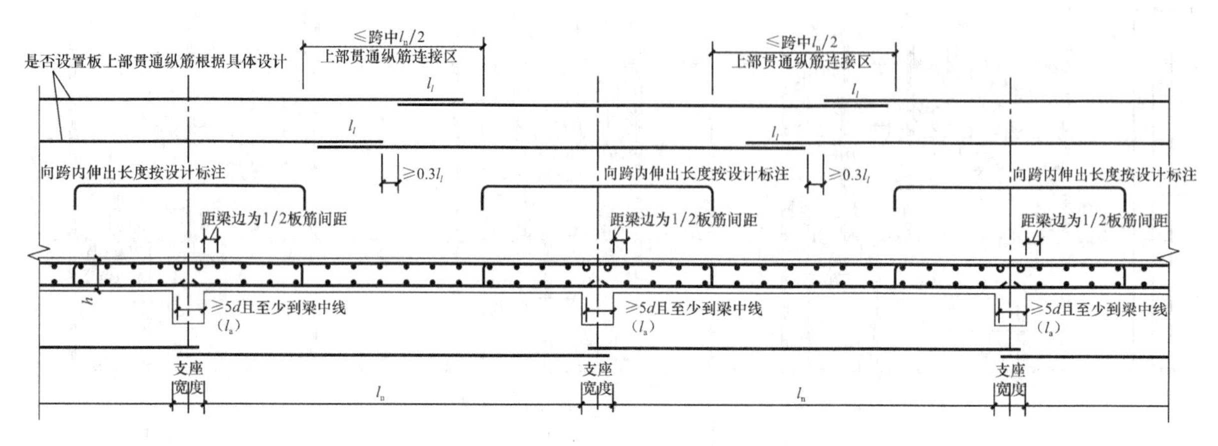

图 2-51　有梁楼盖楼（屋）面板配筋构造

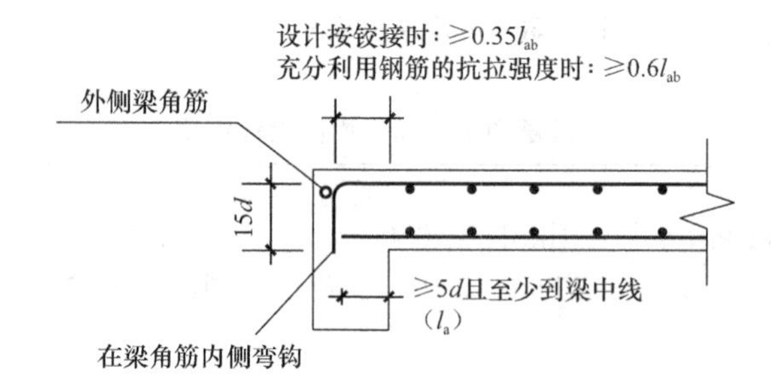

图 2-52　端部支座为梁

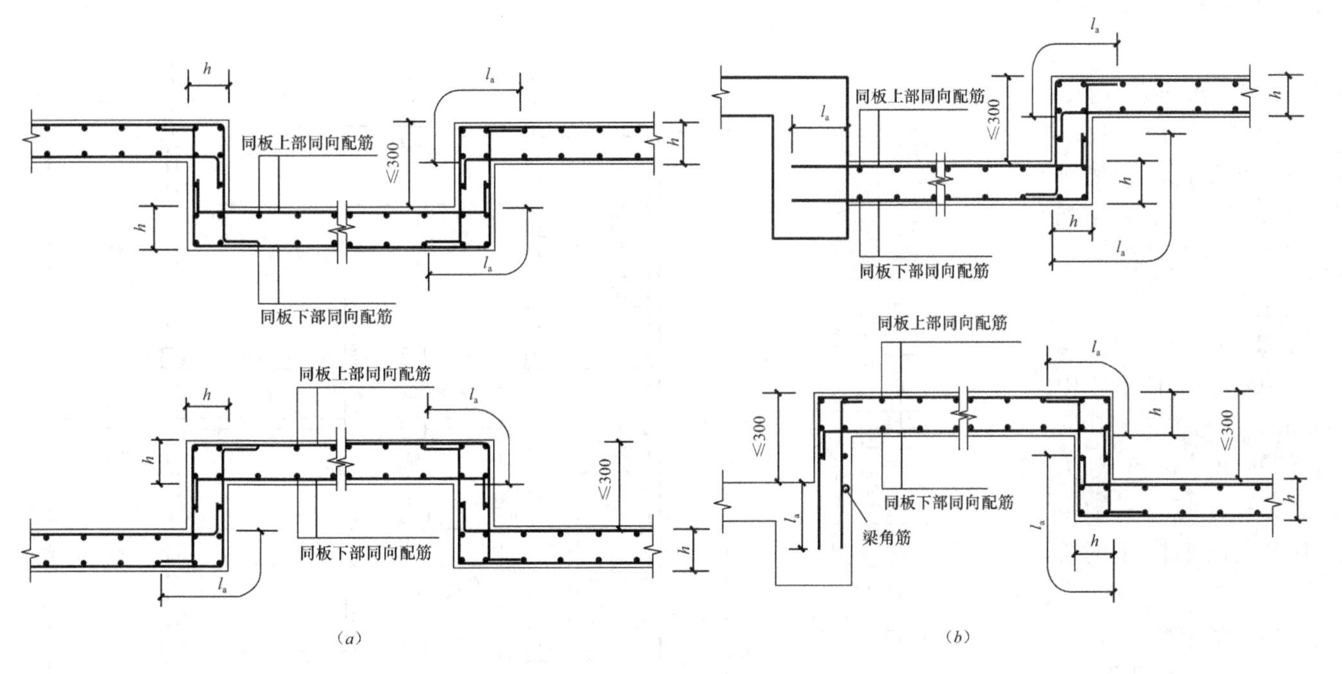

图 2-53　局部升降板的升降高度大于等于板厚时配筋构造

(*a*) 局部升降板 SJB 构造（一）(板中升降)；(*b*) 局部升降板 SJB 构造（二）(侧边为梁)

（6）根据 11G101-1 图集，有梁楼盖现浇板的钢筋锚固和降板钢筋构造如图 2-51～图 2-53所示，其中 HPB300 级钢筋末端作 180°弯钩，在 C30 混凝土中 HPB300 级钢筋和 HRB400 级钢筋的锚固长度 l_a 分别为 $24d$ 和 $30d$。

【例 2-15】 识读板平法施工图。

图 2-54 为板平法施工图，从图 2-54 中可以看出：

(1) 识读 LB1。由 LB1 的板块集中标注可知，该楼面板编号为 1，板厚 120mm，板上、下部均配置⌀ 8@150 的双向贯通纵筋。该板块未配置支座上部非贯通纵筋，且该板块相对于结构层楼面无高差。

(2) 识读 LB2。由 LB2 的板块集中标注可知，该楼面板编号为 2，板厚 150mm，板下部配置的贯通纵筋 X 向为⌀ 10@150，Y 向为⌀ 8@150，板上部未配置贯通纵筋。该楼面板相对于结构层楼面无高差。

由 LB2 的板支座原位标注可知，板 LB2 内支座上部配置非贯通筋，①号筋为⌀ 8@150，自支座中线向一侧跨内伸出长度为 1000mm；②号筋为⌀ 10@100，自支座向两侧跨内对称伸出，长度均为 1800mm。另一块相同的板 LB2 仅标注板编号和在代表板支座上部非贯通筋的中粗线段上标注钢筋编号。

(3) 识读 LB3。由板 LB3 的板块集中标注可知，该板块厚度为 100mm，板下部配置的贯通纵筋 X、Y 向均为⌀ 8@150，板上部 X 向配置贯通纵筋⌀ 8@150。

由板 LB3 的原位标注可知，板 LB3 在第一跨支座上部配置⑧号纵筋，为⌀ 8@100，向两侧跨内伸出长度为 1000mm，自第二跨开始，支座上部配置⑨号纵筋，为⌀ 10@100，向两侧跨内伸出长度为 1800mm，横向连续布置两跨。

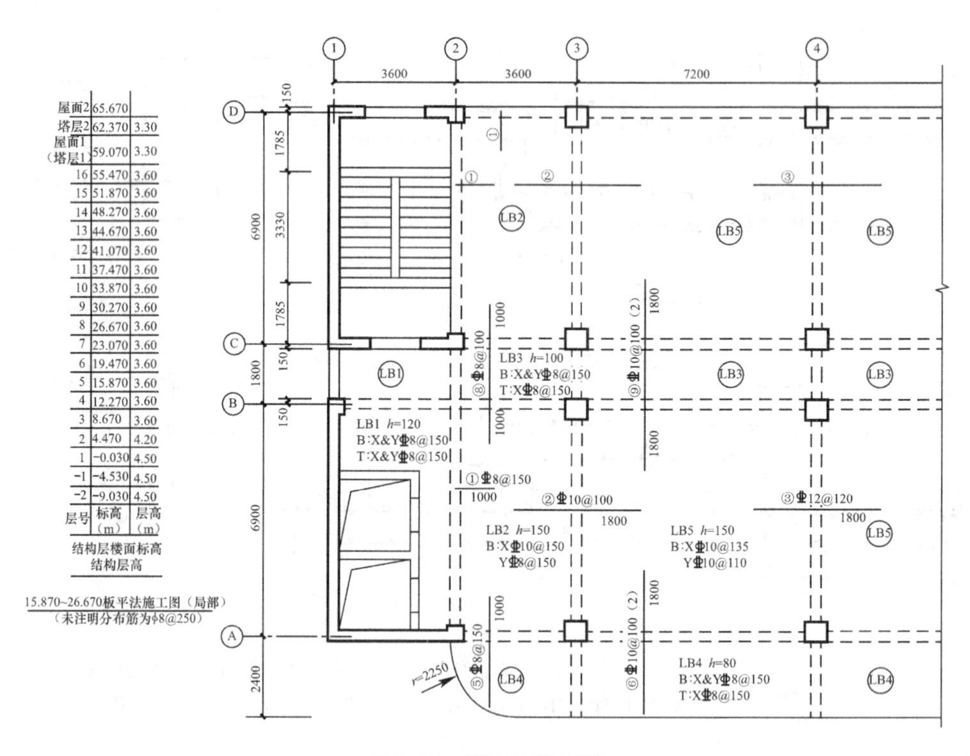

图 2-54 板平法施工图

2.3 识读构件施工图

2.3.1 识读混凝土楼板图

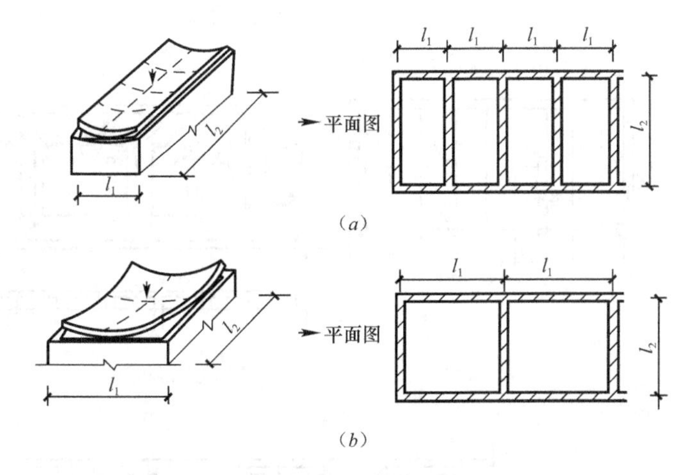

图 2-55 板式楼板
(a) 单向板；(b) 双向板
l_1—短边尺寸；l_2—长边尺寸

1. 现浇式钢筋混凝土楼板构造

现浇钢筋混凝土楼板是指在现场支模、绑扎钢筋、浇筑混凝土，经养护而成的楼板。这种楼板具有成型自由、整体性和防水性好的特点，但模板用量大，工期长，工人劳动强度大，且受施工季节的影响较大。这种楼板适用于地震区及平面形状不规则或防水要求较高的房间。

现浇钢筋混凝土楼板根据受力和传力情况的不同，分为板式楼板、梁板式楼板、无梁式楼板和压型钢板混凝土组合板等。

(1) 板式楼板　板内不设梁，板直接搁置在四周墙上的板称为板式楼板。板分为单向板和双向板，如图 2-55 所示。当板的长边与短边之比大于 2 时，板基本上沿短边单方向传递荷载，这种板称为单向板；当板的长边与短边之比小于或等于 2 时，作用于板上的荷载沿双向传递，在两个方向产生弯曲，称为双向板。板的厚度由结构计算和构造要求所决定，通常为 60～120mm。单向板的跨度一般不宜超过 2.5m，双向板的跨度一般为 3～4m。双向板比单向板的刚度好，且可节约材料并充分发挥钢筋的受力作用。

板式楼板具有整体性好、所占建筑空间小、顶棚平整、施工支模简单等特点，但板的跨度较小，适用于居住建筑中的居室、厨房、卫生间、走廊等小跨度房间。

（2）梁板式楼板由板、梁组合而成的楼板称为梁板式楼板（又称为肋形楼板）。根据梁的构造情况又可分为单梁式、复梁式和井梁式楼板。

1）单梁式楼板。当房间的尺寸不大时，可以仅在一个方向设梁，梁直接支承在墙上，称为单梁式楼板，如图 2-56 所示。这种楼板适用于民用建筑中的教学楼、办公楼等。

2）复梁式楼板。当房间平面尺寸的任何一个方向均大于 6m 时，就应该在两个方向设梁，有时还应设柱，其中一向为主梁，另一向为次梁。主梁一般沿房间的短跨布置，经济跨度为 5～8m，截面高为跨度的 1/14～1/8，截面宽为截面高的 1/3～1/2，由墙或柱支承。次梁垂直于主梁布置，经济跨度为 4～6m，截面高为跨度的 1/18～1/12，截面宽为截面高的 1/3～1/2，由主梁支承。板支承于次梁上，跨度一般为 1.7～2.7m，板的厚度与其跨度和支承情况相关，一般不小于 60mm。这种有主、次梁的楼板称为复梁式楼板，如图 2-57 所示。

3）井梁式楼板。井梁式楼板是梁板式楼板的一种特殊形式。当房间尺寸较大而且接近正方形时，经常沿两个方向布置等距离、等截面的梁，从而形成井格式的梁板结构，如图 2-58 所示。这种结构不分主次梁，中部不设柱，常用于跨度为 10m 左右、长短边之比小于 1.5 的、形状近似方形的公共建筑的门厅、大厅等处。

板和梁支承在墙上，为避免把墙压坏，保证荷载的可靠传递，支点处应有一定的支承面积。国家有关规范规定最小搁置长度：现浇钢筋混凝土楼板或屋面板伸进纵、横墙内的长度均不应小于 120mm。梁在墙上的搁置长度与梁的截面高度相关，当梁高小于或等于 500mm 时，搁置长度不小于 180mm；当梁高大于 500mm 时，搁置长度不小于 240mm。

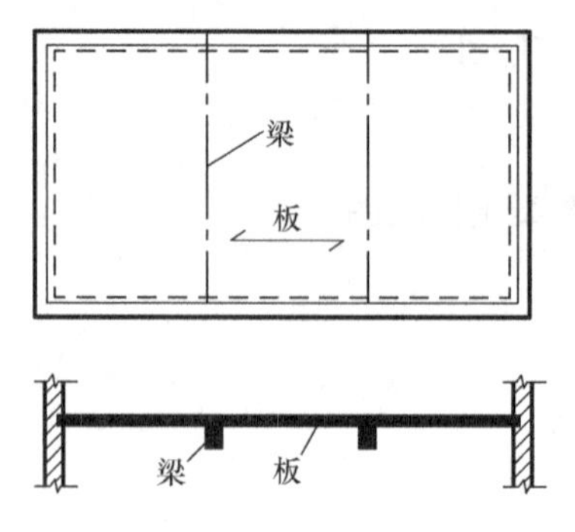

图 2-56　单梁式楼板

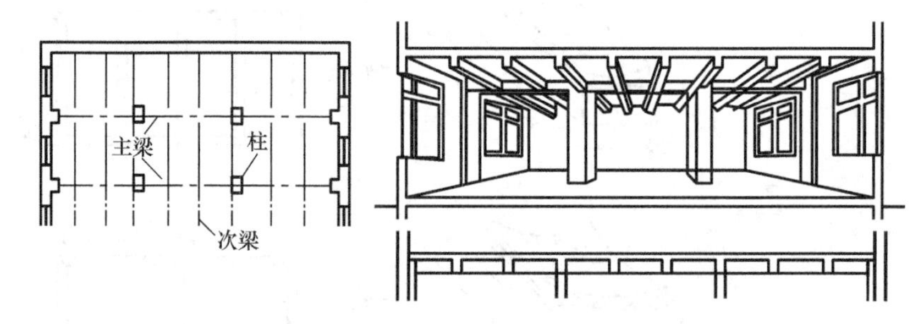

图 2-57　复梁式楼板

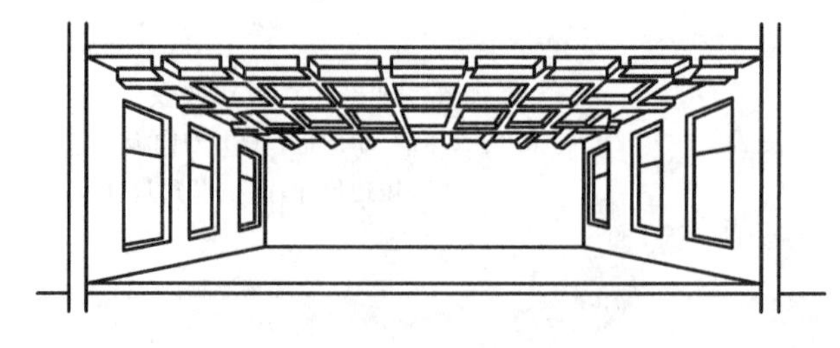
图 2-58　井梁式楼板

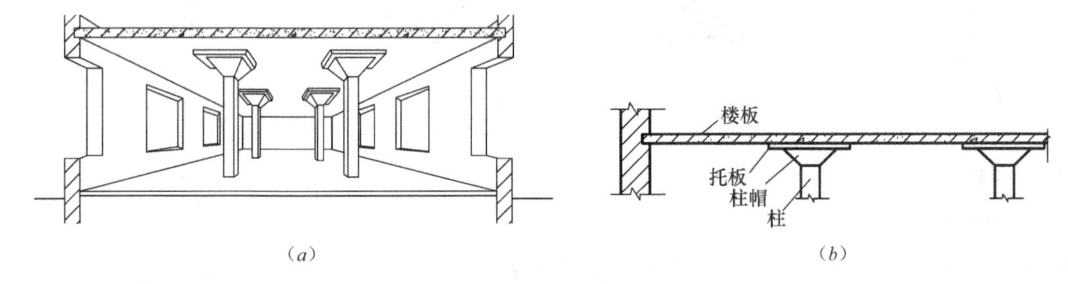

图 2-59　无梁楼板（有柱帽）
（a）直观图；（b）投影图

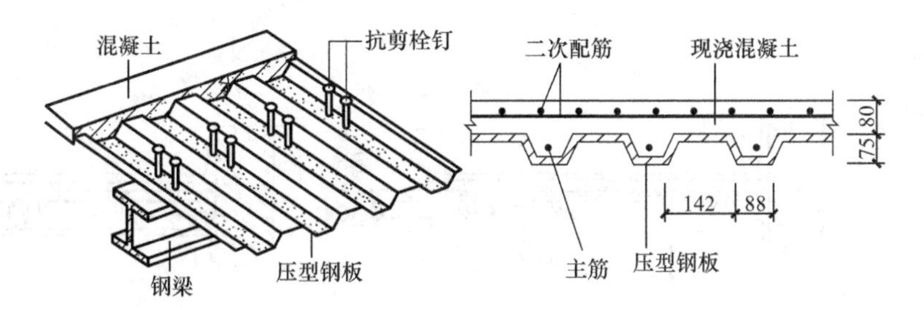

图 2-60　压型钢板混凝土组合板

（3）无梁楼板　在框架结构中将板直接支承在柱上，而且不设梁的楼板称为无梁楼板，分为有柱帽和无柱帽两种。当楼面荷载较小时，可采用无柱帽式的无梁楼板；当荷载较大时，为提高楼板的承载能力和刚度，增加柱对板的支托面积并减小板跨，一般在柱顶加设柱帽或托板，如图 2-59 所示。无梁楼板的柱网一般布置为方形或者矩形，一般柱距以 6m 左右较为经济。由于板跨较大，无梁楼板的板厚不宜小于 150mm。

无梁楼板顶棚平整，室内净空大，采光、通风和卫生条件较好，便于工业化（升板法）施工，适用于楼层荷载较大的商场、仓库、展览馆等建筑。给水工程中的清水池底板和顶板也常采用无梁楼板形式。

（4）压型钢板混凝土组合板　以压型钢板为衬板，与混凝土浇筑在一起，搁置在钢梁上构成的整体式楼板称为压型钢板混凝土组合板。这种楼板主要由楼面层、组合板（包括现浇混凝土与钢衬板）及钢梁等几部分构成，如图 2-60 所示。压型钢板起到现浇混凝土的永久性模板和受拉钢筋的双重作用，同时又是施工的台板，可以简化施工程序，加快施工进度。另外，还可利用压型钢板肋间的空间敷设电力管线或通风管道。目前压型钢板混凝土组合板已在大空间建筑和高层建筑中采用。

2. 预制装配式钢筋混凝土楼板构造

预制装配式钢筋混凝土楼板是指将钢筋混凝土楼板在预制厂或施工现场进行预先制作，施工时运输安装而成的楼板。这种楼板能够节约模板、减少现场工序、缩短工期、提高施工工业化水平，但是由于其整体性能差，所以近年来在实际工程中的应用逐渐减少。

（1）预制板的类型　预制装配式钢筋混凝土楼板按构造形式分为实心平板、槽形板、空心板三种。

1）实心平板。实心平板上下板面较平整，跨度一般不超过 2.4m，厚度约为 60～100mm，宽度为 600～1000mm，由于板的厚度小，隔声效果差，一般不用作使用房间的楼板，多用作楼梯平台、走道板、搁板、阳台栏板、管沟盖板等，如图 2-61所示。

2）槽形板。槽形板是一种梁板合一的构件，在板的两侧设有小梁（又叫肋），构成槽形断面，所以称槽形板。当板肋位于板的下面时，槽口向下，结构合理，为正槽板；当板肋位于板的上面时，槽口向上，为反槽板，如图 2-62 所示。

槽形板的跨度为 3～7.2m，板宽为 500～1200mm，板肋高一般为 150～300mm。因为板肋形成板的支点，板跨减小，所以板厚较小，仅有 25～35mm。为了增加槽形板的刚度，也便于搁置，板的端部需设端肋与纵肋相连。当板的长度超过 6m 时，需沿着板长每隔 1000～1500mm 增设横肋。

槽形板具有自重轻、节省材料、造价低、便于开孔留洞等特点。但正槽板的板底不平整、隔声效果较差，常用于对观瞻要求不高或做悬吊顶棚的房间；反槽板的受力与经济性不如正槽板，但是板底平整，朝上的槽口内可填充轻质材料，以提高楼板的保温隔热效果。

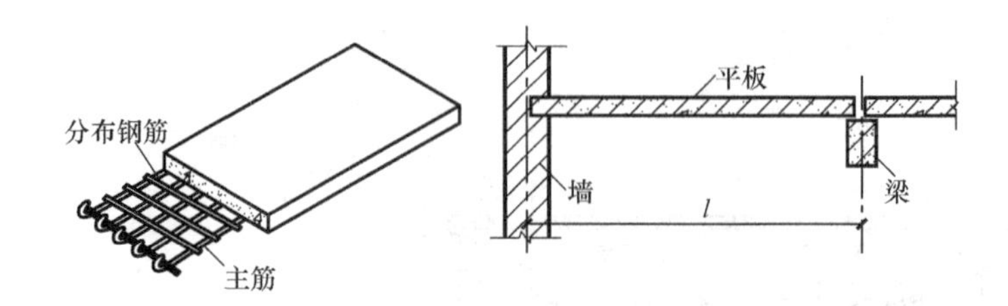

图 2-61　实心平板
l—板宽

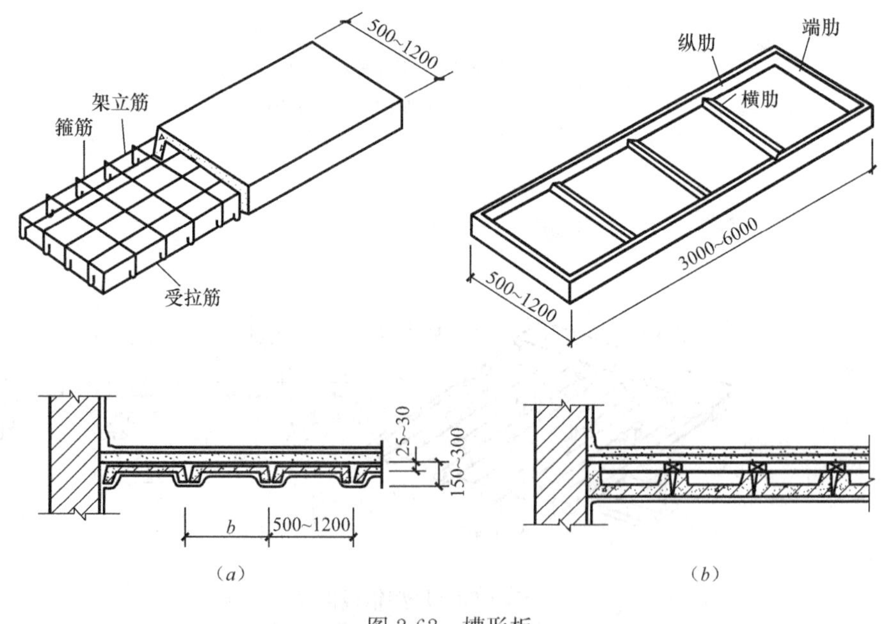

图 2-62　槽形板
（a）正槽板；（b）反槽板
b—板宽

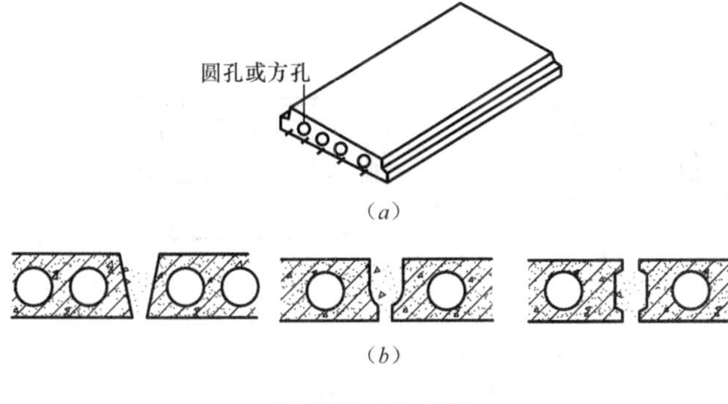

图 2-63 空心板
(a) 直观图；(b) 剖面图

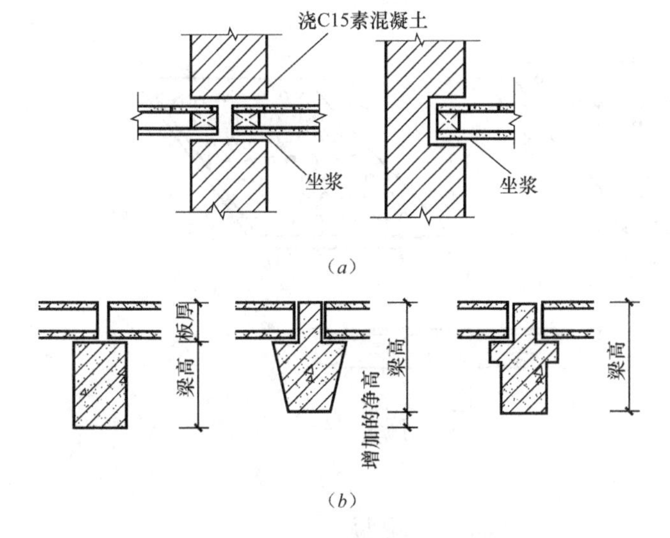

图 2-64 预制板的搁置
(a) 在墙上；(b) 在梁上

3）空心板。空心板是将平板沿纵向抽孔，将多余的材料去掉，形成一种中空的钢筋混凝土楼板。板中孔洞的形状有方孔、椭圆孔和圆孔等，由于圆孔板构造合理，制作方便，因此应用广泛，如图 2-63（a）所示。侧缝的形式与生产预制板的侧模有关，常见有 V 形缝、U 形缝和凹槽缝三种，如图 2-63（b）所示。

空心板的跨度一般为 2.4～7.2m，板宽通常为 500mm、600mm、900mm、1200mm，板厚有 120mm、150mm、180mm、240mm 等。

（2）预制板的安装构造　在空心板安装前，为提高板端的承压能力，避免灌缝材料进入孔洞内，应用混凝土或砖填塞端部孔洞。

对预制板进行结构布置时，应根据房间的平面尺寸，结合所选板的规格来定。当房间的平面尺寸较小时，可采用板式结构，将预制板直接搁置在墙上，由墙来承受板传来的荷载，如图 2-64（a）所示。当房间的开间、进深尺寸都比较大时，需要先在墙上搁置梁，由梁来支承楼板，这种楼板的布置方式为梁板式结构，如图 2-64（b）所示。

在预制板安装时，应先在墙或梁上铺 10～20mm 厚的 M5 水泥砂浆进行坐浆，然后再铺板，使板与墙或梁有较好的连接，也能保证墙或梁受力均匀。同时，预制板在墙和梁上均应有足够的搁置长度，在梁上的搁置长度不应小于 80mm，在砖墙上的搁置长度不应小于 100mm。

预制板安装后，板的端缝和侧缝应用细石混凝土灌注，从而提高板的整体性。

3. 装配整体式钢筋混凝土楼板构造

为克服现浇板消耗模板量大、预制板整体性差的缺点，可将楼板的一部分预制安装后，再整浇一层钢筋混凝土，这种楼板称为装配整体式钢筋混凝土楼板。装配整体式钢筋混凝土楼板按结构及构造方法的不同有密肋楼板和叠合楼板等类型。

（1）密肋楼板　密肋楼板是在预制或现浇的钢筋混凝土小梁之间先填充陶土空心砖、加气混凝土块、粉煤灰块等块材，然后整浇混凝土而成，如图 2-65 所示。这种楼板构件数量多，施工麻烦，在工程中应用比较少。

（2）叠合楼板　叠合楼板是以预制钢筋混凝土薄板为永久模板承受施工荷载，上面整浇混凝土叠合层所形成的一种整体楼板，如图 2-66 所示。板中混凝土叠合层强度为 C20 级，厚度一般为 100～120mm。这种楼板具有较好的整体性，板中预制薄板具有结构、模板、装修等多种功能，施工简便，适用于住宅、宾馆、教学楼、办公楼、医院等建筑。

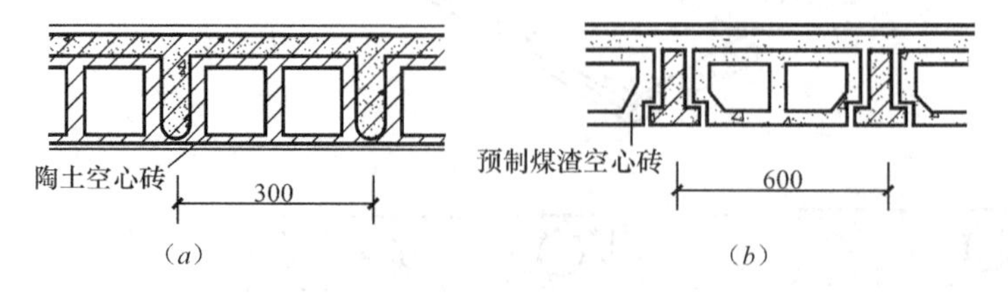

图 2-65　密肋楼板

（a）现浇密肋楼板；（b）预制小梁密肋楼板

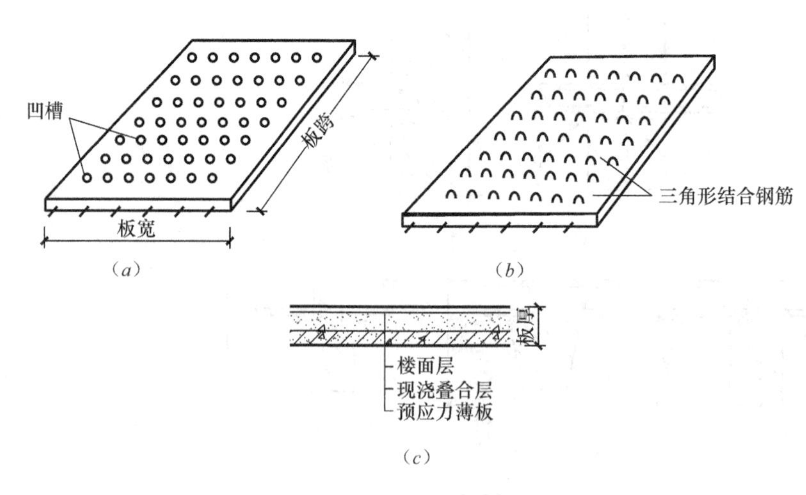

图 2-66　叠合楼板

（a）板面刻槽；（b）板面露出三角形结合钢筋；（c）叠合组合薄板

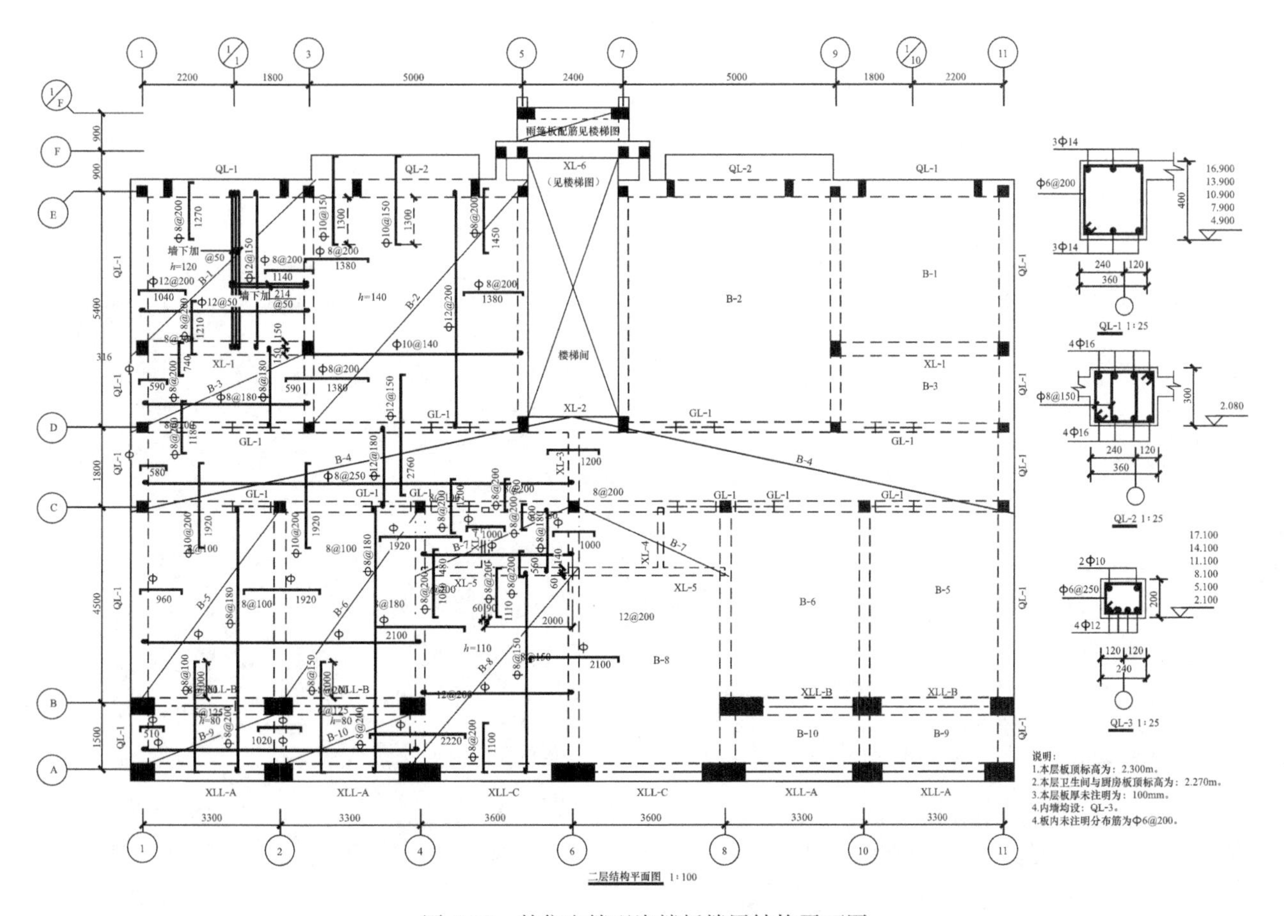

图 2-67 某住宅楼现浇楼板楼层结构平面图

【例 2-16】 识读某住宅楼现浇楼板楼层结构平面图。

图 2-67 为某住宅楼现浇楼板楼层结构平面图，从图 2-67 中可以看出：

（1）绘图比例。本图采用 1∶100比例。

（2）定位轴线。轴线编号必须和建筑施工图中平面图的轴线编号完全一致，并标注定位轴线间距。

（3）现浇楼板。楼板均采用现浇钢筋混凝土板，不同尺寸和配筋的楼板要进行编号，即在楼板的总范围内用细实线画一条对角线并在其上标注编号，如图 2-67 所示。现浇楼板的钢筋配置采用将钢筋直接画在平面图中的表示方法，如④～⑥轴之间的楼板 B-8，板厚为 110mm，板底配置双向受力钢筋，HPB300 级，直径 8mm，间距 150mm，四周支座顶部配置有直径 8mm、间距 200mm 和直径 12mm、间距 200mm 的 HPB300 级钢筋。

每一种编号的楼板，钢筋布置仅需详细画出一处，其他相同的楼板可简化表示，仅标注编号即可。从图中可以看出，该层结构平面布置左右对称，因此，左半部分楼板表达详尽，右半部分仅标注每块楼板的相应编号。

（4）梁。图中标注圈梁（QL）、过梁（GL）、现浇梁（XL）、现浇连梁（XLL）的位置及编号。为了图面清晰，只有过梁用粗点画线画出其中心位置。对于圈梁常需另外画出圈梁布置简图。各种梁的断面大小和配筋情况由详图来表明，本例中给出QL-1、QL-2、QL-3的断面图，可知其尺寸、配筋、梁底标高等。

（5）柱。图中涂黑的小方块为剖切到的柱。

（6）楼梯间的结构布置另有详图表示。

（7）文字说明。图样中未表达清楚的内容可用文字进行补充说明。

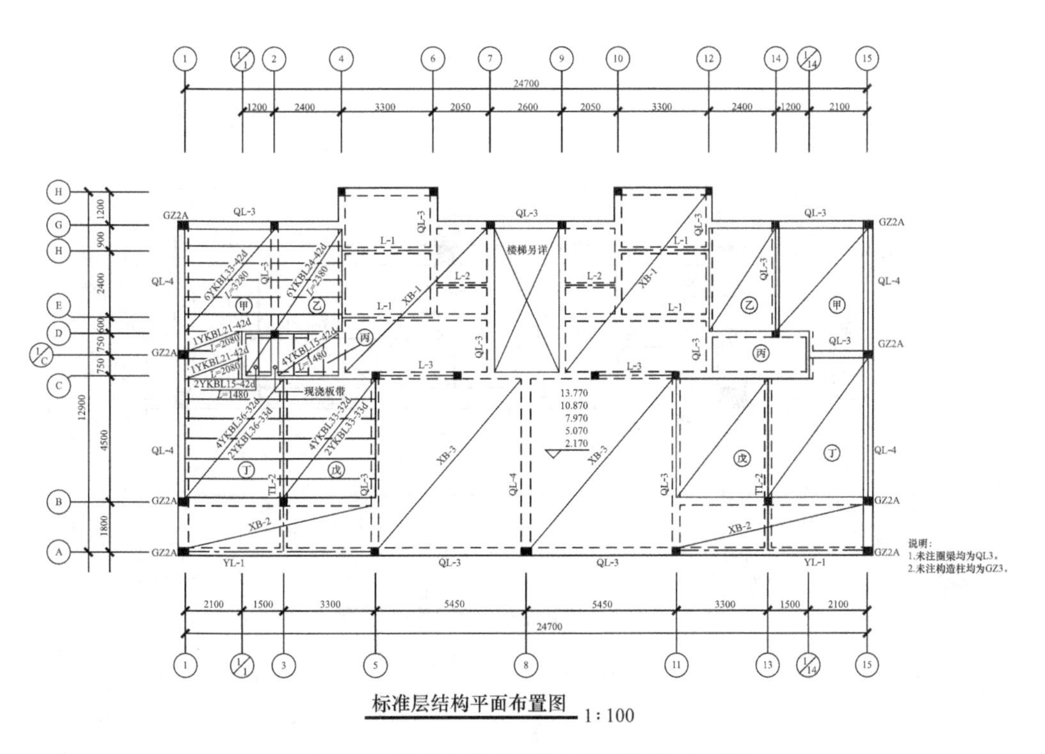

图 2-68　某住宅楼预制楼板楼层结构平面图

【例 2-17】 识读某住宅楼预制楼板楼层结构平面图。

图 2-68 为某住宅楼预制楼板楼层结构平面图，从图 2-68 中可以看出：

（1）看图名、比例。该图为某住宅楼标准层结构平面布置图，绘图比例为 1∶100。

（2）看轴网及构件的整体布置。注意与其他层结构平面图对照。

（3）看预制板的平面布置。如图中①～②轴房间的预制板都是垂直于横墙铺设的，预制板的两端分别搭在①、②轴横墙上，该房间详细画出各块预制板的实际布置情况，注有 6YKBL33-42d 和 1YKBL21-42d，表明该块编号为甲的楼板上共铺设 7 块预制板，其中有 6 块是相同的预应力空心楼板，板长 3300mm，实际制作板长为 3280mm，活荷载等级为 4 级，板宽为 600mm，板上有 50mm 厚细石混凝土垫层；另外 1 块预应力空心楼板板长 2100mm。该标准层结构平面图中其他房间的楼板布置情况分别标注不同编号，如乙、丙、丁等，其他编号房间楼板的布置情况请读者自行分析。该住宅楼左右两户户型完全一致，故左边住户楼板采用简化标注。

(4) 看现浇板。由图 2-68 可见，该楼层结构平面图中还有现浇板，图中凡带有 XB 字样的楼板全部为现浇板，其配筋另有详图表示。图 2-69 所示为 XB-2 配筋详图，由图 2-69 中可知，该现浇板中配置双层钢筋，底层受力筋为三种：①号钢筋Φ 6@200，②号钢筋Φ 8@130，③号钢筋Φ 6@200；顶层钢筋为两种：④号钢筋Φ 8@180，⑤号钢筋Φ 6@200；另外还有负筋分布筋Φ 6@200。

(5) 看墙、柱。主要表明墙、柱的平面布置，图中涂黑的小方块为剖切到的构造柱。

(6) 梁的位置与配筋。为加强房屋的整体性，在墙内设置有圈梁，图中注明圈梁编号，如 QL-3、QL-4 等。其他位置的梁在图中用粗点画线画出并均有标注，如 L-1、L-2、YL-1 等。各梁的断面大小和配筋情况由详图来表明。

(7) 在轴线⑦、⑨开间内画有相交直线的部位表示楼梯间，表明其结构布置另见楼梯结构详图。

(8) 图中给出各结构层的结构标高。

(9) 阅读文字说明。本图中对未注明的圈梁与构造柱进行说明。

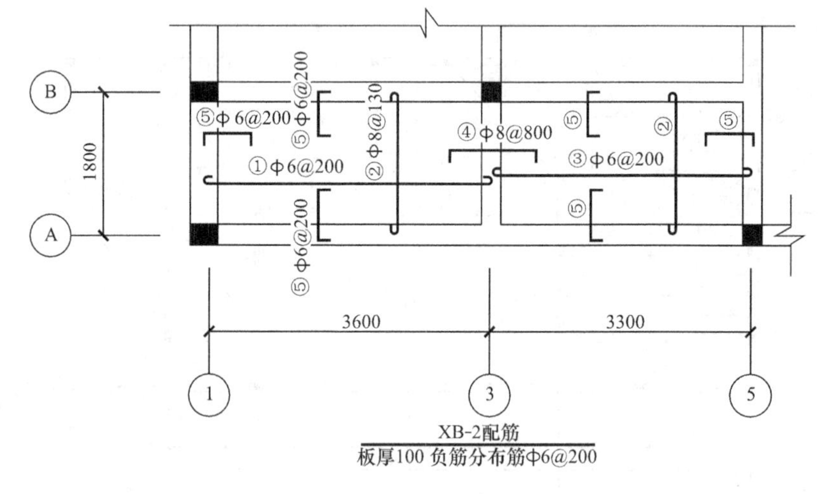

图 2-69 XB-2 配筋

2.3.2 识读楼梯构件施工图

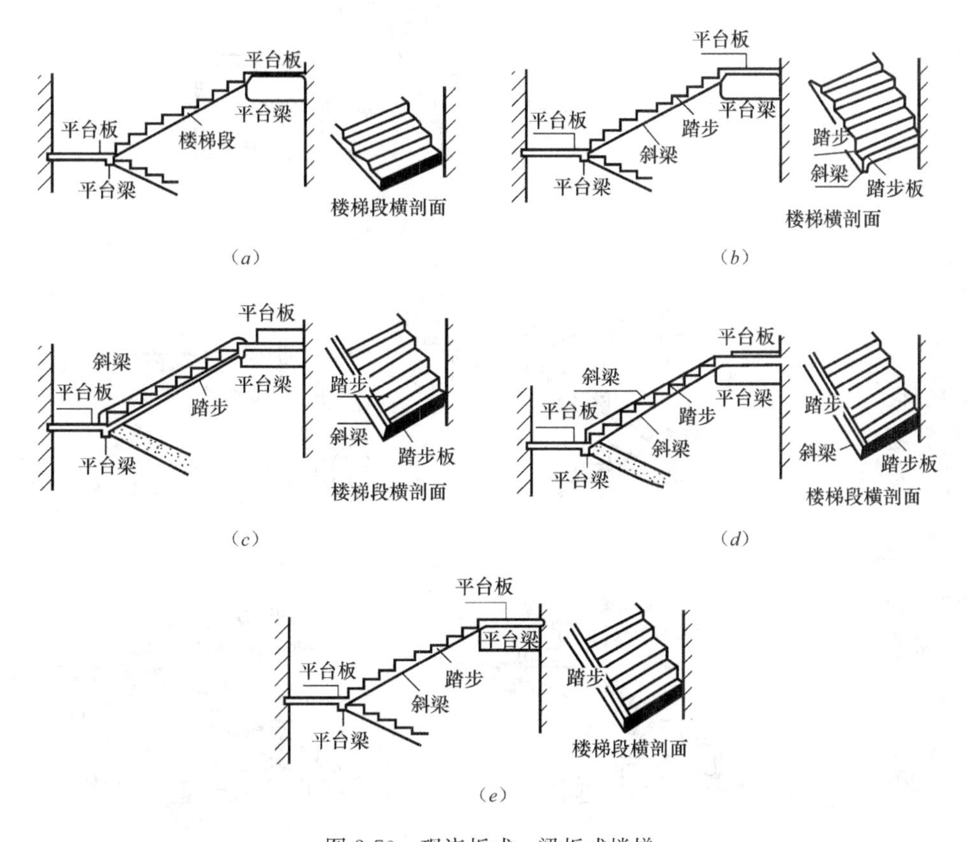

图 2-70 现浇板式、梁板式楼梯

(*a*) 板式楼梯；(*b*) 梁式楼梯（梁在板下）；(*c*) 梁式楼梯（梁在板中）；(*d*) 梁式楼梯（梁在板上）；(*e*) 梁式楼梯（单斜梁式）

1. 钢筋混凝土楼梯构造图

(1) 现浇钢筋混凝土楼梯　现浇钢筋混凝土楼梯是指在施工现场支模板、绑扎钢筋、浇筑混凝土而形成的整体楼梯。其具有整体性好、刚度好、坚固耐久等优点，但是耗用人工、模板较多，施工速度较慢，因此多用于楼梯形式复杂或抗震要求较高的房屋中。

现浇钢筋混凝土楼梯按梯段特点及结构形式的不同，可以分为板式楼梯和梁板式楼梯，如图 2-70 所示。

1) 板式楼梯。板式楼梯是指将楼梯段做成一块板底平整、板面上带有踏步的板，与平台、平台梁现浇在一起。作用在楼梯段上和平台上的荷载同时传给平台梁，然后由平台梁传到承重横墙上或柱上。板式楼梯也可不设平台梁，把楼梯段板和平台板现浇为一体，楼梯段和平台上的荷载直接传给承重横墙。此种楼梯构造简单，施工方便，但自重大，消耗材料多，较适用于荷载较小、楼梯跨度不大的房屋。

2) 梁板式楼梯。梁板式楼梯是指在板式楼梯的楼梯段板边缘处设有斜梁的楼梯。作用在楼梯段上的荷载通过楼梯段斜梁传至平台梁，然后传到墙或柱上。根据斜梁与楼梯段位置的不同，分为明步楼梯段和暗步楼梯段两种。明步楼梯段是将斜梁设在踏步板之下；暗步楼梯段是将斜梁设在踏步板的上面，踏步包在梁内。此种楼梯传力线路明确，受力合理，较适用于荷载较大、楼梯跨度较大的房屋。

（2）预制装配式钢筋混凝土楼梯　预制装配式钢筋混凝土楼梯是将组成楼梯的各个部分分成若干个小构件，在预制厂或施工现场进行预制，施工时将预制构件进行焊接、装配。与现浇钢筋混凝土楼梯相比，其施工速度快，有利于节约模板，提高施工速度，减少现场湿作业，有利于建筑工业化，但刚度和稳定性较差，在抗震设防地区少用。

预制装配式钢筋混凝土楼梯按照构件尺寸的不同和施工现场吊装能力的不同，可分为小型构件装配式楼梯和中型及大型构件装配式楼梯。

1）小型构件装配式楼梯。小型构件装配式楼梯的构件小，便于制作、运输和安装，但施工速度较慢，适用于施工条件较差的地区。

小型构件包括踏步板、斜梁、平台梁、平台板四种单个构件。预制踏步板的断面形式通常有一字形、“Γ”形和三角形三种。楼梯段斜梁一般做成锯齿形和L形，平台梁的断面形式通常为L形和矩形。

小型构件按其构造方式可分为墙承式、梁承式和悬臂式。

① 墙承式。墙承式是指预制钢筋混凝土踏步板直接搁置在墙上的一种楼梯形式，这种楼梯由于在梯段之间有墙，造成搬运家具不方便，视线、光线受到阻挡，感到空间狭窄，整体刚度较差，对抗震不利，施工也较麻烦。

为了采光和扩大视野，可在中间墙上的适当部位留洞口，墙上最好装有扶手，如图2-71所示。

② 梁承式。梁承式是指梯段有平台梁支承的楼梯构造方式，在一般民用建筑中较为常用。安装时将平台梁搁置在两边的墙和柱上，斜梁搁在平台梁上，斜梁上搁置踏步。斜梁截面做成锯齿形和矩形两种，斜梁与平台用钢板焊接牢固，如图2-72所示。

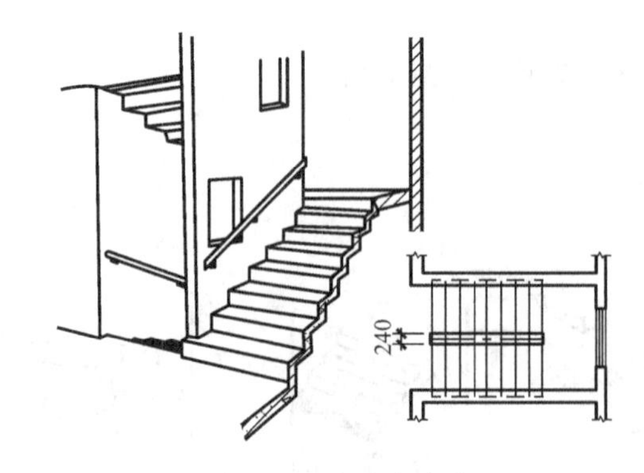

图2-71　墙承式楼梯

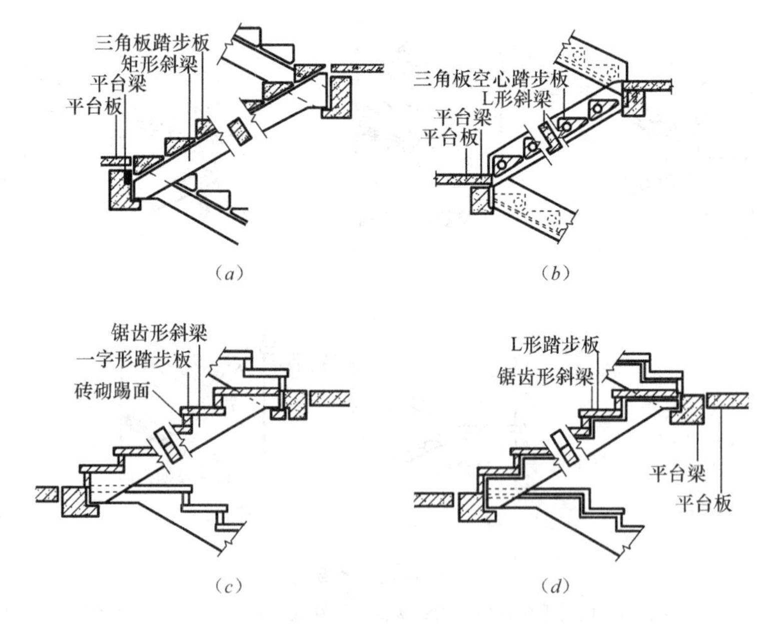

图2-72　梁承式楼梯

(a) 三角形踏步板矩形斜梁；(b) 三角形踏步板L形斜梁；(c) 一字形踏步板锯齿形斜梁；(d) L形踏步板锯齿形斜梁

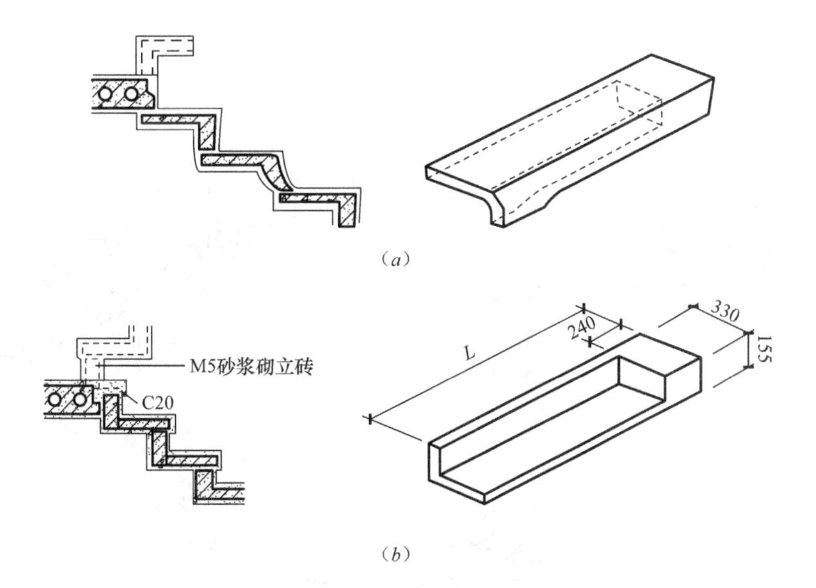

图 2-73 悬臂式楼梯

(a) 反 L 形踏步板；(b) 正 L 形踏步板

L—踏步总长

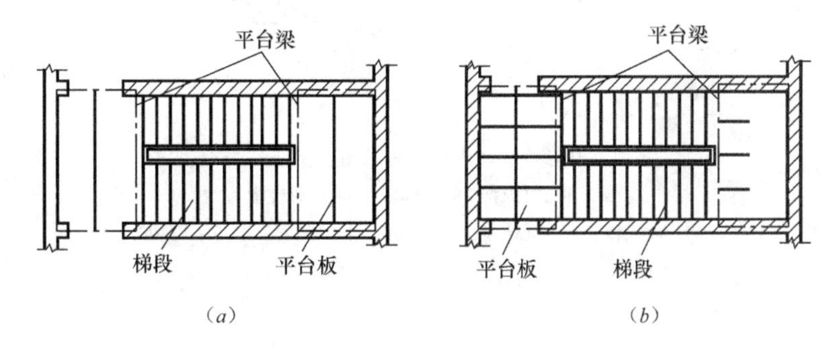

图 2-74 平台板布置方式

(a) 平台板平行于平台梁；(b) 平台板垂直于平台梁

③ 悬臂式。悬臂式是指预制钢筋混凝土踏步板一端嵌固于楼梯间侧墙上，另一端悬挑的楼梯形式，如图 2-73 所示。

悬臂式钢筋混凝土楼梯无平台梁和梯段斜梁，也无中间墙，楼梯间空间较通透，结构占用空间少，但是楼梯间整体刚度较差，不能用于有抗震设防要求的地区。其施工较麻烦，现已很少采用。

2) 中型及大型构件装配式楼梯。中型构件装配式楼梯，构件数量少，施工速度快。中型构件装配式楼梯一般由平台板和楼梯段两个构件组成。

① 平台板。平台板根据需要采用钢筋混凝土空心板、槽板或平板。在平台上有管道井时，不应布置空心板。平台板平行于平台梁布置，利于加强楼梯间的整体刚度；垂直布置时，常用小平板，如图 2-74 所示。

② 梯段。按构造形式的不同，楼梯段分为板式和梁式两种，构造如图 2-75 所示。

板式梯段有空心和实心之分，实心楼梯加工简单，但是自重较大；空心梯段自重较小，多为横向留孔。板式梯段底面平整，适用于住宅和宿舍建筑。

梁式梯段是把踏步板和边梁组合成一个构件，多为槽板式。为了节约材料、减轻其自重，对踏步截面进行改造，主要采取踏步板内留孔、把踏步板踏面和踢面相交处的凹角处理成小斜面、做成折板式踏步等措施。

大型构件装配式楼梯是将楼梯段和两个平台连在一起组成一个构件。每层楼梯由两个相同的构件组成。这种楼梯的装配化程度高，施工速度快，但是需要大型吊装设备，常用于预制装配式建筑。

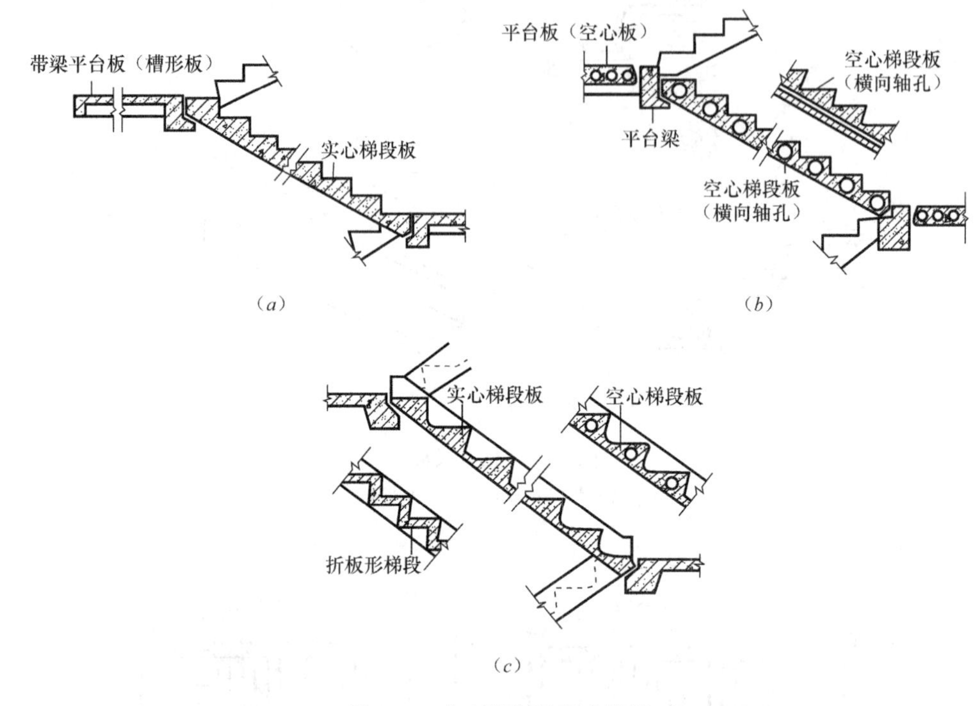

图 2-75 中型预制装配式楼梯
(a) 板式楼梯（实心梯段与带梁平台板）；
(b) 板式楼梯（空心梯段与平台梯、平台板）；(c) 梁式梯段

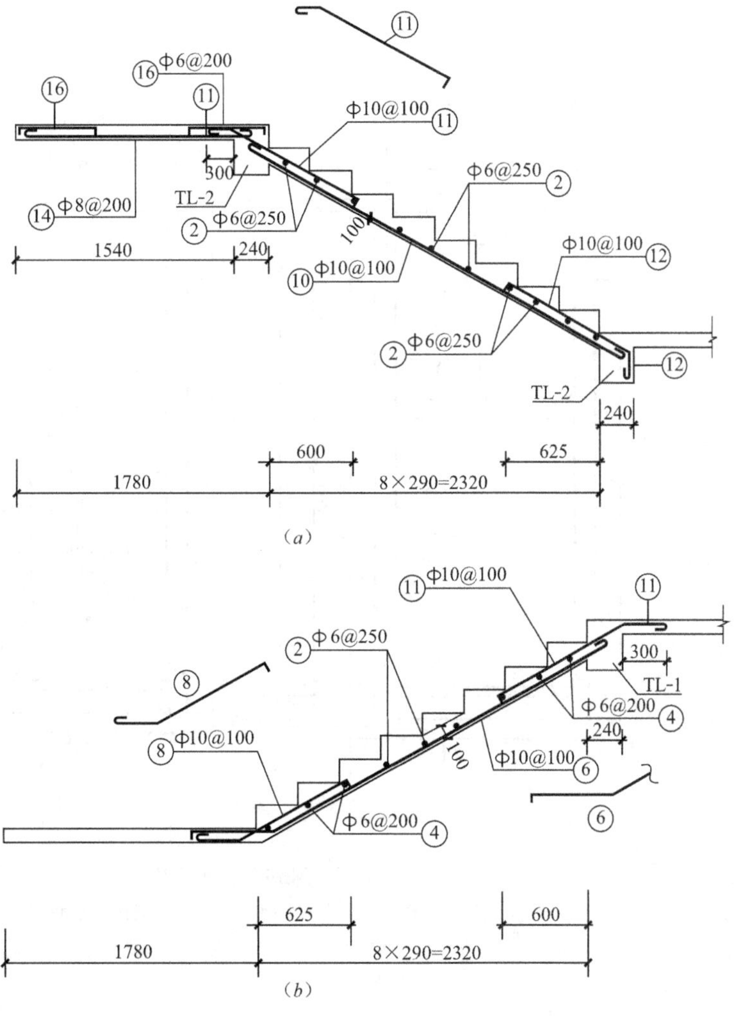

图 2-76　楼梯梯段配筋图

(*a*) TB-3 配筋图 (1∶25); (*b*) TB-2 配筋图 (1∶25)

【例 2-18】 识读楼梯梯段配筋图。

图 2-76 为楼梯梯段配筋图，从图 2-76 中可以看出：

(1) 从 TB-3 配筋图中可见，该梯段板有 8 个踏步，每个踏面宽 290mm，总宽 2320mm。

(2) 梯段板底层的受力筋为⑩号筋，采用Φ 10@100，分布筋为②号筋，采用Φ 6@250，在梯段板的上端顶层配置⑪号筋Φ 10@100，分布筋为②号筋Φ 6@250，梯段板的下端顶层配置⑫号筋Φ 10@100，分布筋为②号筋Φ 6@250。

(3) 在配筋复杂的情况下，钢筋的形状和位置有时不能表达非常清楚，应在配筋图外相应位置增加钢筋详图，如图中⑪号钢筋。TB-2 配筋图的分析同 TB-3 配筋图。

2. 楼梯详图

(1) 楼梯平面图

1) 楼梯平面图的形成。楼梯平面图中画一条与踢面线成30°的折断线（梯段踏步中与楼地面平行的面称为踏面，与楼地面垂直的面称为踢面），各层下行梯段不予剖切，而楼梯间平面图则为房屋各层水平剖切后的向下正投影，如同建筑平面图，中间几层构造一致时，也可以仅画一个标准层平面图。所以楼梯平面详图常常仅画出底层、中间层和顶层三个平面图。

2) 楼梯平面图图示特点。各层楼梯平面图最好上下对齐（或左右对齐），这样既便于阅读又便于尺寸标注和省略重复尺寸。平面图上应当标注该楼梯间的轴线编号、开间和进深尺寸，楼地面和中间平台的标高及梯段长、平台宽等细部尺寸。梯段长度尺寸标注：踏面数×踏面宽＝梯段长。

图2-77为某住宅的楼梯平面图，各层楼梯平面图都应当标出该楼梯间的轴线。从楼梯平面图中所标注尺寸可以了解楼梯间的开间和进深尺寸，还可以了解楼地面和平台面的标高以及楼梯各组成部分的详细尺寸。从图2-77中还可以看出，中间层梯段的长度是8个踏步宽度之和（270mm×8＝2160mm），但中间层梯段的步级数是9（18/2）。这是因为每一梯段最高一级的踏面与休息平台面或者楼面重合（即最高一级踏面当做平台面或楼面），所以平面图中每一梯段画出的踏面（格）数，总比踏步数少一，即：踏面数＝踏步数－1。

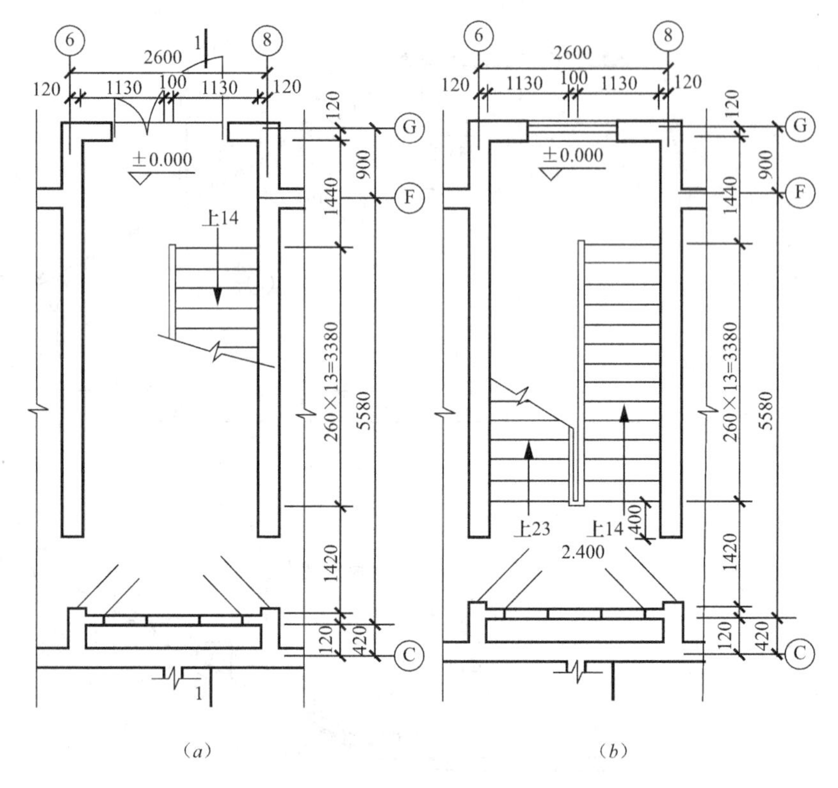

图2-77 某住宅楼梯平面图（一）

(a) 负一层楼梯平面图（1∶50）；(b) 一层楼梯平面图（1∶50）

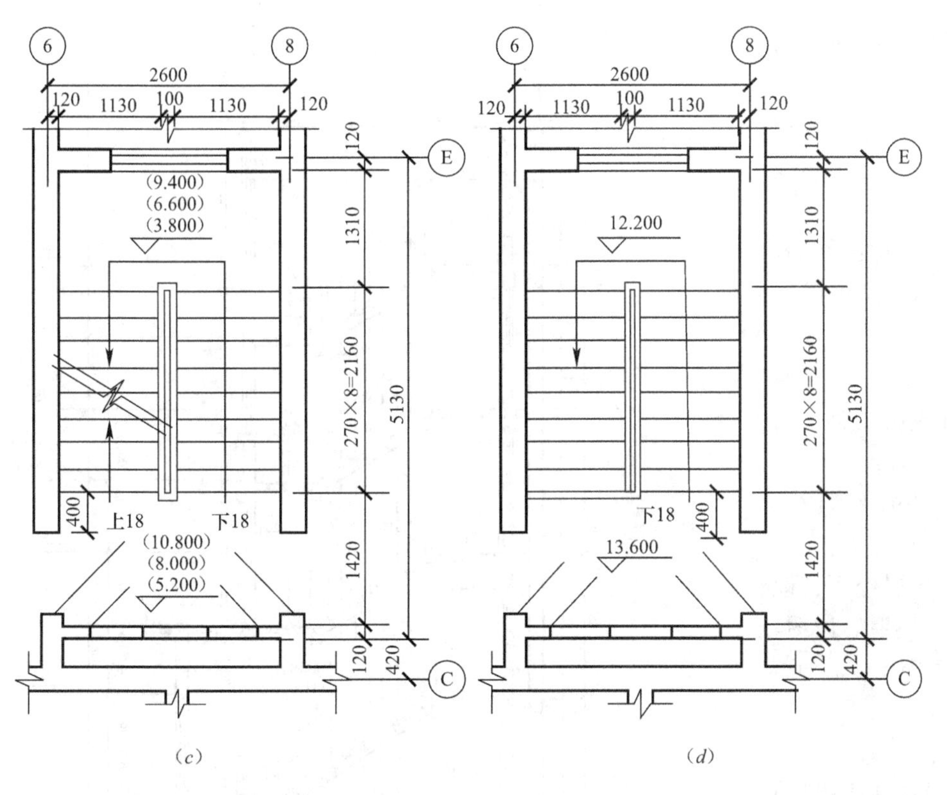

图 2-77 某住宅楼梯平面图（二）

(c) 标准层楼梯平面图（1∶50）；(d) 顶层楼梯平面图（1∶50）

负一层平面图中只有一个被剖到的梯段。图中注有“上 14”的箭头，表示从储藏室层楼面向上走 14 步级可达一层楼面；梯段长 260mm×13＝3380mm，表明每一踏步宽 260mm，共有 13＋1＝14 级踏步。在负一层平面图中，一定要注明楼梯剖面图的剖切符号。

一层平面图中注有“下 14”的箭头，表示从一层楼面向下走 14 步级可达储藏室层楼面；“上 23”的箭头表示从一层楼面向上走 23 步级可达二层楼面。

标准层平面图表示二、三、四层的楼梯平面，此图中没有再画出雨篷的投影，其标高的标注形式应当注意，括号内的数值为替换值，是上一层的标高（标准层平面图中的踏面），上下两梯段都画完整。上行梯段中间画有一与踢面线成 30°的折断线，折断线两侧的上下指引线箭头是相对的。

顶层平面图的踏面是完整的，只有下行，所以梯段上没有折断线。楼面临空一侧装有水平栏杆。顶层平面图画出屋顶檐沟的水平投影，楼梯的两个梯段均为完整梯段，只注有“下 18”。

（2）楼梯剖面图

1）楼梯剖面图的形成。楼梯剖面图常用 1∶50 的比例画出。其剖切位置应当通过第一跑梯段及门窗洞口，并且向未剖切到的第二跑梯段方向投影。

剖到梯段的步级数可以直接看到，未剖到梯段的步级数因被栏板遮挡或者因梯段为暗步梁板式等原因而不可见时，可用虚线表示，也可以直接从其高度尺寸上看出该梯段的步级数。

多层或高层建筑的楼梯间剖面图，如果中间若干层构造相同，可用一层表示相同的若干层剖面，此层楼面和平台面标高可以看出所代表的若干层情况。

2）楼梯剖面图图示内容

① 水平方向应当标注被剖切墙的轴线编号、轴线尺寸及中间平台宽、梯段长等细部尺寸。

② 竖直方向应当标注剖到墙的墙段、门窗洞口尺寸及梯段高度、层高尺寸。梯段高度应标成：步级数×踢面高＝梯段高。

③ 标高及详图索引：楼梯间剖面图上应当标出各层楼面、地面、平台面及平台梁下口的标高。若需要画出踢步、扶手等详图，则应当标出其详图索引符号和其他尺寸，例如栏杆（或栏板）高度。

图 2-78 为楼梯 1-1 剖面图，图中应当注出楼梯间的进深尺寸和轴线编号，地面、平台面、楼面等标高，梯段、栏杆（或栏板）的高度尺寸（相关建筑设计规范规定：楼梯扶手高度是自踏步前缘量至扶手顶面的垂直距离，其高度不应小于 900mm），其中梯段的高度尺寸与踢面高和踏步数合并书写，例如“1400 均分 9 份”，表示有 9 个踢面，每个踢面高度为 1400mm/9＝155.6mm。此外，还应注出楼梯间外墙上门窗洞口、雨篷的尺寸与标高。

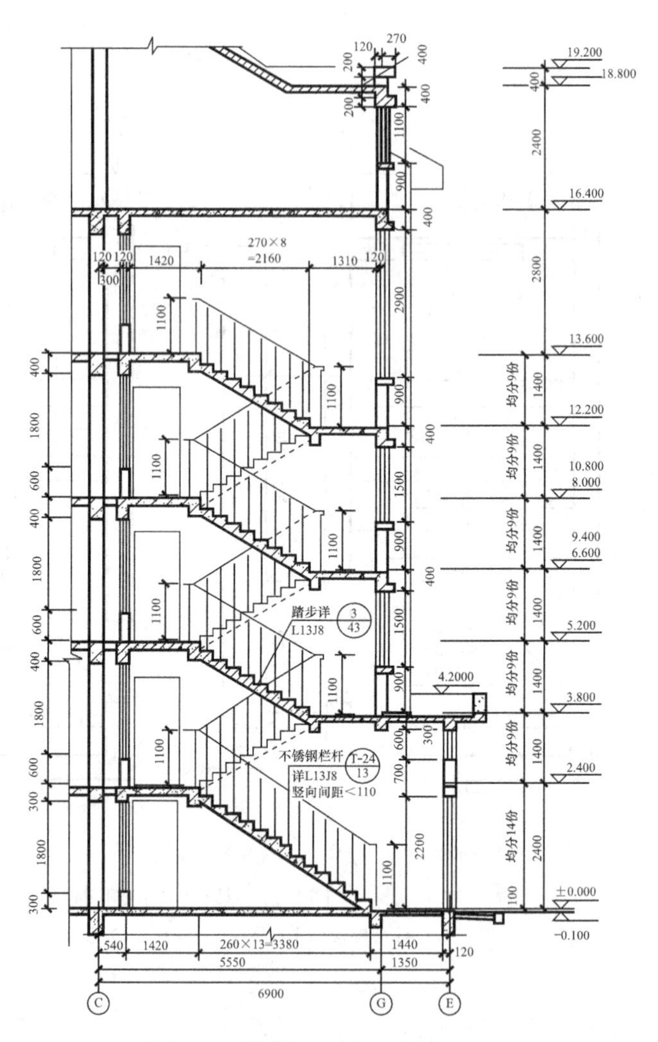

图 2-78　楼梯 1-1 剖面图（1∶150）

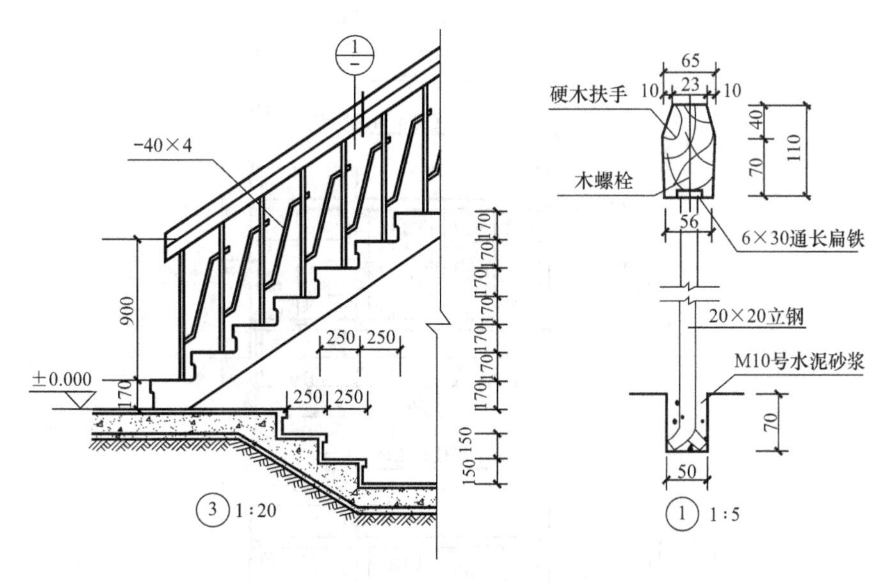

图 2-79　楼梯节点详图

(3) 楼梯节点详图　楼梯节点详图主要指栏杆详图、扶手详图以及踏步详图。它们分别用索引符号与楼梯平面图或楼梯剖面图联系。栏杆、扶手和踏步做法详图，如图 2-79 所示。

【例 2-19】 识读楼梯结构平面图。

图 2-80 为楼梯结构平面图，从图 2-80 中可以看出：

（1）图中所示的楼梯结构平面图共有 3 个，分别是底层平面、标准层平面和顶层平面，比例均为 1∶100。此楼梯位于轴线Ⓐ～Ⓑ和轴线④～⑥之间。

（2）楼梯平台板、楼梯梁和梯段板都为现浇，图中画出现浇板内的配筋，梯段板和楼梯梁另有详图画出，因此在平面图上只注明代号和编号。

（3）从图中可以看出，梯段板只有一种，代号 TB，长 2160mm，宽 1270mm；楼梯梁有两种，TL1 和 TL2；每层有楼梯连梁 TLL；底层有地圈梁 DQL。XB1、XB2 分别为两个现浇休息平台板的编号，在标准层楼梯平面图上相应位置，XB1、XB2 的配筋情况均已绘出，故不需另绘板的配筋图。

（4）从图中可以看出，每层楼面的结构标高均已注明，并标注现浇板的厚度 $H=80$mm。

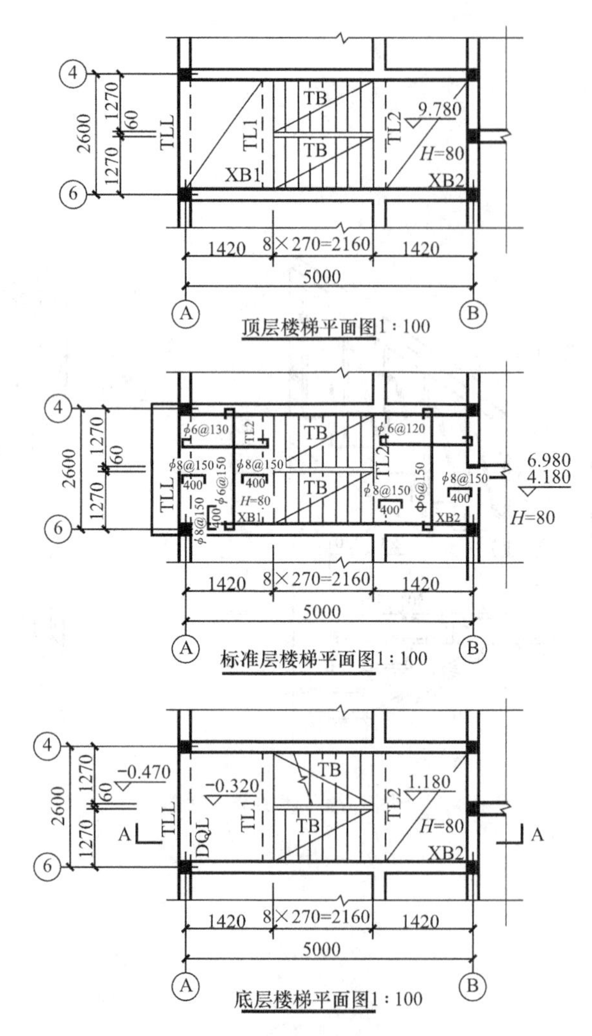

图 2-80 楼梯结构平面图

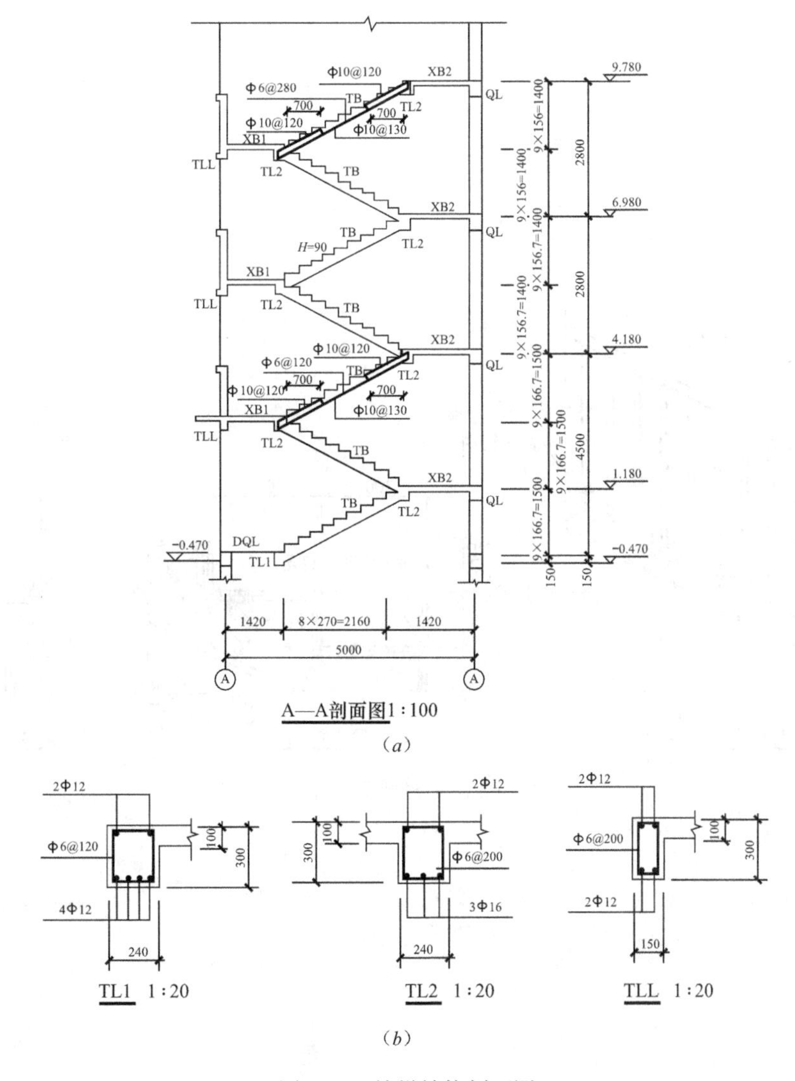

图 2-81 楼梯结构剖面图

【例 2-20】 识读楼梯结构剖面图。

图 2-81 为楼梯结构剖面图，从图 2-81 中可以看出：

(1) 图 2-80 中所示 A-A 剖面图的剖切符号在底层楼梯结构平面图中。图 2-81 (*a*) 表示剖到的梯段板、楼梯平台、楼梯梁和未剖到的可见梯段板的形状以及连接情况。

(2) 图线与建筑剖面图相同，剖到的梯段板不再涂黑表示。

(3) 此图把梯段板的配筋直接表示在剖面图中。

(4) 在图中还标注出梯段外形尺寸、楼层高度 (2800mm)，楼体平台结构标高 (－0.470m、1.180m、4.180m 等)。

【例 2-21】 识读楼梯节点详图。

图 2-82 为楼梯节点详图，从图 2-82 中可以看出：

（1）楼梯扶手高 900mm，使用直径 50mm、壁厚 2mm 的不锈钢管，扶手和栏杆采用焊接的连接方式。

（2）楼梯踏步做法通常与楼地面相同。踏步防滑使用成品金属防滑包角。

（3）楼梯栏杆底部与踏步上的预埋件 M-1、M-2 通过焊接连接，连接后盖不锈钢法兰。预埋件详图用三面正投影图示出预埋件的具体形状、尺寸以及做法，括号内的数字表示预埋件 M-1 的尺寸。

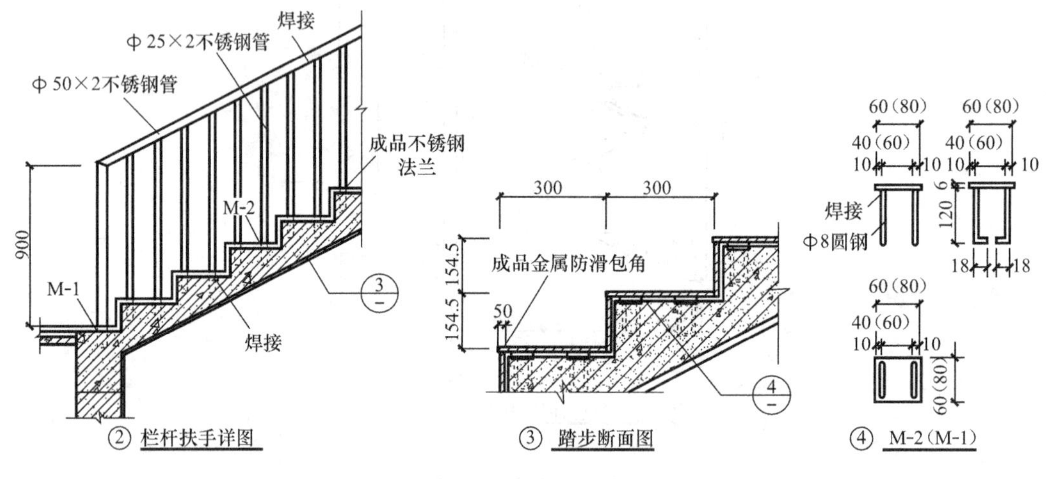

图 2-82 楼梯节点详图

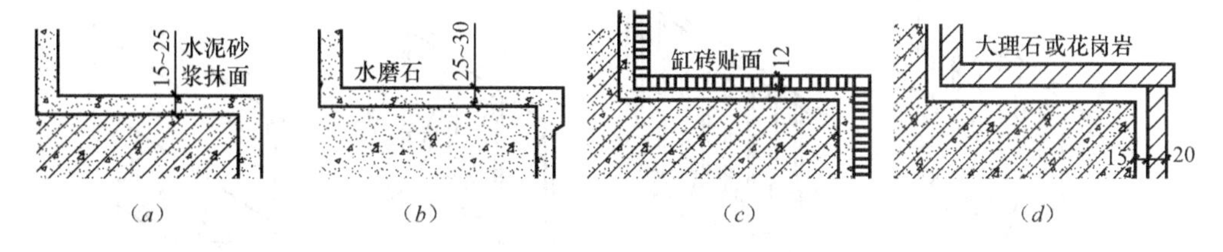

图 2-83 踏步面层构造

(a) 水泥砂浆踏步面层；(b) 水磨石踏步面层；(c) 缸砖踏步面层；(d) 大理石或花岗岩踏步面层

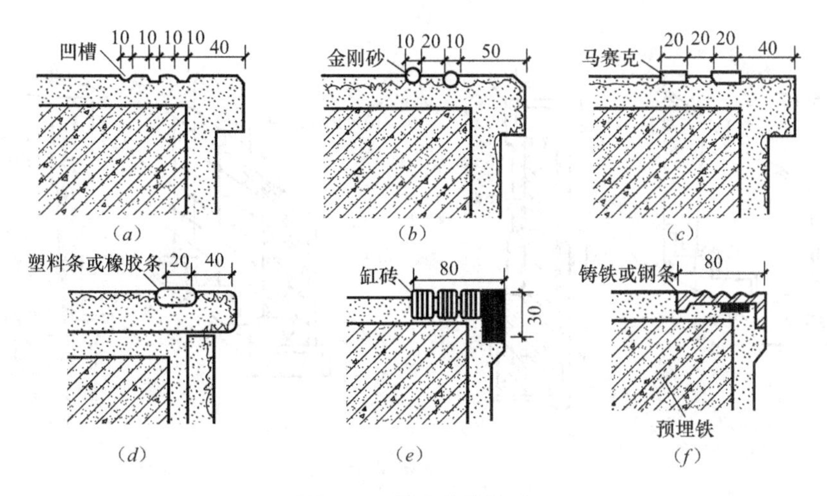

图 2-84 踏步防滑构造

(a) 防滑凹槽；(b) 金刚砂防滑条；(c) 贴马赛克防滑条；

(d) 嵌塑料或橡胶防滑条；(e) 缸砖包口；(f) 铸铁或钢条包口

3. 楼梯细部构造图

(1) 踏步面层及防滑构造

1) 踏步面层。楼梯踏步要求面层耐磨、防滑、便于清洁，构造做法一般与地面相同，例如水泥砂浆面层、水磨石面层、缸砖贴面、大理石或花岗岩等石材贴面、塑料铺贴或地毯铺贴等，如图 2-83 所示。

2) 防滑构造。在人流集中且拥挤的建筑中，为避免行走时滑跌，踏步表面应采取相应的防滑措施。通常是在踏步口留 2～3 道凹槽或设防滑条，防滑条长度一般按照踏步长度每边减去 150mm。常用的防滑材料有金刚砂、水泥铁屑、橡胶条、塑料条、金属条、马赛克、缸砖、铸铁和折角铁等，如图 2-84所示。

（2）栏杆、栏板和扶手构造

1）栏杆与扶手的类型。楼梯的栏杆、栏板和扶手是指梯段上所设的安全设施，根据梯段的宽度设于一侧或两侧或梯段的中间，应当满足安全坚固、美观舒适、构造简单、施工和维修方便等要求。

① 栏杆。栏杆按照其构造做法及材料的不同，可以分为空花栏杆、实心栏板和组合栏杆三种。

a. 空花栏杆通常采用圆钢、钢管、方钢、扁钢等组合制成，式样可结合美观要求设计，如图 2-85 所示。

b. 实心栏板的材料有混凝土、砌体、钢丝网水泥、有机玻璃、钢化玻璃、装饰板等，如图 2-86 所示。由于栏板为实体构件，所以减少空花栏杆的不安全因素。

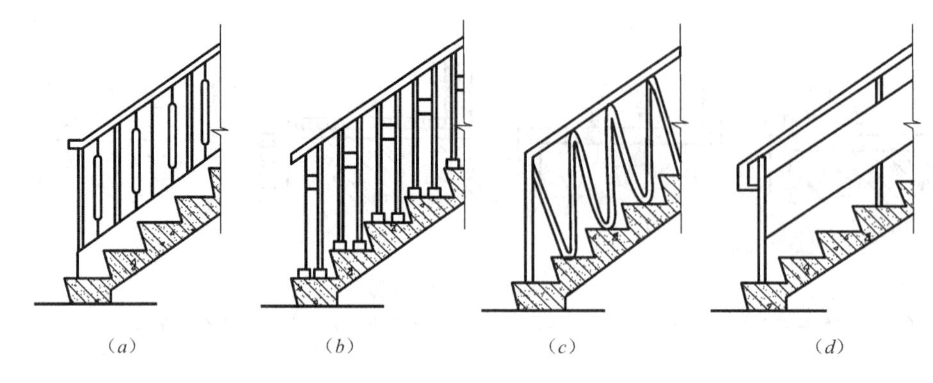

图 2-85　空花栏杆式样

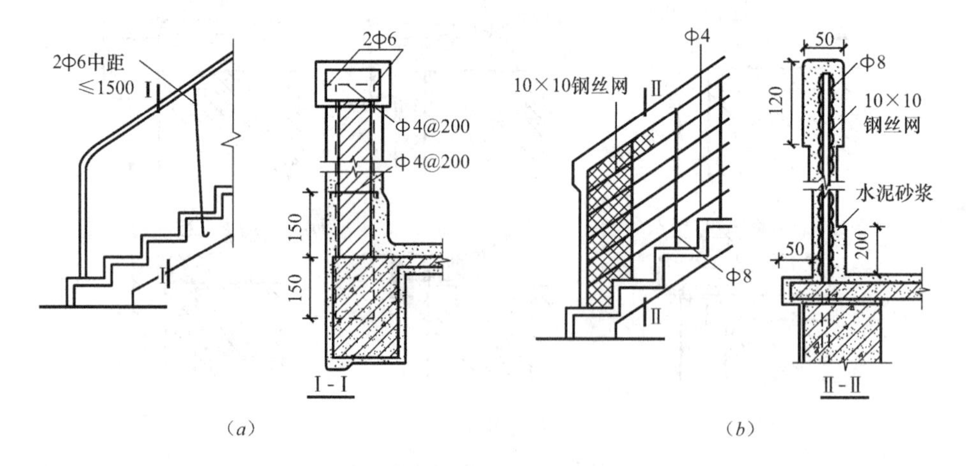

图 2-86　实心栏板

（a）1/4 砖砌板；（b）钢丝网水泥栏板

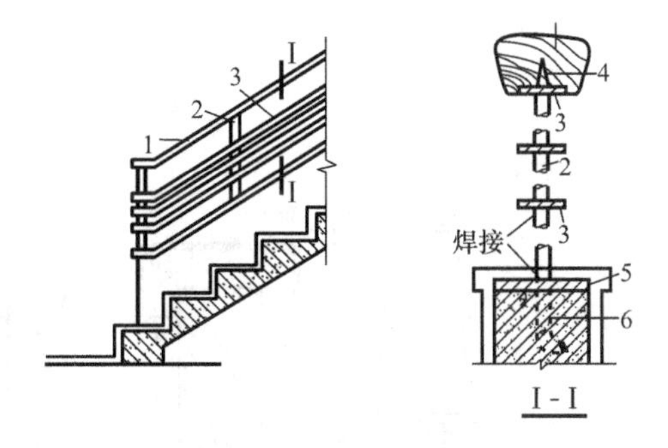

图 2-87 组合栏杆

1—木扶手；2—ϕ16mm 圆钢；3—30mm×4mm 扁钢；

4—木螺钉（中心距 500mm）5—60mm×50mm 钢板；6—ϕ8mm 铁脚（长 100mm）

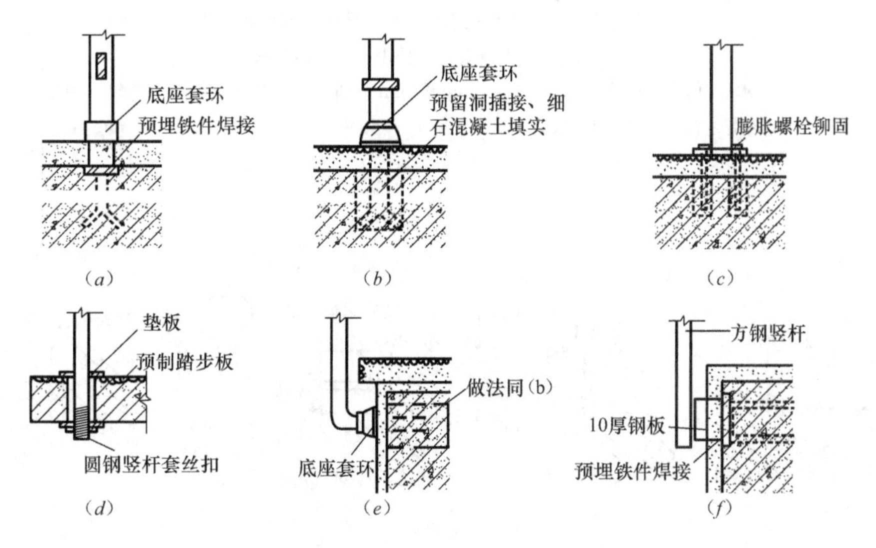

图 2-88 栏杆与梯段的连接

(*a*) 立杆与预埋钢板焊牢；(*b*) 立杆埋入踏步上面预留孔；(*c*) 立杆焊在底板上用膨胀螺栓锚固；

(*d*) 圆钢立杆套丝扣拧固；(*e*) 立杆埋入踏步侧面预留孔；(*f*) 立杆与踏步侧面预埋件焊接

c. 空花栏杆和实心栏板可以结合在一起形成部分镂空、部分实心的组合栏杆，如图 2-87所示。

② 扶手。扶手断面大小应便于扶握，顶面宽度通常不宜大于 90mm。扶手的材料应手感舒适，通常用硬木、塑料、金属管材（钢管、铝合金管、不锈钢管）制作。栏板顶部的扶手多用水磨石或水泥砂浆抹面形成，也可用大理石、花岗岩或人造石材贴面而成。

2）栏杆扶手的连接构造

① 栏杆与梯段的连接。栏杆通常用以下三种方法安装在踏步侧面或踏步面上的边沿部分，如图 2-88 所示。

a. 在栏杆与梯段的对应位置预埋铁件焊接。

b. 预留孔洞，用细石混凝土填实。

c. 钻孔，用膨胀螺栓固定。

② 栏杆与扶手的连接。一般按照两者的材料种类采用相应的连接方法。例如木扶手与钢栏杆顶部的通长扁铁用螺钉连接，金属扶手与钢栏杆焊接，石材扶手与砌体或混凝土栏板用水泥砂浆粘结，如图 2-89 所示。

③ 扶手与墙体、柱的连接。楼梯顶层的水平扶手及靠墙扶手必须固定在墙或混凝土柱上。扶手与砖墙连接时，通常是在墙上预留孔洞，将扶手的连接扁钢插入孔洞内，用细石混凝土填实，如图 2-90（*a*）（*c*）所示；当扶手与混凝土墙、柱连接时，通常采用预埋钢板焊接，如图 2-90（*b*）（*d*）所示。靠墙扶手与墙面间的净间距不得小于 40mm。

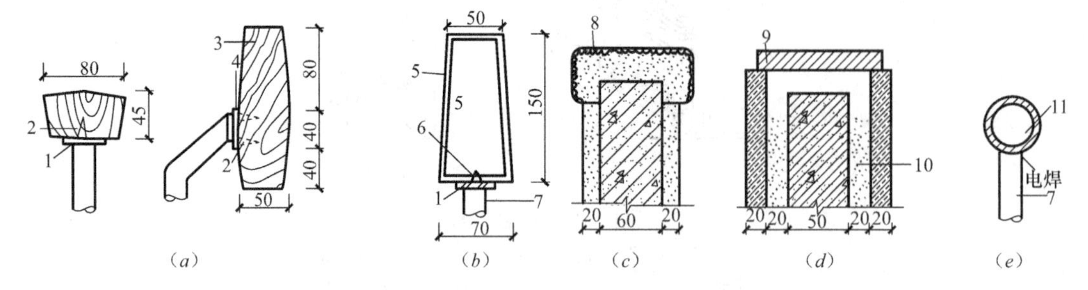

图 2-89　栏杆与扶手的连接

（*a*）硬木扶手；（*b*）塑料扶手；（*c*）水泥砂浆或水磨石扶手；

（*d*）大理石或人造大理石扶手；（*e*）钢管扶手

1—通长扁钢；2—木螺钉；3—硬木扶手；4—ϕ40mm×3mm 垫圈；5—塑料扶手；6—螺钉（间距 200mm）；7—立柱；8—水磨石；9—大理石或人造大理石；10—水泥砂浆；11—ϕ（40～50）mm 镀锌钢管

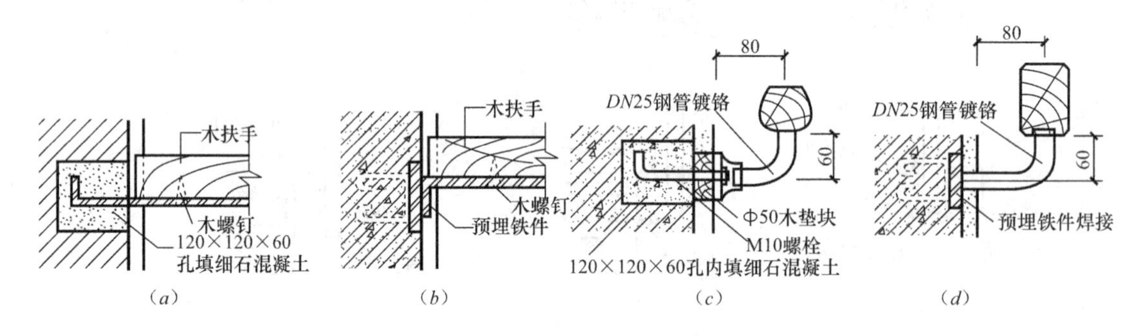

图 2-90　扶手与墙体的连接

（*a*）木扶手与砖墙连接；（*b*）木扶手与混凝土墙、柱连接；

（*c*）靠墙扶手与砖墙连接；（*d*）靠墙扶手与混凝土墙、柱连接

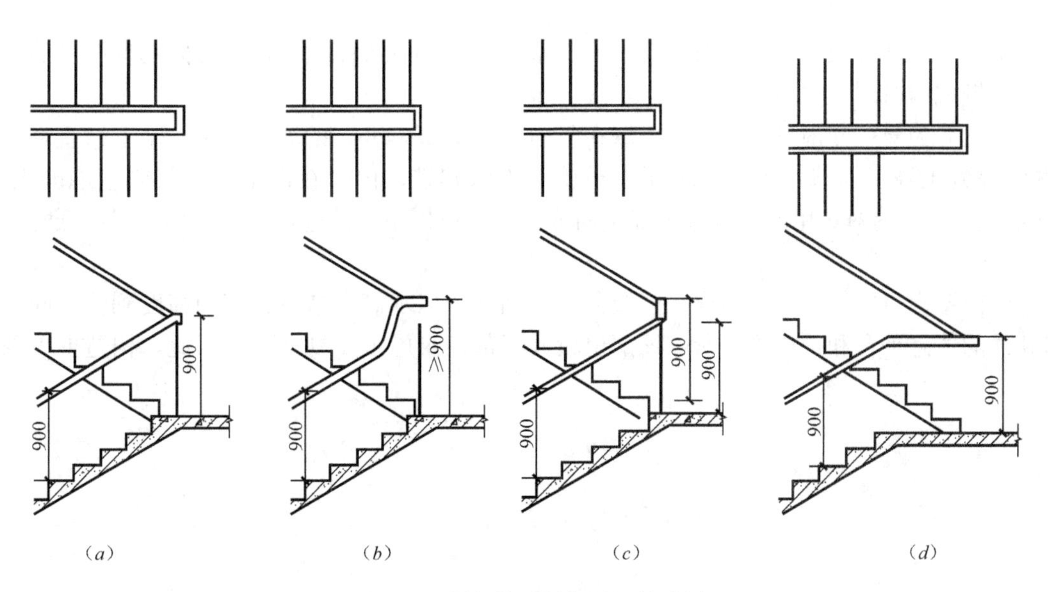

图 2-91 栏杆扶手转折处理构造图

(a) 平顺扶手；(b) 鹤颈木扶手；(c) 斜接扶手；(d) 一段水平扶手

④ 栏杆扶手转折处理。楼梯扶手在梯段转折处，应当保持其高度一致。当上下行梯段齐步时，上下行扶手同时伸进平台半步，扶手为平顺连接，转折处的高度一致于其他部位，如图 2-91 (a) 所示，此种方法在扶手转折处减小平台宽度。当平台宽度较窄时，扶手不宜伸进平台，应当紧靠平台边缘设置，扶手为高低连接，并且在转折处形成向上弯曲的鹤颈扶手，如图 2-91 (b) 所示。鹤颈扶手制作比较麻烦，可以改用斜接，如图 2-91 (c) 所示，或者将上下行梯段的扶手在转折处断开，但是栏杆扶手的整体性会减弱，使用上极不方便。当上下行梯段错步时，会形成一段水平扶手，如图 2-91 (d) 所示。

2.3.3 识读烟囱施工图

1. 烟囱施工图的类别

烟囱是在生产或生活中燃料燃烧时用来排除烟气的高耸构筑物。它由基础、筒身（包括内衬）和筒顶装置三部分组成。外形有方形和圆形两种，以圆形居多。材料可以是砖、钢筋混凝土、钢板等。砖烟筒由于用砖量大，耗费土地资源，已不再建造。而钢筋混凝土材料建成的烟囱，刚度好，且稳定，高度已达到200m以上。钢板卷成的筒形烟囱，一般仅用于小型加热设施，构造简单，这里也不作专门介绍。

2. 烟囱的构造

（1）烟囱基础　在地面以下的部分均称为基础，烟囱基础设有基础底板（很高的烟囱底板下还要做桩基础），底板上有筒身的基座。基础底板和外壁用钢筋混凝土材料做成，用耐火材料做成内衬。

（2）筒身　烟囱在地面以上的部分称为筒身。它分为筒壁和内衬两部分，筒壁在竖向上有1.5%～3%的坡度，是一个上口直径小、下部直径大的细长、高耸的截头圆锥体。筒壁由钢筋混凝土浇筑而成，施工中采用滑模施工方法建造；内衬在筒壁内，与筒壁混凝土有50～100mm的空隙，空隙中可放隔热材料，也可以是空气层。内衬可用耐热混凝土浇筑而成，也可以用耐火砖进行砌筑，烟气温度低时，还可用黏土砖砌筑。

（3）筒顶　筒顶是筒身顶部的一段构造。它的筒壁模板要使烟囱口形成一些线条和凹凸面，以示筒身结束、烟囱高度到位，同时由于烟囱很高，顶部需要安装避雷针、信号灯、爬梯到顶的休息平台和护栏等，所以该部位较其下部筒身施工要复杂些，因此，构造上单独划为一部分。

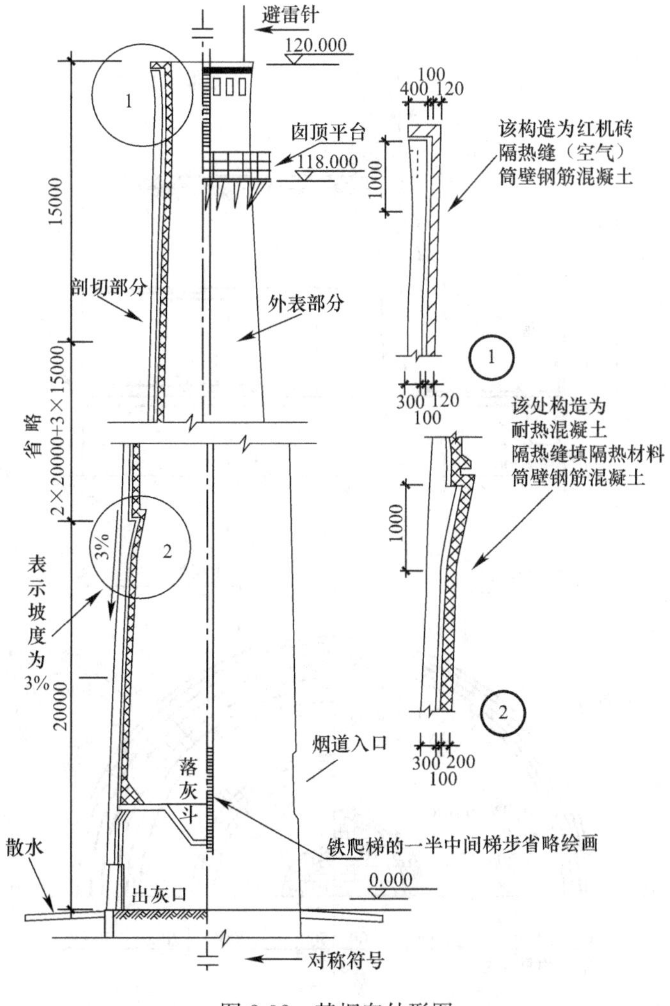

图 2-92　某烟囱外形图

【例 2-22】 识读某烟囱外形图。

图 2-92 为某烟囱外形图，从图 2-92 中可以看出：

（1）烟囱高度从地面作为±0.000点算起有 120m。±0.000 以下作为基础部分，另有基础图纸，筒壁有 3%的坡度，外壁是钢筋混凝土筒体，内衬是耐热混凝土，上部内衬由于烟气温度降低而采用机制黏土砖。

（2）筒身分为若干段，见图上标注尺寸，有 15m 段及 20m 段两种尺寸。并将分段处的节点构造用圆圈画出，另绘制详图说明。

（3）筒壁与内衬之间填充隔热材料，而不是空气隔热层。在筒身底部有烟囱入口的位置和存烟灰斗和下部的出灰口等几部分，可以结合识图箭注解把外形图看明白。

【例 2-23】 识读某烟囱基础图。

图 2-93 为某烟囱基础图，从图 2-93 中可以看出：

(1) 底板埋深为 4m，基础底的直径为 18m，底板下有 10cm 素混凝土垫层，桩基头伸入底板 10cm，底板厚度为 2m。

(2) 底板配筋分为上下两层配筋，且分为环向配筋和辐射向配筋两种。

(3) 图示筒壁处的配筋构造和向上伸入上部筒体的插筋构造。

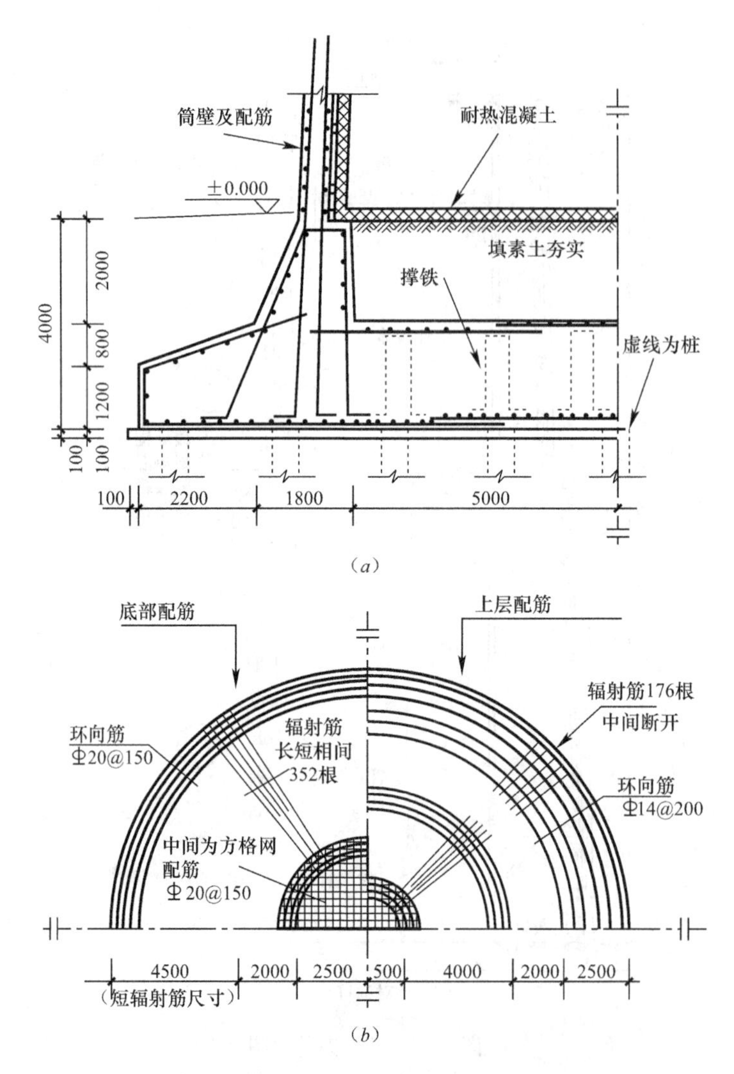

图 2-93 某烟囱基础图

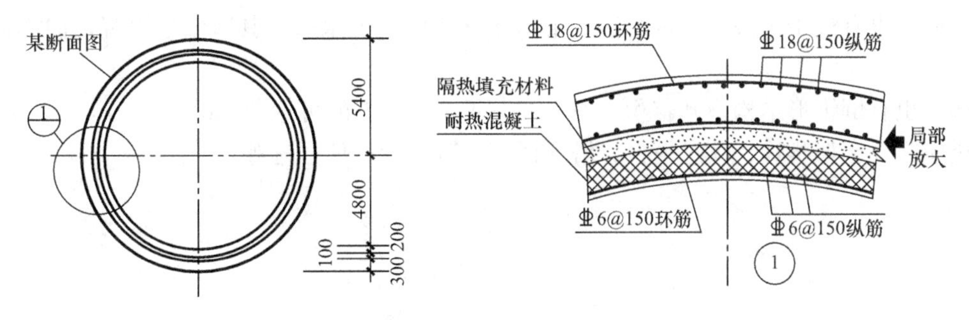

图 2-94　某烟囱局部详图

【例 2-24】 识读某烟囱局部详图。

图 2-94 为某烟囱局部详图，从图 2-94 中可以看出：

（1）该横断面外直径为 10.8m，壁厚为 300mm，内为 100mm 的隔热层及 200mm 的耐热混凝土。

（2）筒壁为双层双向配筋，环向内外两层钢筋；纵向也是内外两层配筋。图中配筋的规格和间距均有注明，读者可以结合标注查看。应注意的是，在内衬耐热混凝土中也配置一层竖向及环向构造钢筋，以避免耐热混凝土产生裂缝。

（3）这里需要说明的是，该图只是其中某一高度的水平剖切面，实际施工图往往在每一高度段都会有一个水平剖面图，以此来说明该处的筒身直径、壁厚、内衬尺寸以及配筋情况。

2.3.4 识读水塔施工图

1. 水塔施工图的分类

(1) 水塔外形立面图，说明外形构造、有关附件和竖向标高等。

(2) 水塔基础构造图，说明基础尺寸和配筋构造。

(3) 水塔框架构造图，表明框架平面外形拉梁配筋等。

(4) 水箱结构构造图，表明水箱直径、高度、形状和配筋构造。

(5) 水塔施工详图，有关局部构造的施工详图。

2. 水塔的构造

(1) 基础　由圆形钢筋混凝土较厚大的板块做成，使水塔具有足够的承重力和稳定性。

(2) 支架　支架有用钢筋混凝土空间框架做成的；也有近十年采用的钢筋混凝土圆筒支架倒锥形水塔，其造型较美观，但不适用于寒冷地区（保温较差）。

(3) 水箱　这是储存水的构造，有圆筒形结构，也有倒锥形结构。其容积一般为 60～100m^3，大的可达 300m^3。

水塔也属于较高耸的构筑物，所以也有一些相应附件，如爬梯、休息平台、塔顶栏杆、避雷针、信号灯等。

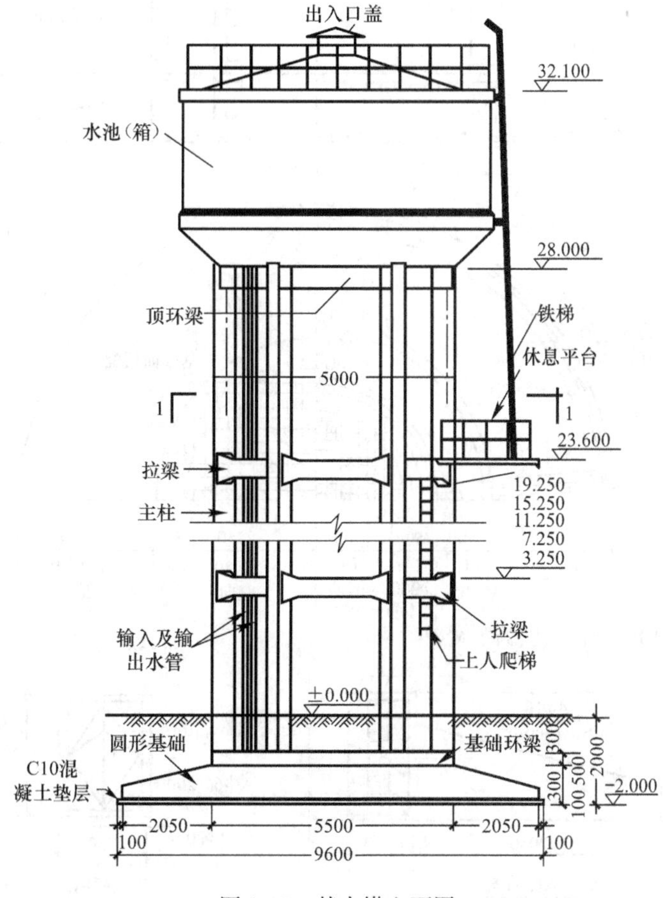

图 2-95 某水塔立面图

【例 2-25】 识读某水塔立面图。

图 2-95 为某水塔立面图，从图 2-95 中可以看出：

(1) 水塔构造相对比较简单，顶部是水箱，底部标高为 28m，中间部位是构造相同的框架（柱和拉梁），因此用折断线来表示省略绘制的相同部分。

(2) 在拉梁相同的部位用“3.250”、“7.250”、“11.250”、“15.250”、“19.250”作为标高标志，说明在这些高度上的构造相同。下部基础埋深是 2m，基底直径是 9.6m。

(3) 此外，还标明爬梯位置、休息平台、水箱顶上的检查口（出入口）以及周围栏杆等。

(4) 图中使用标志线作出各种注解，说明各部位的名称和构造。

【例 2-26】 识读某水塔基础图。

图 2-96 为某水塔基础图，从图 2-96 中可以看出：

（1）底板直径为 9.6m，厚度为 1.1m，四周有坡台，坡台从环梁边外伸 2.05m，坡台下厚 300mm，坡高 500mm，上部还有 300mm 台高才到底板上平面。

（2）底板和环梁的配筋，由于配筋及圆形的对称性，用 1/4 圆表示基础底板的上层配筋构造，是直径 12mm、间距 200mm 的双向方格网配筋，范围在环梁以内，钢筋伸入环梁锚固。钢筋长度随环梁外周直径变化。

（3）1/4 圆表示下层配筋，这是由中心方格网Φ 14@200 和外部环向筋Φ 14（在环梁内间距 200mm，外部间距 150mm）、辐射筋Φ 16（长的 72 根和短的 72 根相间）组成的底层配筋布置。

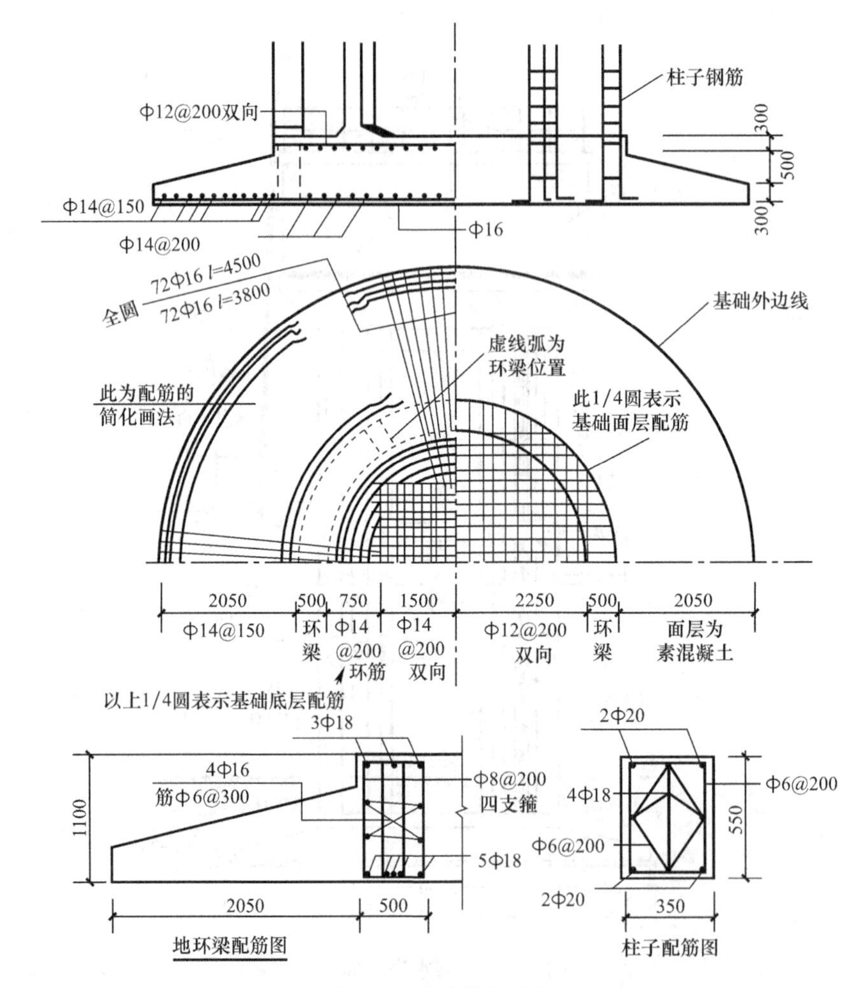

图 2-96 某水塔基础图

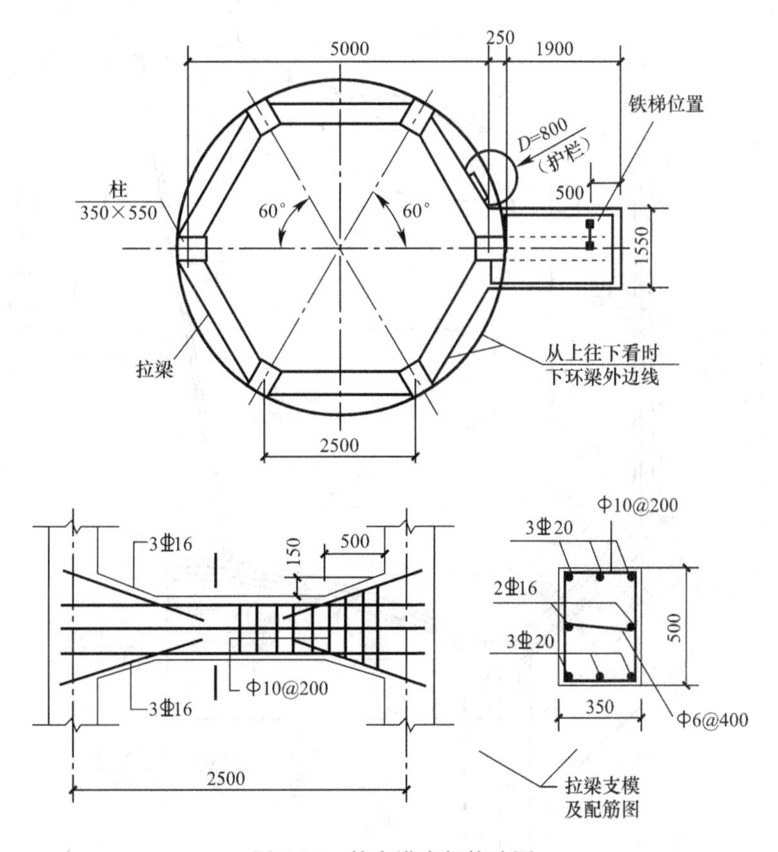

图 2-97 某水塔支架构造图

【例 2-27】 识读某水塔支架构造图。

图 2-97 为某水塔支架构造图，从图 2-97 中可以看出：

（1）这个框架为六边形；有 6 根柱和 6 根拉梁，柱与对称中心的连线在相邻两柱间的夹角为 60°。平面图上还表示出中间休息平台的位置、尺寸和铁爬梯的位置等。

（2）拉梁中配筋构造图，表明拉梁的长度、断面尺寸以及所用钢筋规格。图中还可以看出，拉梁两端与柱连接处的断面有变化，纵向是成一个八字形，所以在支模时应考虑模板的变化。

【例 2-28】 识读某水塔水箱配筋图。

图 2-98 为某水塔水箱配筋图，从图 2-98 中可以看出：

（1）水箱内部铁梯的位置、周围栏杆的高度以及水箱外壳的厚度、配筋等结构情况。

（2）水箱是圆形的，因为图中标注内部净尺寸用“$R=3500$”表示；它的顶板是斜的，底板是圆形拱的，外壁是折线形的。

（3）顶板厚 100mm，底下配有Φ 8 钢筋。水箱立壁是内外两层钢筋，均为Φ 8 规格，图中根据它们的不同形状绘在立壁内外，环向钢筋内外层均为Φ 8 @200。

（4）在立壁上下各有一个环梁加强筒身，内配 4 根Φ 16 钢筋。底板配筋为两层双向Φ 8 @150 的配筋，对于底板曲率，应根据图中给出的“$R=5000$”放大图样，算出模板尺寸配置形式和钢筋确切长度。

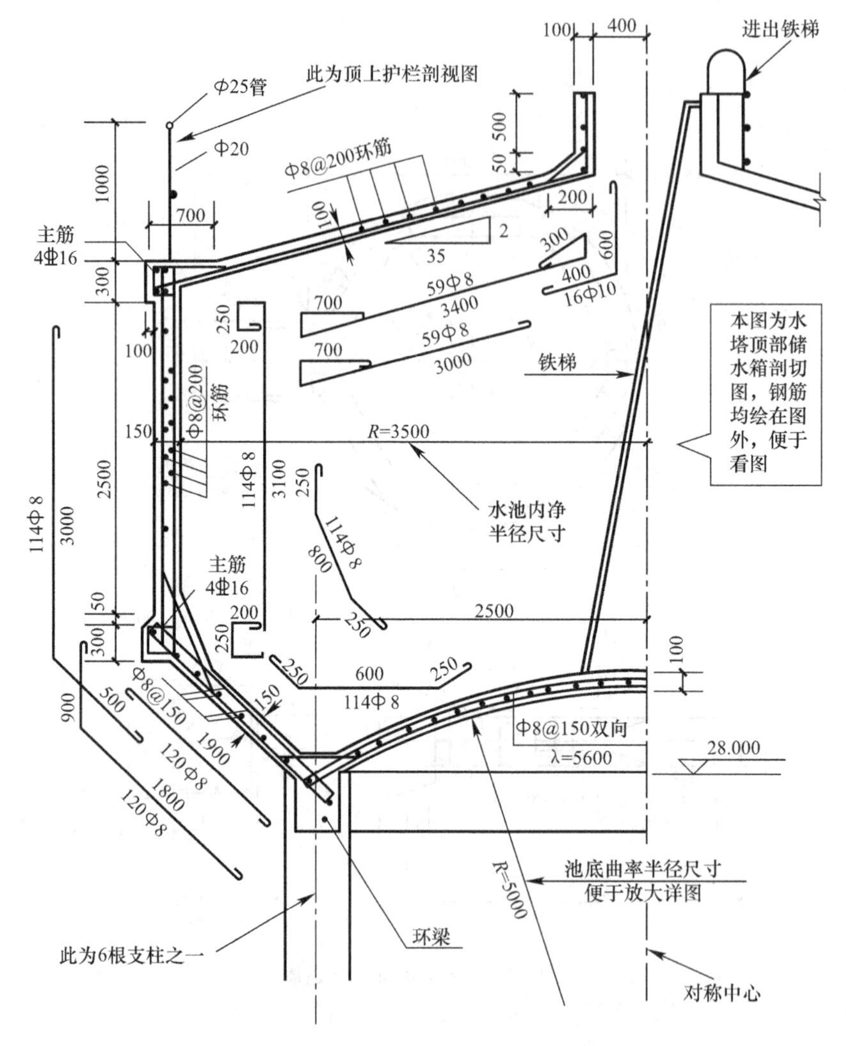

图 2-98　某水塔水箱配筋图

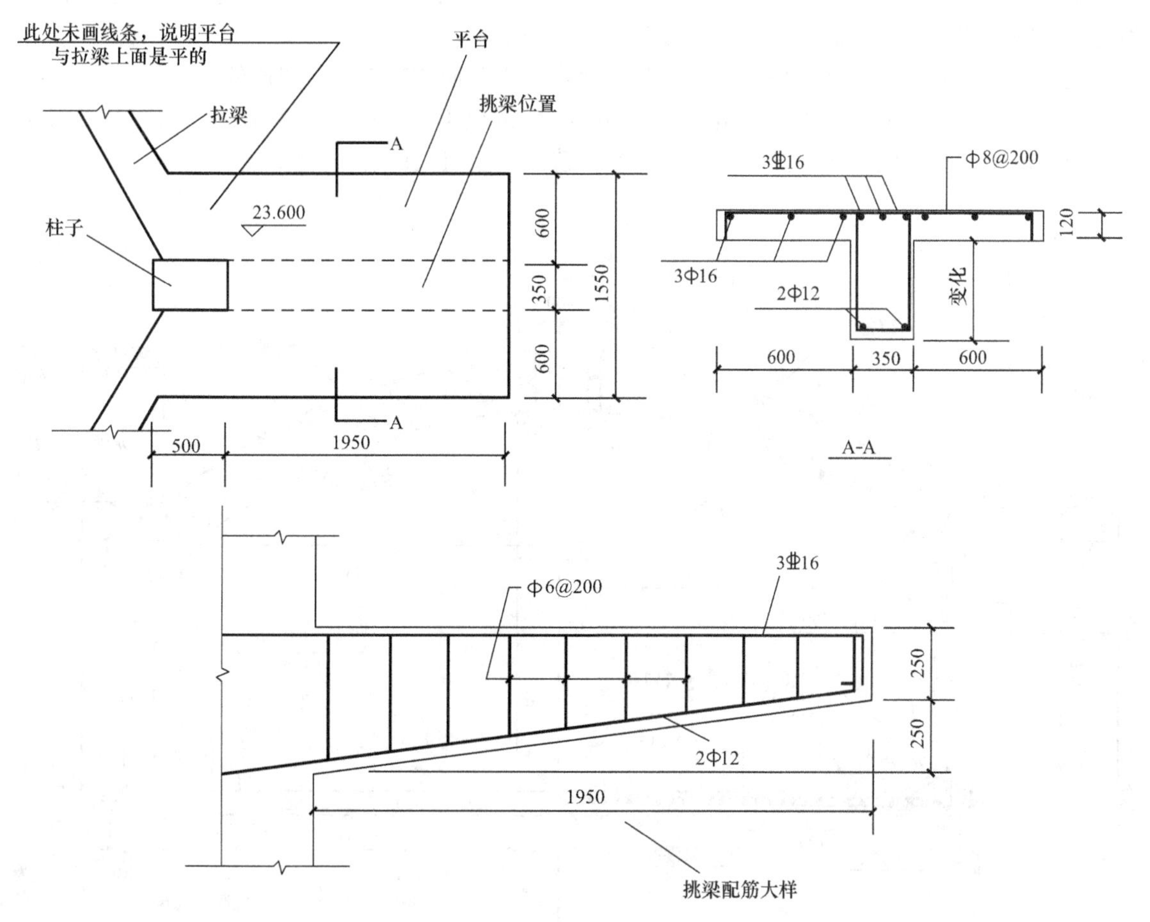

图 2-99 某水塔休息平台详图

【例 2-29】 识读某水塔休息平台详图。

图 2-99 为某水塔休息平台详图，从图 2-99 中可以看出：

（1）平台的大小、挑梁的尺寸以及它们的配筋。

（2）平台板与拉梁的标高相同，因此连接部分的拉梁外侧线就没有了。平台板厚 120mm，悬挑在挑梁的两侧。

（3）配筋是直径 8mm，间距 200mm；挑梁由柱上伸出，长 1950mm，断面由 500mm 高变为 250mm 高，上部主筋为 3⏀16，下部架立钢筋为 2ф12；箍筋是直径 6mm、间距 200mm，随断面变化尺寸。

【例 2-30】 识读某蓄水池竖向剖面图。

图 2-100 为某蓄水池竖向剖面图，从图 2-100 中可以看出：

（1）水池内径为 13.2m，埋深为 5.45m，中间最大净高度是 6.7m，四周外高度为 4.85m。底板厚度为 200mm，池壁厚也是 200mm，圆形拱顶板厚为 100mm。立壁上部有环梁，下部有趾形基础，顶板的拱度半径是 9.4m。以上这些尺寸均是支模、放线应该了解的。

（2）该图左侧标注立壁、底板以及顶板的配筋构造。主要标出立壁、立壁基础、底板坡角的配筋规格和数量。

（3）立壁竖向钢筋为Φ 10@150，水平环向钢筋为Φ 12@150。因为环向钢筋长度在 40m 以上，所以配料时必须考虑错开搭接。

（4）图纸右下角还注明采用 C25 防水混凝土进行浇筑，这样施工时就可以知道浇筑的混凝土不是普通的混凝土，而是具有防水性能的 C25 混凝土。

2.3.5 识读蓄水池施工图

蓄水池是工业生产或自来水厂用来储存大量用水的构筑物。一般多半埋在地下，便于保温，外形分为矩形和圆形两种。可以储存几千至一万多立方米的水。

水池由池底、池壁、池顶三部分组成。蓄水池都是用钢筋混凝土浇筑建成的。

蓄水池施工图根据池的大小、类型不同，图纸的数量也不同，一般分为水池平面图及外形图、池底板配筋构造图、池壁配筋构造图、池顶板配筋构造图以及有关的各种详图。

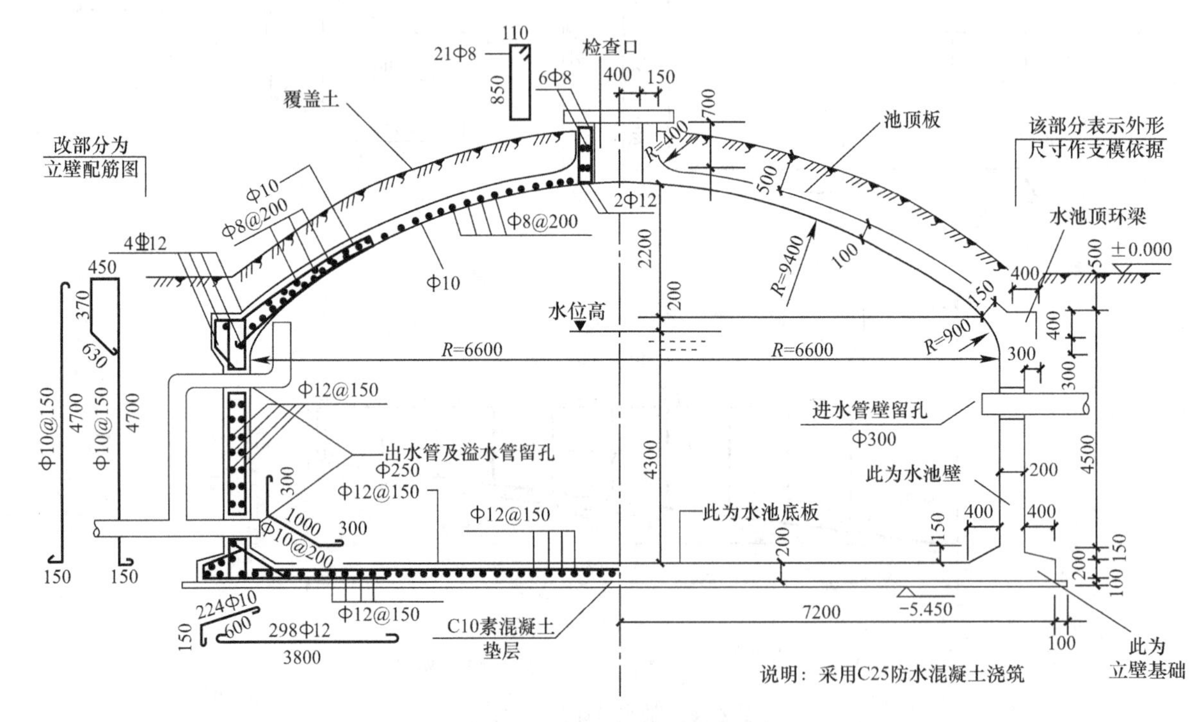

图 2-100 某蓄水池竖向剖面图

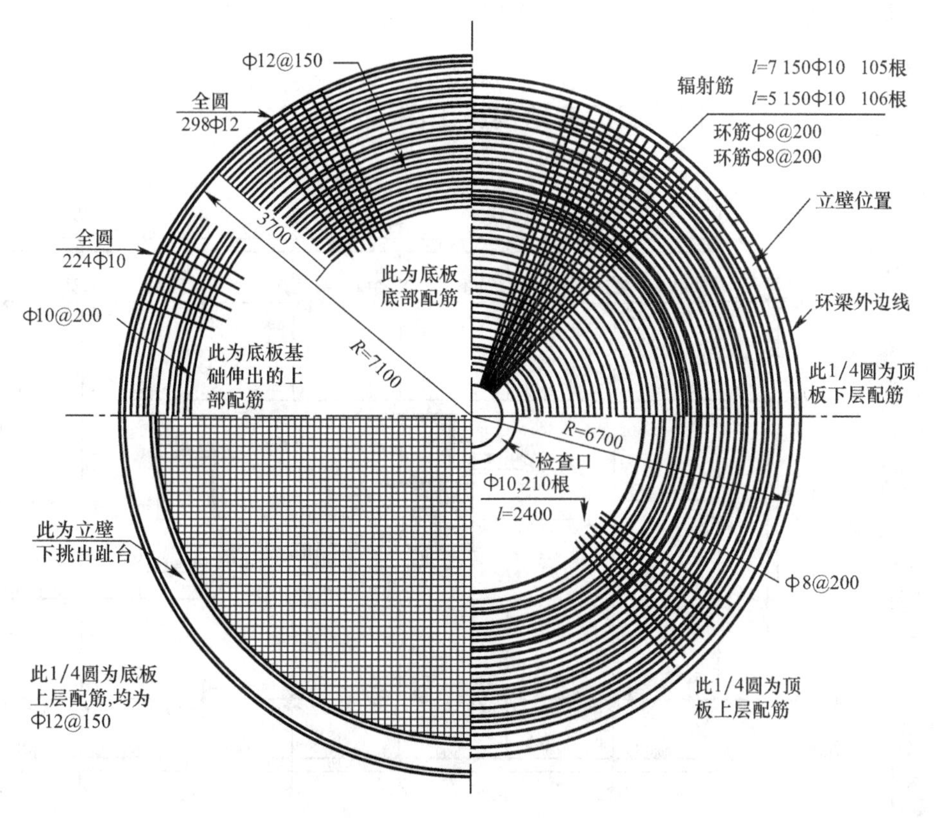

图 2-101 某水池底、顶板配筋图

【例 2-31】 识读某水池底、顶板配筋图。

图 2-101 为某水池底、顶板配筋图，从图 2-101 中可以看出：

（1）基础伸出趾的上部环向配筋为Φ 10@200，从趾的外端一直伸至立壁外侧边；辐射钢筋为Φ 10，其形状在剖面图上像个横写的“丁”字，全圆共用辐射钢筋 224 根。立壁基础底层钢筋也分为Φ 12@150 的环向钢筋，放到离外圆 3700mm 为止；和Φ 12 的辐射钢筋，其形状在剖面图上呈“一”字形，全圆共用辐射钢筋 298 根。

（2）底板上层钢筋，在立壁以内均为Φ 12@150 的方格网配筋。

（3）右半圆表示的是顶板配筋图。其中应值得注意的是，顶板像一只倒扣的碗，所以辐射钢筋的长度不能只从这张配筋平面图上简单地按半径计算，而应考虑曲度的增加值。

3 识读钢结构施工图

3.1 识读单层厂房结构施工图

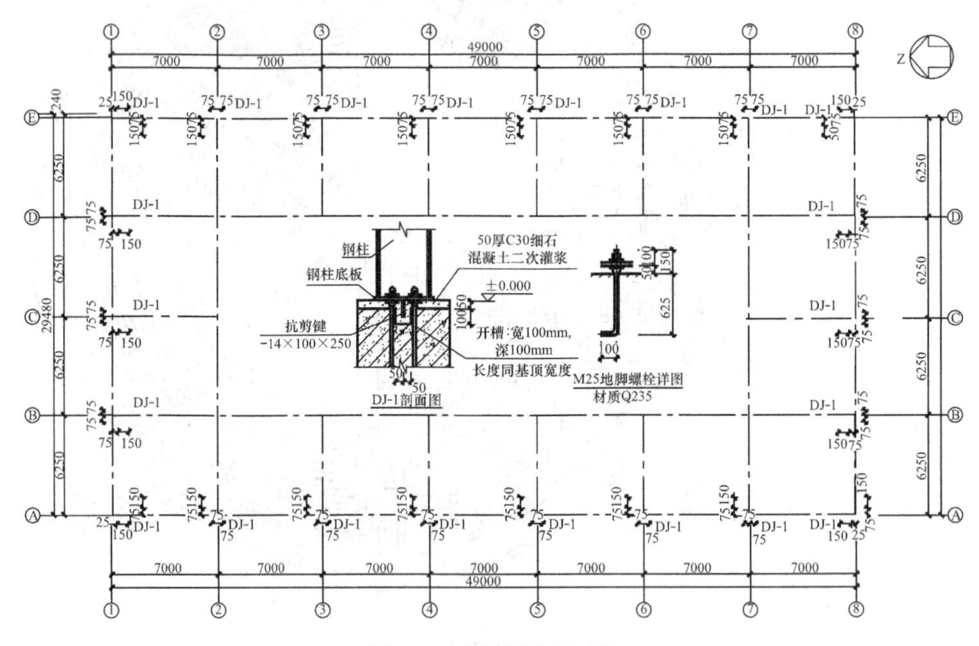

图 3-1 地脚螺栓布置图

1. 地脚螺栓布置图

图 3-1 为地脚螺栓布置图，表达每根柱地脚螺栓的定位，此图需要与基础图结合识读，每个尺寸必须准确无误，方能保证钢结构的顺利安装，所以在预埋螺栓时，施工人员应特别注意。

(1) 图 3-1 中共有 22 个柱脚，名称都为 DJ-1。

(2) DJ-1 共有 4 个地脚螺栓，螺栓间距均为 150mm。

(3) Ⓐ轴和Ⓔ轴到地脚螺栓的距离均为 75mm。

(4) ①轴和⑧轴到边柱地脚螺栓的距离为 25mm，到山墙抗风柱地脚螺栓的距离为 75mm。

(5) DJ-1 剖面图中，柱底标高为±0.000，柱底焊接−14×100×250 的钢板作为抗剪键，在基础顶面预留开槽，抗剪键的作用主要是承受柱脚底部的水平剪力，因为柱脚锚栓不宜用于承受柱脚底部的水平剪力，所以柱脚底部应设抗剪键。

(6) DJ-1 剖面图中预留 50mm 的空间，刚架和支撑等配件安装就位，并经检测和校正几何尺寸确认无误后，采用 C30 混凝土灌浆料填实。二次灌浆的预留空间，当柱脚铰接时不宜大于 50mm。

(7) M25 地脚螺栓详图中，锚固长度为 625mm，弯钩长度为 100mm，套螺纹长度为 150mm，配 3 个螺帽和 2 块垫板，材质为 Q235。柱脚锚栓应采用 Q235 钢或 Q345 钢制作，锚栓的锚固长度应符合现行国家标准《建筑地基基础设计规范》(GB 50007—2011) 的规定，锚栓端部应按规定设置弯钩或锚板。锚栓的直径不宜小于 24mm，且应采用双螺帽。

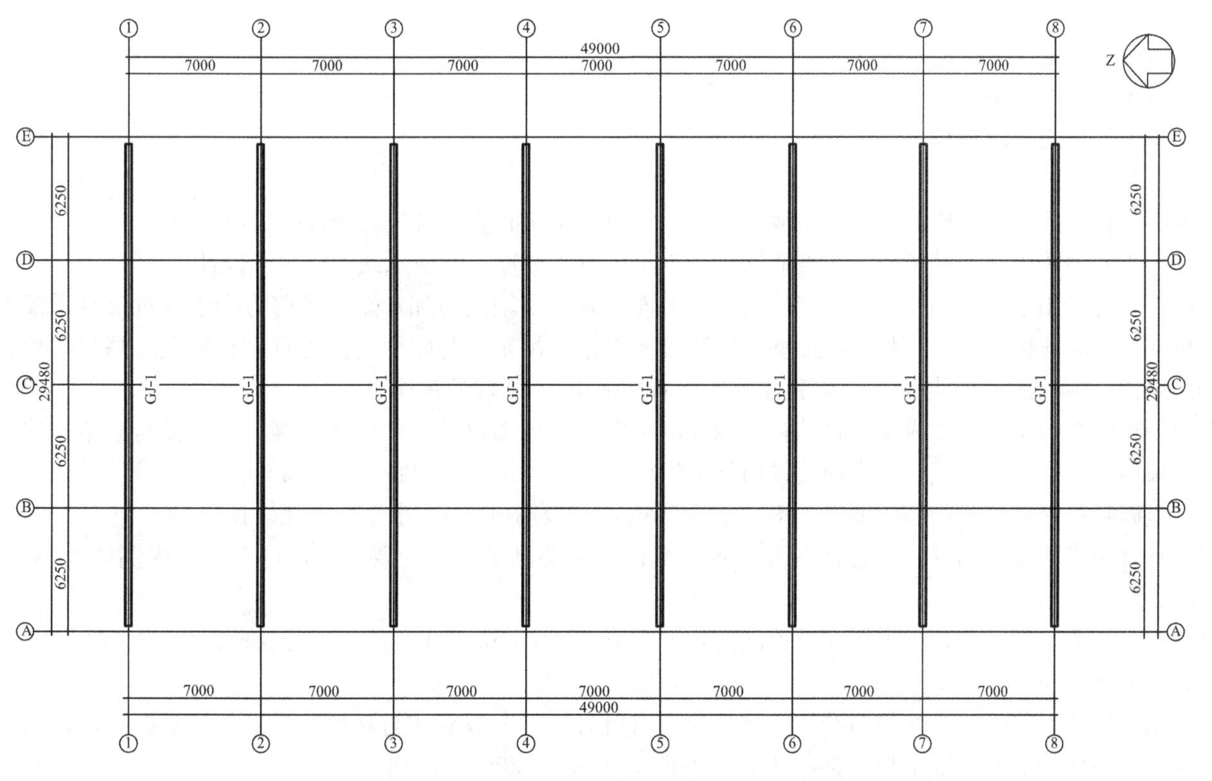

图 3-2 刚架平面布置图

2. 刚架平面布置图

门式刚架轻型房屋钢结构的温度区段长度（伸缩缝间距），应符合下列规定。

（1）纵向温度区段不大于300m。

（2）横向温度区段不大于150m。

（3）当有计算依据时，温度区段长度可适当加大。

（4）当需要设置伸缩缝时，可采用两种做法：在搭接檩条的螺栓连接处采用长圆孔，并使该处屋面板在构造上允许胀缩或设置双柱。

图 3-2 为刚架平面布置图，共有 8 榀刚架，名称都为 GJ-1，①轴和⑧轴山墙上分别有 3 根抗风柱。

3. GJ-1 详图

(1) 门式刚架的跨度是指横向刚架柱轴线间的距离。

(2) 门式刚架的高度是指地坪至柱轴线与斜梁轴线交点的高度。

(3) 柱轴线取通过柱下端中心的竖向轴线，工业建筑边柱的定位轴线取柱外皮，斜梁轴线取通过变截面梁段最小端中心与斜梁上表面平行的轴线。

(4) 门式刚架房屋檐口高度为地坪到房屋外侧檩条上缘的高度。

(5) 门式刚架房屋的最大高度取地坪至屋盖顶部檩条上翼缘的高度。

(6) 门式刚架房屋的宽度取房屋侧墙墙梁外皮之间的距离。

关于门式刚架的节点设计，应注意以下几点：

(1) 门式刚架斜梁与柱的连接，可采用端板竖放、端板横放和端板斜放三种形式。斜梁拼接时宜使端板与构件外边缘垂直。

(2) 端板连接应按所受最大内力设计。当内力较小时，端板连接应按能够承受不小于较小被连接截面承载力的一半设计。

(3) 主刚架构件的连接采用高强度螺栓，可采用承压型和摩擦型连接。当为端板连接且只受轴向力和弯矩，或剪力小于其抗滑移承载力时，端板表面可不做专门处理。吊车梁与制动梁的连接可采用高强度摩擦型螺栓连接或焊接。吊车梁与刚架连接处宜设长圆孔。高强螺栓直径可根据需要选定，通常采用 M16～M24 螺栓。檩条和墙梁与刚架斜梁和柱的连接通常采用 M12 普通螺栓。

(4) 端板连接的螺栓应成对对称布置。在斜梁的拼接处，应采用将端板两端伸出截面高度范围以外的外伸式连接。在斜梁与刚架柱连接处的受拉区，宜采用端板外伸式连接。当采用端板外伸式连接时，宜使翼缘内外的螺栓群中心与翼缘的中心重合或接近。

(5) 螺栓中心至翼缘板表面的距离，应满足拧紧螺栓时的施工要求，不宜小于 35mm。螺栓端距不应小于 2 倍螺栓孔径。

(6) 在门式刚架中，受压翼缘的螺栓不宜小于两排。当受拉翼缘两侧各设一排螺栓尚不能满足承载力要求时，可在翼缘内侧增设螺栓，其间距可取 75mm，且不小于 3 倍螺栓孔径。

(7) 与斜梁端板连接的柱翼缘部分应与端板等厚度。当端板上两对螺栓间的最大距离大于 400mm 时，应在端板中部增设一对螺栓。

(8) 端板的厚度应根据支承条件计算，但不应小于 16mm。

(9) 刚架构件的翼缘与端板连接应采用全熔透对接焊缝，腹板与端板的连接应采用角对接组合焊缝或与腹板等强度的角焊缝，坡口形式应符合现行国家标准《气焊、手工电弧焊、气体保护焊和高能束焊的推荐坡口》(GB/T 985.1—2008) 的规定。

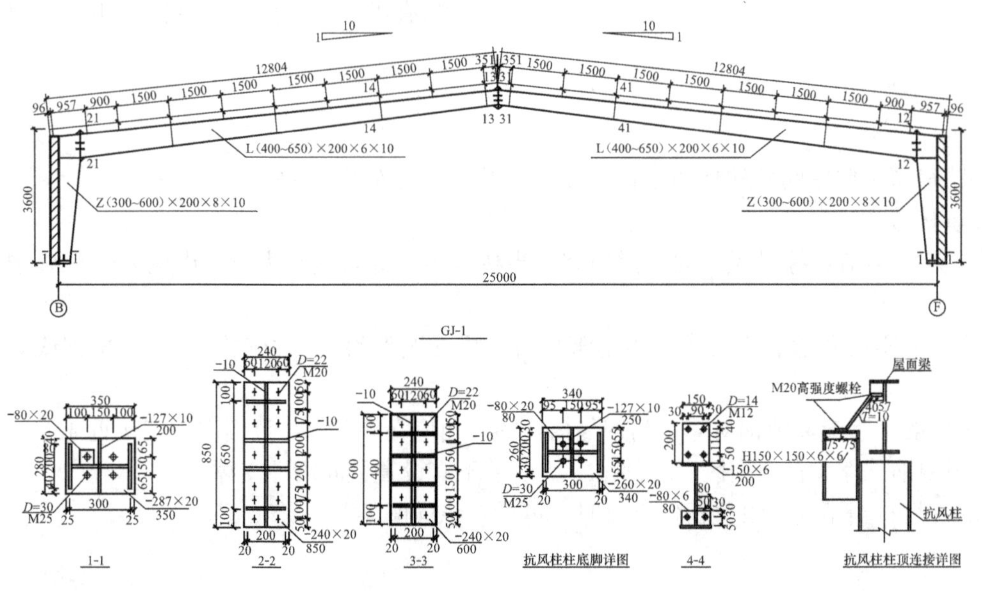

图 3-3　刚架（GJ-1）详图

图 3-3 为 GJ-1 详图，门式刚架由变截面实腹钢柱和变截面实腹钢梁组成：

（1）跨度为 25m，檐口高度为 3.6m。

（2）房屋的坡度为 1∶10。

（3）此刚架是由 2 根柱和 2 根梁组成的对称结构，梁与柱之间的连接为钢板拼接，柱下段与基础为铰接。

（4）钢柱截面为（300～600)mm×200mm×8mm×10mm，梁截面为（400～650)mm×200mm×6mm×10mm。

（5）从屋脊处第一道檩条与屋脊线的距离为 351mm，然后依次为 1500mm、900mm 和 957mm。墙面无檩条，为砖墙。

（6）断面图 1-1 为边柱柱底脚剖面图，柱底板为 −350mm × 280mm × 20mm，长度 350mm，宽度 280mm，厚度 20mm。“M25”指地脚螺栓为 ϕ25mm，“D=30”指开孔的直径为 30mm，“−80×80×20”指垫板的尺寸，“−127×200×10”指加劲肋的尺寸。

（7）断面图 2-2 为梁柱连接剖面图，连接板的尺寸为−850mm×240mm×20mm，厚度为 20mm，共 14 个 M20 螺栓，孔径为 22mm，加劲肋的厚度为 10mm。

（8）断面图 3-3 为屋脊处梁与梁的连接板剖面图，板的厚度为 20mm，共有 10 个螺栓，水平间距为 120mm。

（9）断面图 4-4 为屋面梁剖面图，“−200×150×6”是檩托板的尺寸，有 4 个 M12 螺栓，孔径为 14mm，“−80×80×6”是隅撑板的尺寸，孔径为 14mm。

（10）抗风柱柱顶连接详图表示屋面梁与抗风柱之间用 10mm 厚弹簧片连接，共用 4 个 M20 高强度螺栓。

4. 屋面支撑布置图

门式刚架轻型房屋钢结构的支撑设置应符合下列要求：

（1）在每个温度区段或分期建设的区段中，应分别设置能独立构成空间稳定结构的支撑体系。

（2）在设置柱间支撑的开间，宜同时设置屋盖横向支撑，以组成几何不变体系。

（3）屋盖横向支撑宜设在温度区间端部的第一个或第二个开间。当端部支撑设在第二个开间时，在第一个开间的相应位置应设刚性系杆。

（4）柱间支撑的间距应根据房屋纵向柱距、受力情况和安装条件确定。当无吊车时宜取 30～45m；当有吊车时宜设在温度区段中部，或当温度区段较长时宜设在三分点处，且间距不宜大于 60m。

（5）当建筑物宽度大于 60m 时，在内柱列宜适当增加柱间支撑。

（6）当房屋高度相对于柱距较大时，柱间支撑宜分层设置。

（7）在刚架转折处（单跨房屋边柱柱顶和屋脊，以及多跨房屋某些中间柱柱顶和屋脊）应沿房屋全长设置刚性系杆。

（8）由支撑斜杆等组成的水平桁架，其直腹杆宜按刚性系杆考虑。

（9）在设有带驾驶室且起重量大于 15t 桥式吊车的跨间，应在屋盖边缘设置纵向支撑桁架。当桥式吊车起重量较大时，尚应采取措施增加吊车梁的侧向刚度。

（10）刚性系杆可由檩条兼作，此时檩条应满足对压弯构件的刚度和承载力要求。当不满足时，可在刚架斜梁间设置钢管、H 型钢或其他截面的构件。

（11）门式刚架轻型房屋钢结构的支撑，可采用带张紧装置的十字交叉圆钢支撑。圆钢与构件的夹角应在 30°～60°范围内，宜接近 45°。

（12）当设有起重量不小于 5t 的桥式吊车时，柱间宜采用型钢支撑。在温度区段端部吊车梁以下不宜设置柱间刚性支撑。

（13）当不允许设置交叉柱间支撑时，可设置其他形式的支撑；当不允许设置任何支撑时，可设置纵向刚架。

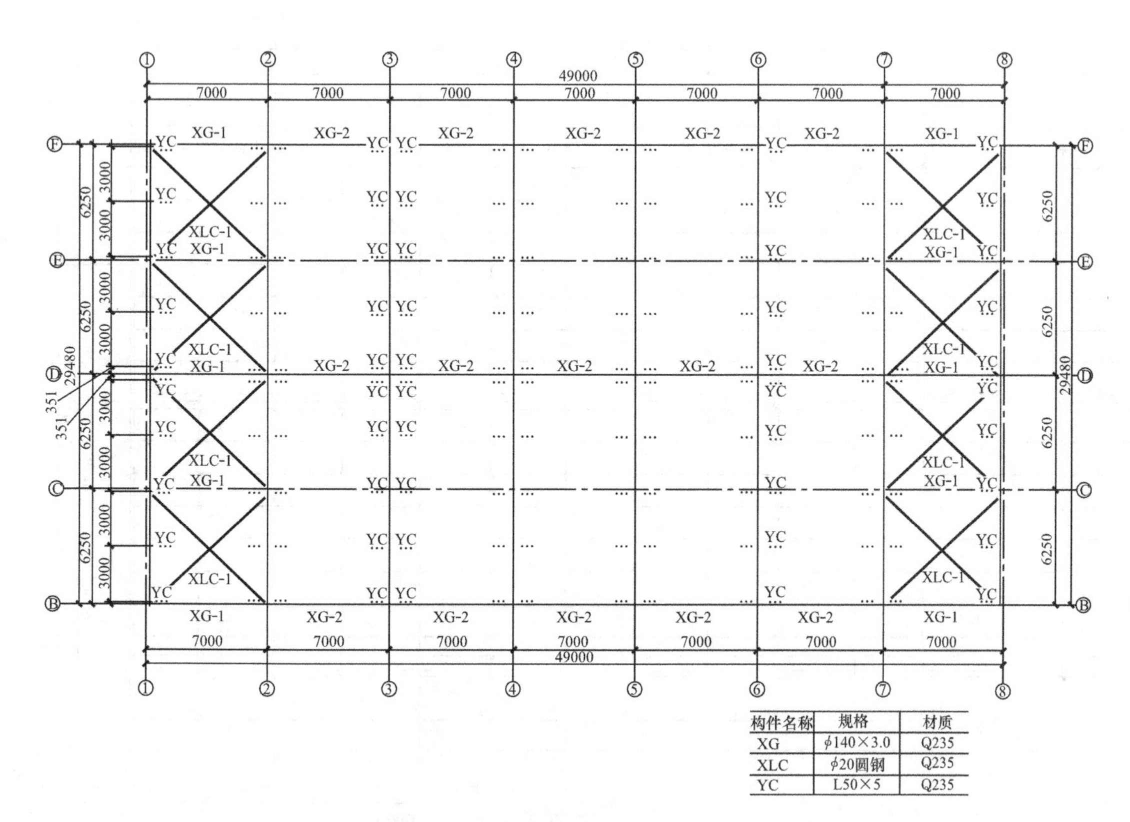

构件名称	规格	材质
XG	ϕ140×3.0	Q235
XLC	ϕ20圆钢	Q235
YC	L50×5	Q235

图 3-4 屋面支撑布置图

图 3-4 为屋面支撑布置图，厂房总长 49m，仅在端部柱间布置支撑。

（1）XG 是系杆的简称，共布置 3 道通长的系杆，边柱顶部两道，屋脊处一道，其次在有水平支撑的地方布置，根据系杆的长度不同分为 XG-1、XG-2。从构件表中得知，系杆尺寸为 ϕ140mm×3.0mm 的无缝钢管，材质为 Q235。

（2）XLC 是斜拉撑的简称，即水平支撑，一个柱间布置 4 道，间距 6250mm，XLC 的尺寸为 ϕ20mm 圆钢，材质为 Q235。圆钢支撑应采用特制的连接件与梁柱腹板连接，经校正定位后张紧固定。圆钢支撑与刚架构件的连接，可直接在刚架构件腹板上靠外侧设孔连接。当圆钢直径大于 25mm 或腹板厚度不大于 5mm 时，应对支撑孔周围进行加强。圆钢支撑与刚架的连接宜采用带槽的专用楔形垫块，或在孔两侧焊接弧形支承板。圆钢端部应设丝扣，并宜采用花篮螺栓张紧。

（3）YC 是隅撑的简称，在屋面梁上间隔 3m 布置一道，隅撑的尺寸为 L50mm×5mm。隅撑宜采用单角钢制作，隅撑可连接在刚架构件下（内）翼缘附近的腹板上距翼缘不大于 100mm 处，也可连接在下（内）翼缘上。隅撑与刚架、檩条或墙梁应采用螺栓连接，每端通常采用单个螺栓。隅撑与刚架构件腹板的夹角不宜小于 45°。

5. 屋面檩条布置图

位于屋盖坡面顶部的屋脊檩条，可采用槽钢、角钢或圆钢相连。檩条与刚架斜梁上翼缘的连接处应设置檩托；当支承处Z型檩条叠置搭接时，可不设檩托。檩条与檩托采用螺栓连接，檩条每端应设两个螺栓。檩条与刚架连接处可采用简支连接或连续搭接。当采用连续搭接时，檩条的搭接长度及其连接螺栓的直径，应按连续檩条支座处承受的弯矩确定。屋面板之间的连接及面板与檩条的连接，宜采用带橡胶垫圈的自钻自攻螺钉。

图3-5为屋面檩条布置图，从图3-5中可以看出：

（1）WL是屋面檩条的简称，根据长度不同，分为WL-1、WL-2，规格均为C200mm×60mm×20mm×2.5mm，材质为Q235。

（2）共有20道檩条，檩条的间距可由图3-3得知，此图中不再标出。

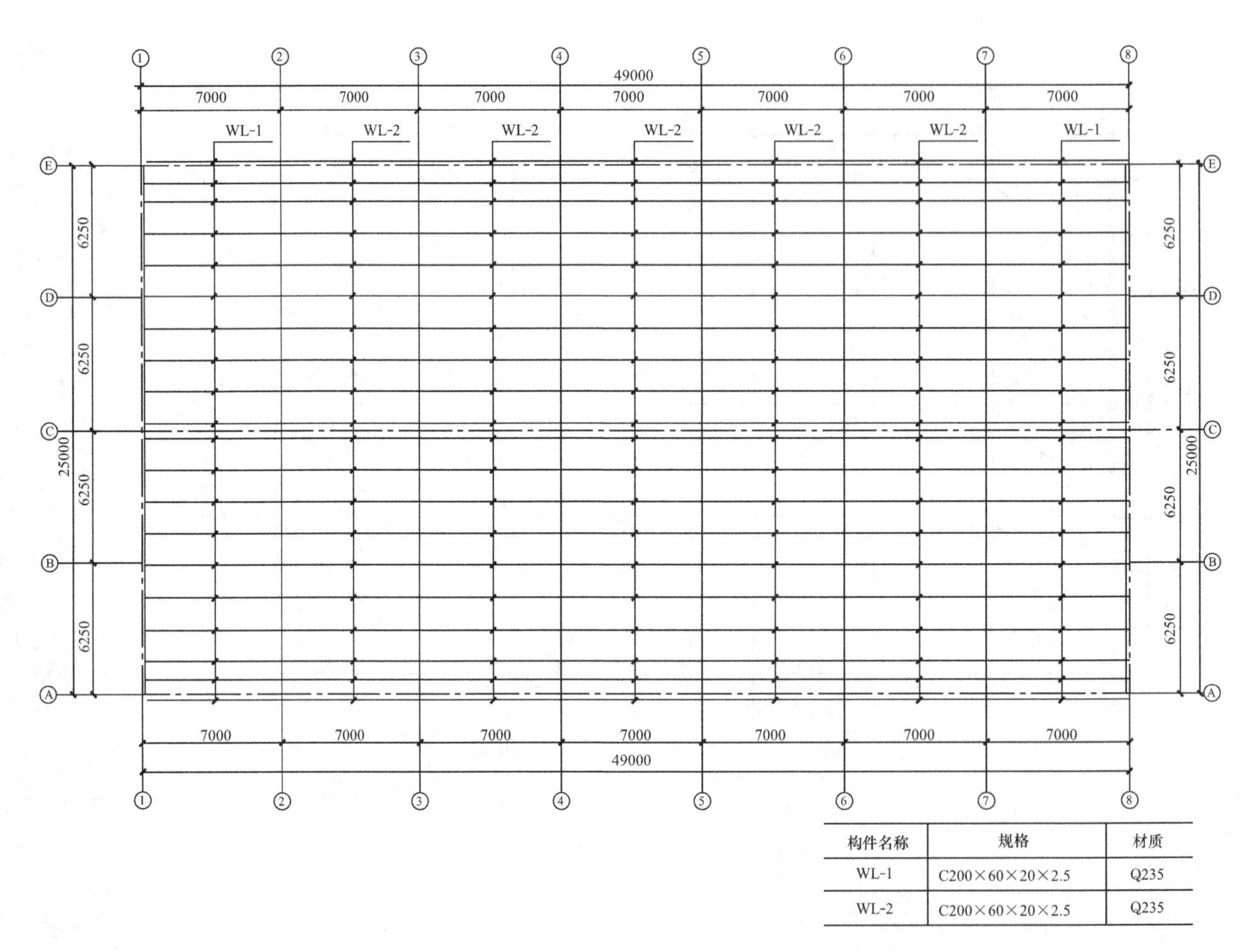

构件名称	规格	材质
WL-1	C200×60×20×2.5	Q235
WL-2	C200×60×20×2.5	Q235

图3-5 屋面檩条布置图

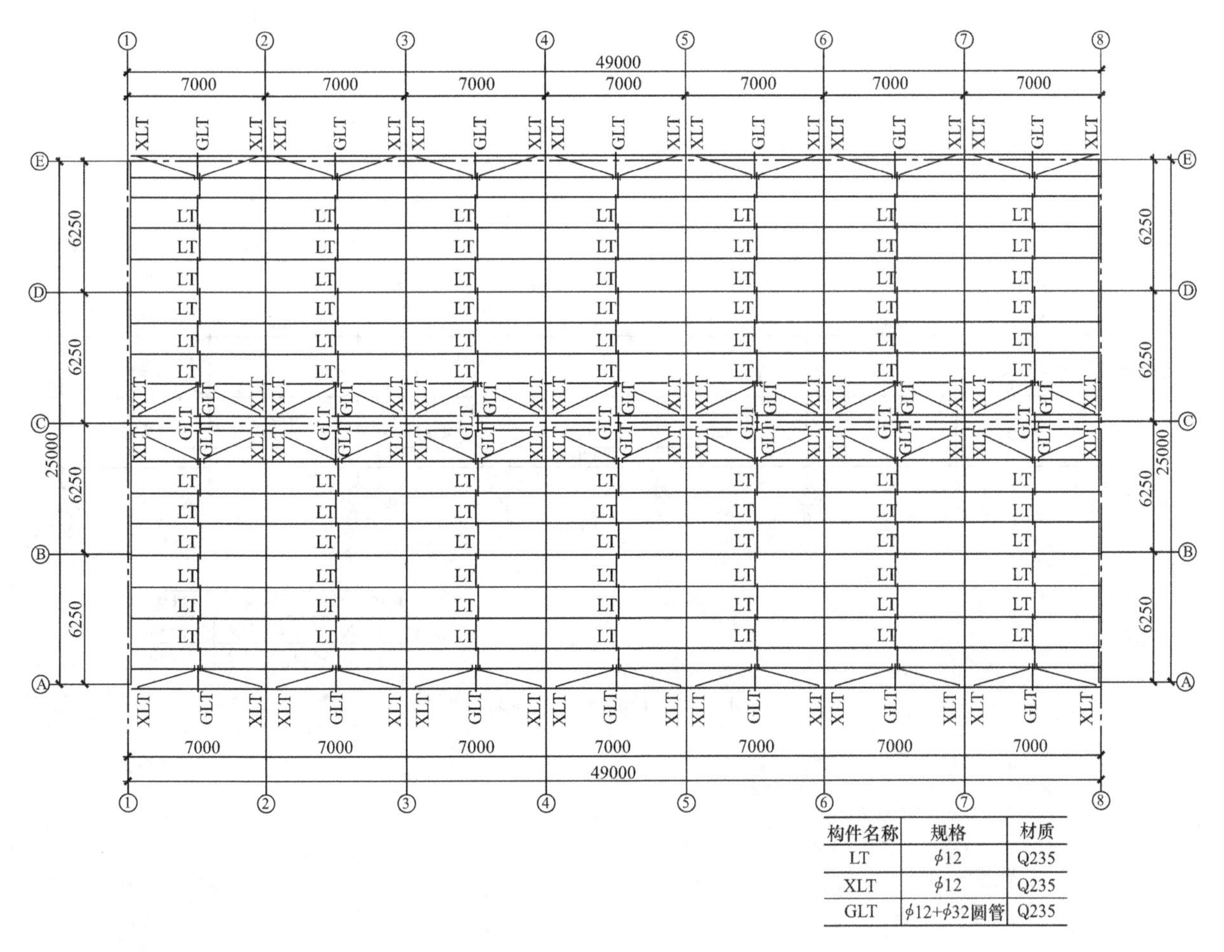

构件名称	规格	材质
LT	ϕ12	Q235
XLT	ϕ12	Q235
GLT	ϕ12+ϕ32圆管	Q235

图 3-6　屋面拉条布置图

6. 屋面拉条布置图

当檩条跨度大于 4m 时，宜在檩条间跨中位置设置拉条或撑杆。当檩条跨度大于 6m 时，应在檩条跨度三分点处各设一道拉条或撑杆。斜拉条应与刚性檩条连接。当采用圆钢做拉条时，圆钢直径不宜小于 10mm。圆钢拉条可设在距檩条上翼缘 1/3 腹板高度的范围内。当在风吸力作用下檩条下翼缘受压时，拉条宜在檩条上下翼缘附近布置。当采用扣合式屋面板时，拉条的设置应根据檩条的稳定计算确定。

图 3-6 为屋面拉条布置图，从图 3-6 中可以看出：

(1) LT 是拉条的简称，在檩条跨中布置一道，规格为 ϕ12mm 圆钢，材质为 Q235。

(2) XLT 是斜拉条的简称，在屋脊和檐口处布置，规格为 ϕ12mm 圆钢，材质为 Q235。

(3) GLT 是钢拉条的简称，在有斜拉条的地方布置，规格为 ϕ12mm 圆钢和 ϕ32mm 圆管，材质为 Q235。

7. 柱间支撑布置图

在有屋面支撑的相应柱间布置柱间支撑。

图 3-7 为①～⑧轴和⑧～①轴柱间支撑布置图，从图 3-7 中可以看出：

（1）XG（系杆）的标高为 2.850m，规格为 ϕ140mm × 3.0mm 的无缝钢管，材质为 Q235。每个柱间均设。

（2）ZC 是柱间支撑的简称，规格为 ϕ20mm 圆钢，材质为 Q235。

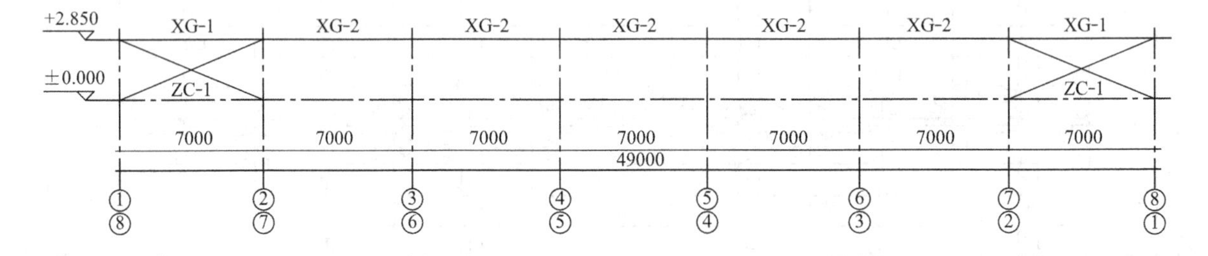

构件名称	规格	材质
ZC-X	ϕ20圆钢	Q235
XG-X	ϕ140×3.0	Q235

图 3-7　柱间支撑布置图

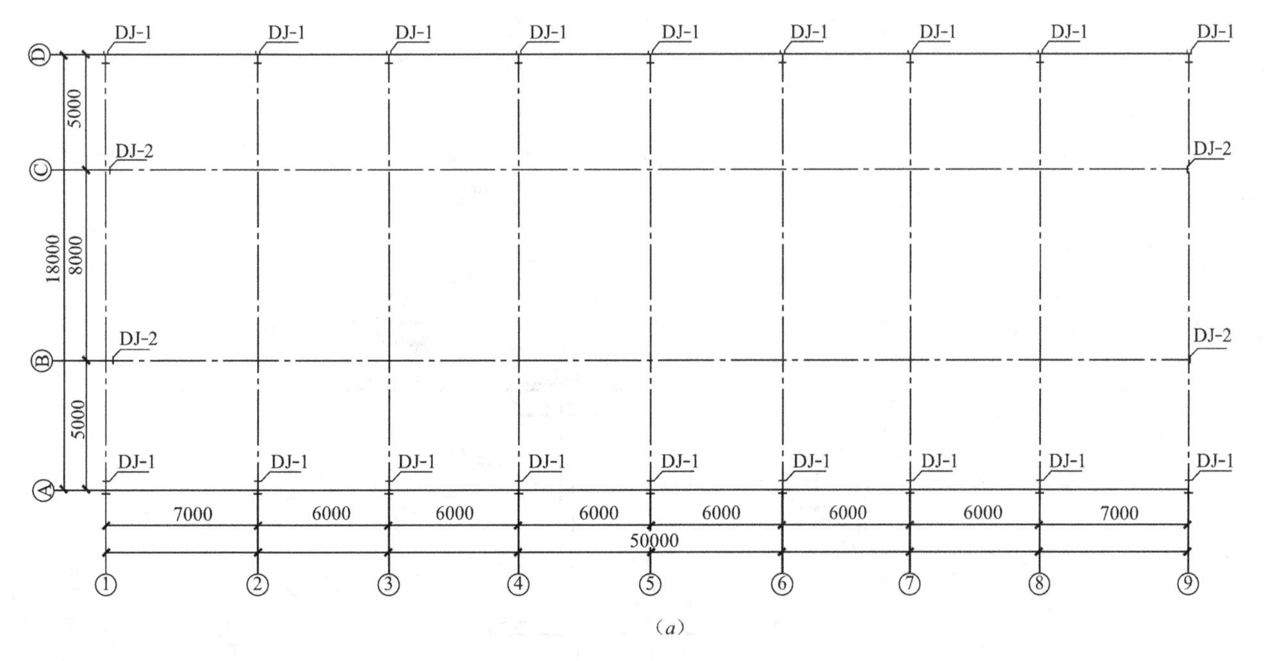

（*a*）

图 3-8　钢结构厂房锚栓平面布置图（一）
（*a*）锚栓平面布置图

【例 3-1】 识读钢结构厂房锚栓平面布置图。

图 3-8 为钢结构厂房锚栓平面布置图：

（1）由图 3-8（*a*）可知：

1）该建筑物共有 22 个柱脚，包括 DJ-1 和 DJ-2 两种柱脚形式。

2）锚栓纵向间距：两端为 7m，中间为 6m；横向间距：两端为 5m，中间为 8m。

（2）由图 3-8（*b*）可知：

1）该建筑物Ⓐ、Ⓓ轴线柱脚下有 6 个柱脚锚栓，锚栓横向间距为 120mm，纵向间距为 450mm；Ⓑ、Ⓒ轴线柱脚下有 2 个柱脚锚栓，纵向间距为 150mm。

2）由 DJ-1 详图可知，DJ-1 锚栓群在纵向轴线上居中，在横向轴线上偏离锚栓群中心 149mm。

3）由 DJ-2 详图可知，DJ-2 锚栓群在纵向轴线上偏离锚栓群中心 75mm，在横向轴线上的位置居中。

4）所采用的锚栓直径 d 均为 24mm，长度均为 690mm，锚栓下部弯折 90°，长度为 100mm，共需此种锚栓 116 根。

5）DJ-1 和 DJ-2 锚栓锚固长度均是从二次浇灌层底面以下 520mm，柱脚底板的标高为±0.000。

6）柱与基础的连接，采用柱底板下 1 个螺帽、柱底板上 2 个螺帽的固定方式。

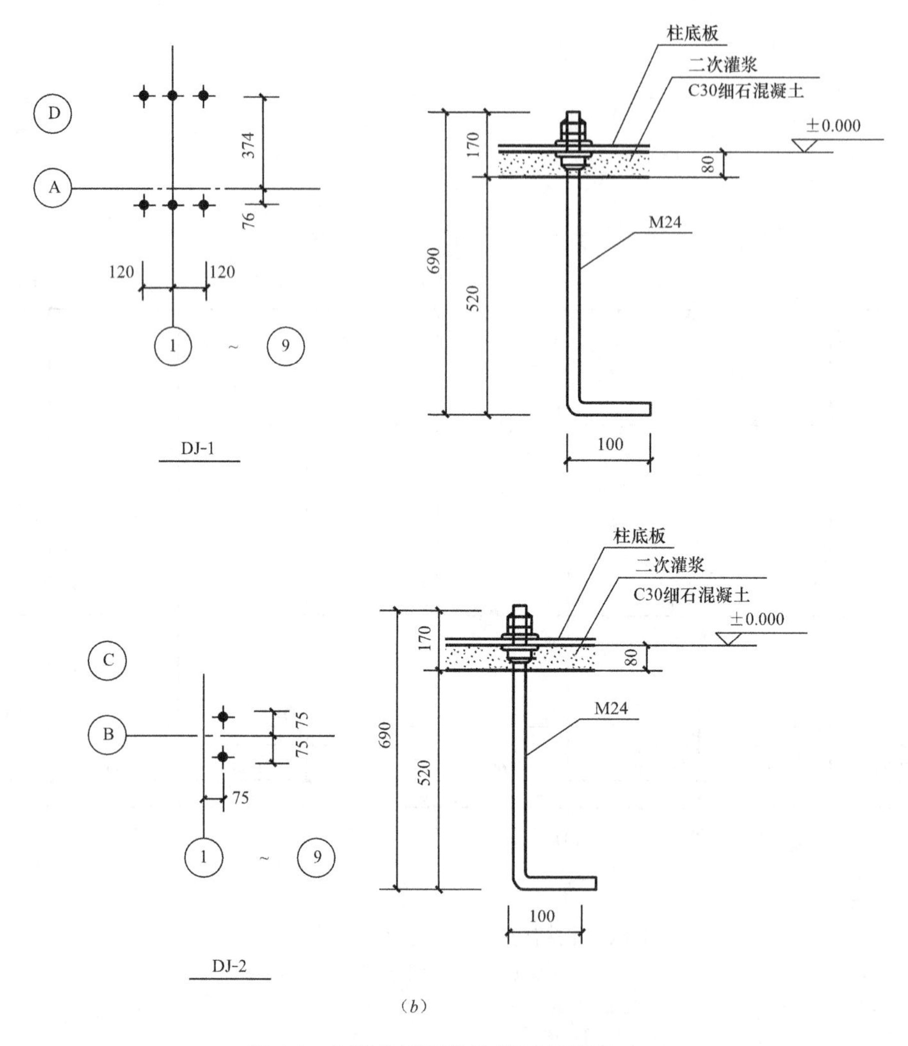

（b）

图 3-8　钢结构厂房锚栓平面布置图（二）

（b）锚栓详图

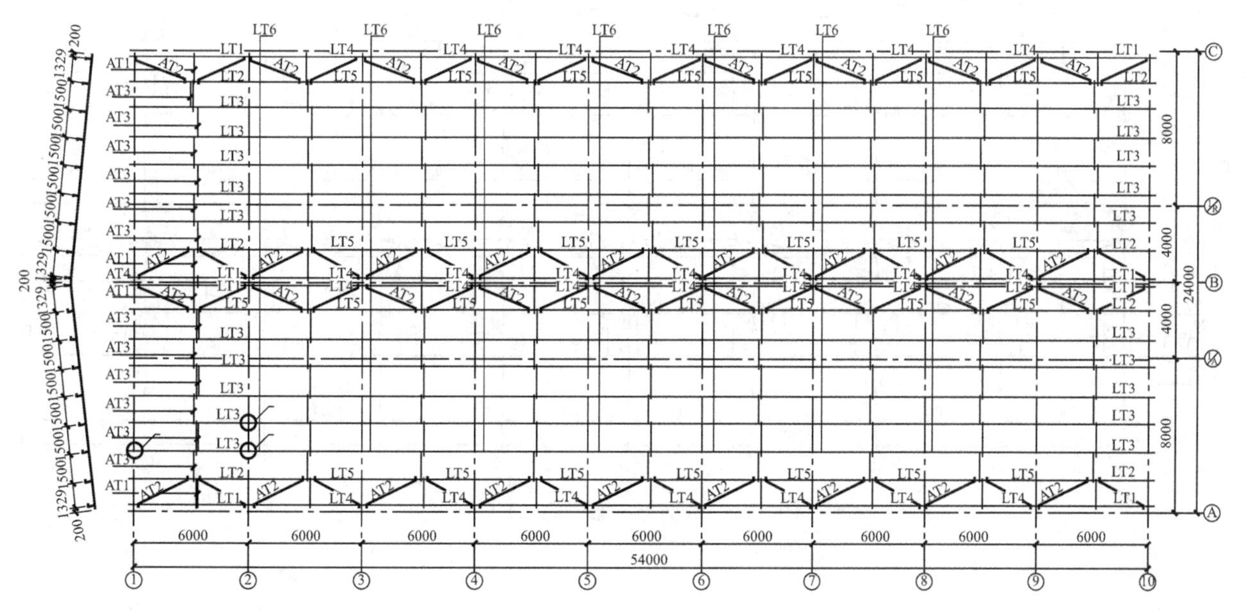

图 3-9 屋面檩条布置图（1∶100）

【例 3-2】 识读屋面檩条布置图。

图 3-9 为屋面檩条布置图，图 3-10 为墙面檩条布置图，图 3-11 为山墙檩条布置图，图 3-12为檩条与刚架连接详图，图 3-13 为拉条与檩条连接详图，图 3-14 为隅撑做法详图。

（1）从图（3-9～图 3-14）中可以看出，檩条采用 LTX（X 为编号）表示，直拉条与斜拉条都采用 ATX（X 为编号）表示，隅撑采用 YC 表示。

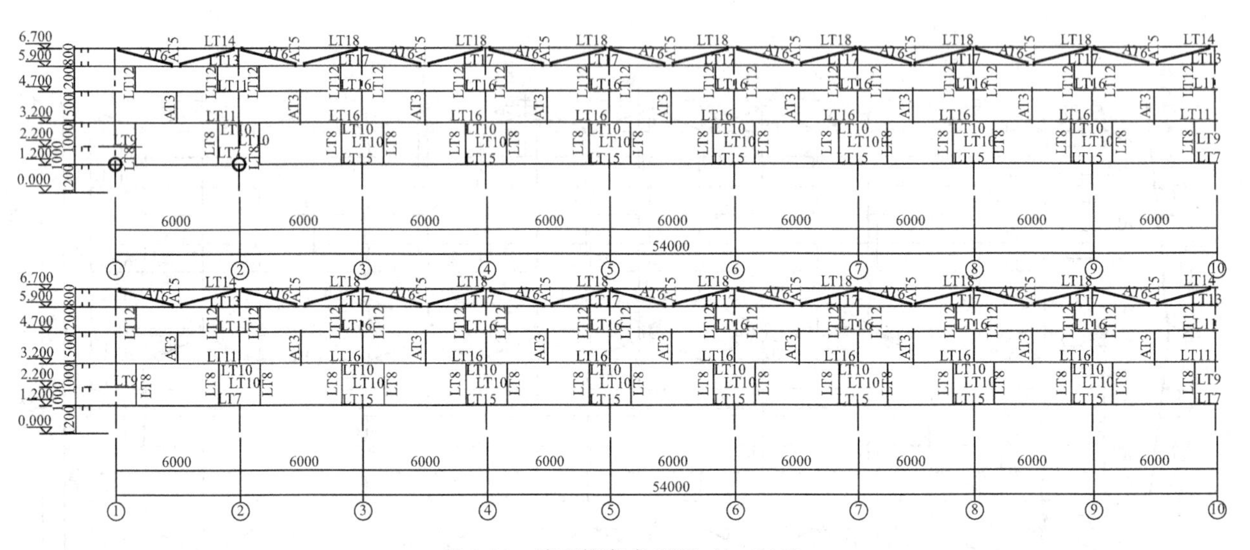

图 3-10　墙面檩条布置图（1∶100）

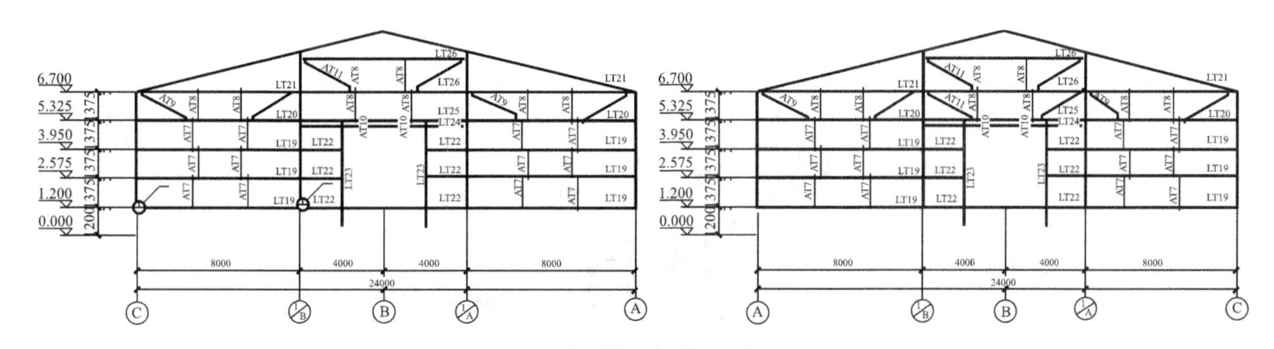

图 3-11 山墙檩条布置图（1∶100）

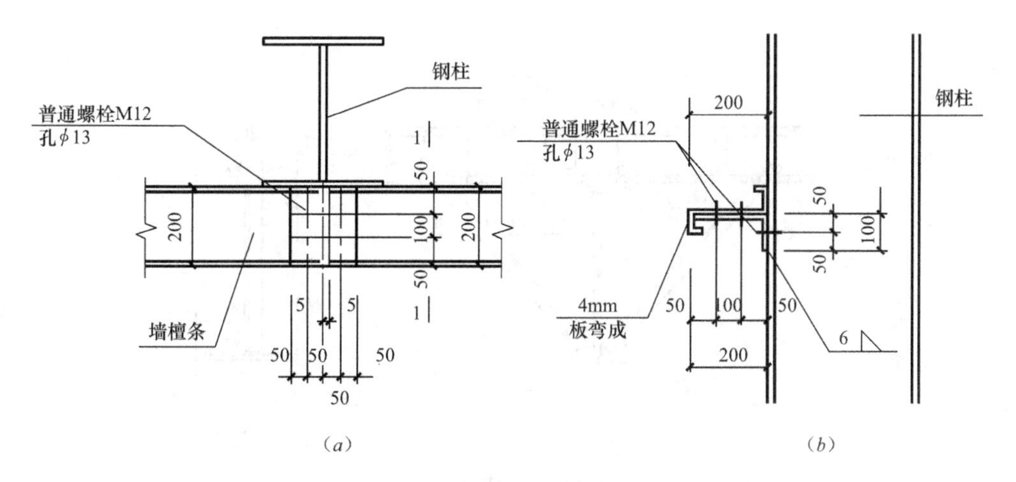

图 3-12 檩条与刚架连接详图

（a）墙檩与钢柱连接详图；（b）1-1 剖面图

（2）从图 3-12 中可以看出墙檩与刚架柱的连接做法，此图中，檩条为 Z 形檩条，首先在刚架上用 2 颗直径为 12mm 的普通螺栓和 6mm 的角焊缝固定一檩托板，然后再将檩条用 4 颗直径为 12mm 的普通螺栓固定在檩托板上。另外，图中还详细注明螺栓的数量和间距尺寸。

（3）从图 3-13 中可以看出，拉条全部采用直径为 10mm 的圆钢，拉条安装在距檩条上翼缘 60mm 处，在靠近檐口处的 2 道相邻檩条之间还设置斜拉条和刚性撑杆，刚性撑杆是在直径为 10mm 的圆钢外套直径 30mm、厚 2mm 的钢套管，同一檩条上两直拉条，间距是 80mm。

（4）从图 3-14 中可以看出屋面隅撑的做法。在刚架梁下翼缘处，在梁腹板两侧各焊 100mm×100mm×8mm 的 2 块小钢板，用来连接隅撑和刚架梁，隅撑的另外一侧则是和刚架上的檩条连接。

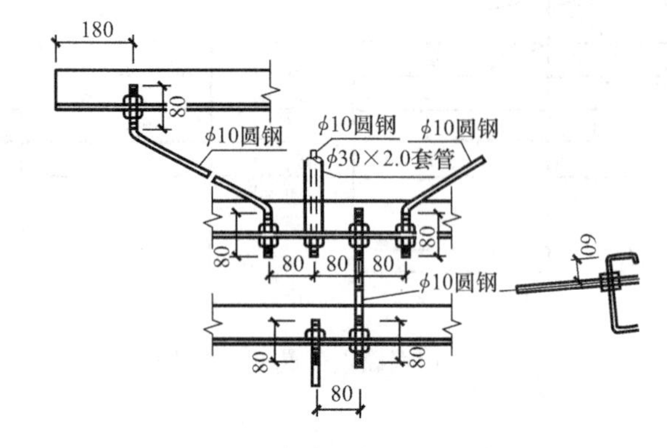

图 3-13　拉条与檩条连接详图

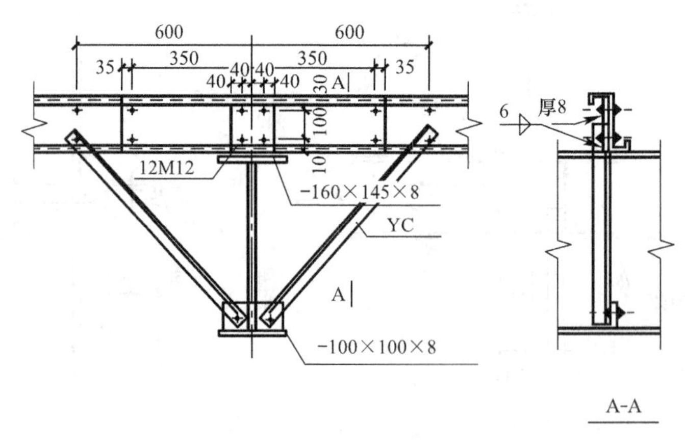

图 3-14　隅撑做法详图

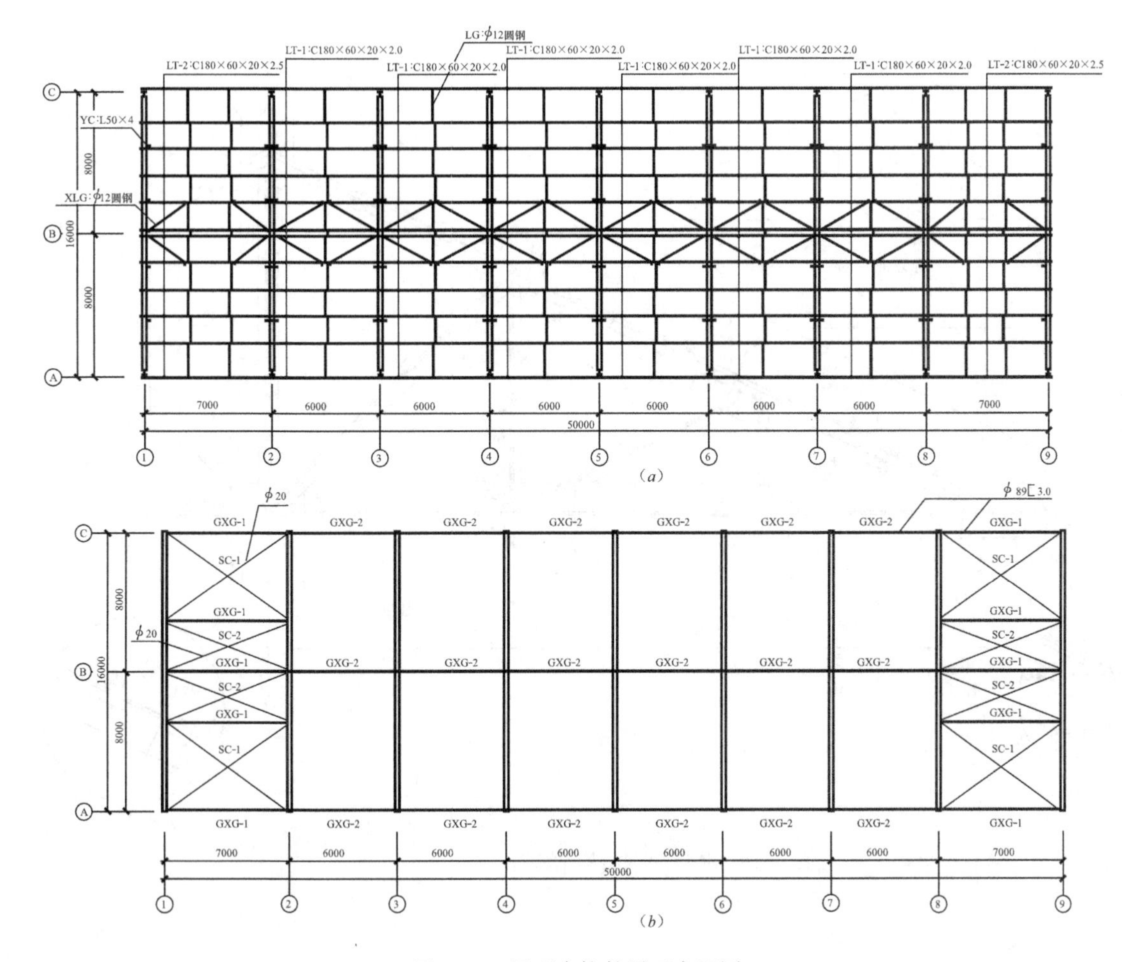

图 3-15 屋面次构件平面布置图

【例 3-3】 识读屋面次构件平面布置图。

图 3-15 为屋面次构件平面布置图：

(1) 从图 3-15 (*a*) 中可以看出：

1) 该建筑屋面使用 C180mm×60mm×20mm×2.0mm 与 C180mm×60mm×20mm×2.5mm 两种型号的 C 型钢做檩条（用"LT"表示），即 LT-1 与 LT-2，从图中可知，LT-1 共需 72 根，LT-2 共需 24 根，檩条的尺寸通常需要和材料表结合起来识读。

2) 屋面拉条使用的是直径为 12mm 的一级圆钢（ϕ12），"LG"表示直拉条，"XLG"表示斜拉条，从图中可知，共需直拉条 100 根，斜拉条 32 根。

3) 隅撑使用型号为∟50mm×4mm 的等边角钢，从图中可知，共需隅撑 64 根。

(2) 从图 3-15 (*b*) 中可以看出：

1) 此建筑屋面钢系杆使用直径为 89mm 的钢管，水平支撑使用直径为 20mm 的圆钢。

2) 此建筑屋面Ⓐ、Ⓑ、Ⓒ轴线通长布置钢系杆，Ⓐ和Ⓑ轴线与Ⓑ和Ⓒ轴线支撑位置布置钢系杆，由图可知，有 GXG-1 和 GXG-2 两种规格，共需 28 根，其中 GXG-1 需 10 根，GXG-2 需 18 根。

3) ①、②与⑧、⑨轴线间设置水平支撑，由图可知，有 SC-1 和 SC-2 两种规格，共需 8 套，其中 SC-1 和 SC-2 各需 4 套。

【例 3-4】 识读某厂房钢屋架结构详图。

图 3-16 为某厂房钢屋架结构详图，从图 3-16 中可以看出：

（1）屋架简图用以表达屋架的结构形式，各杆件的计算长度，并作为放样的依据。在简图中，屋架各杆件用单线画出，习惯放在图纸的左上角或右上角。图中注明屋架的跨度为 5610mm、高度 1200mm 以及节点之间杆件的长度尺寸等。

（2）屋架详图是指用较大比例画出屋架的立面图。由于屋架完全对称，所以只画出半个屋架，并在中心线上画上对称符号。图中详细画出各杆件的组合、各节点的构造和连接情况，以及每根杆件的型钢型号、长度和数量等。对于构造复杂的上弦杆和节点还另外画出较大比例的详图，如图中的详图 A、B。

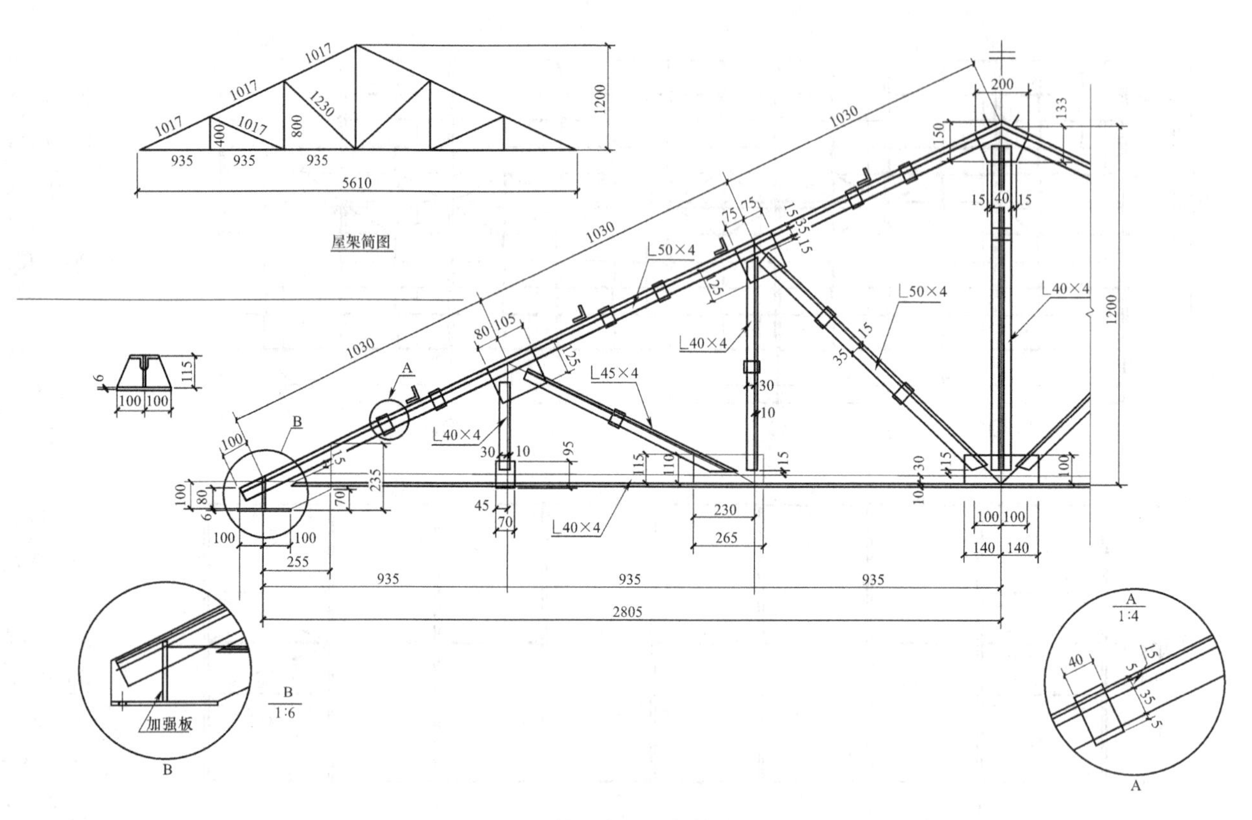

图 3-16　某厂房钢屋架结构详图

3.2　识读网架、网壳工程图

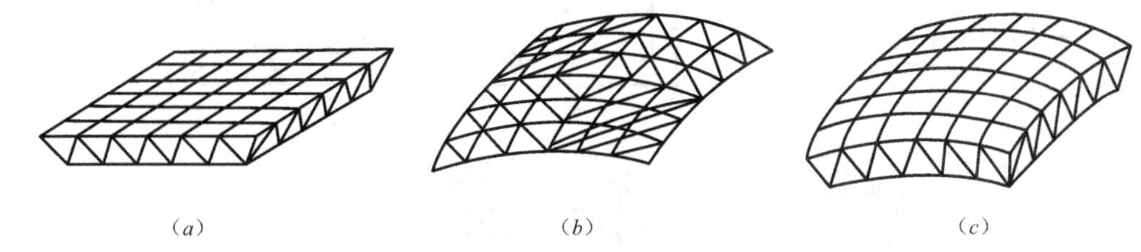

图 3-17　网格结构
(a) 网架；(b) 单层网壳；(c) 双层网壳

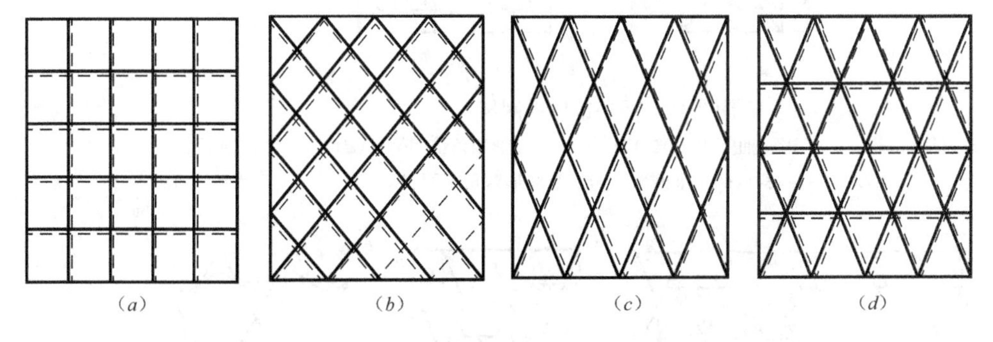

图 3-18　平面桁架形式网架
(a) 两向正交正放网架；(b) 两向正交斜放网架；(c) 两向斜交斜放网架；(d) 三向网架

1. 网架结构形式及网架支撑形式

(1) 网格结构定义　网格结构是采用多根杆件按照某种有规律的几何图形通过节点连接起来的空间结构。网格结构可以分为网架和网壳，如图 3-17 所示。

网架——平板型，双层网架、多层网架。

网壳——曲面型，单层网壳、双层网壳、多层网壳。

(2) 网壳与网架的本质区别　网壳空间受力，单层为刚接节点，也可以分为双层和多层；网架以铰接点来传递荷载。

如果从几何拓扑方面来说，可以理解为：网架是板的格构化形式，网壳是壳的格构化形式。网架不一定就是平面的，也可以是曲面的，关键是它的厚跨比。若网架的厚（高）跨比比较大，具有板（包括平面板和曲面板）的受力性能，那么仍称之为网架。而壳体一般是比较薄的，也就是说，厚跨比很小，在整体受力方面接近于壳的特性，这时称其格构化形式为网壳。网壳一般是曲面的，尤其是单层网壳，否则不能保证其结构的几何不变性。二者都是空间网格结构。

(3) 网架结构形式

1) 平面桁架形式。这个体系的网架结构由一些相互交叉的平面桁架组成，通常应该使斜腹杆受拉，竖杆受压，斜腹杆与弦杆之间夹角宜在 40°～60°。该体系的网架有 4 种，如图 3-18 所示。

2）四角锥体系。四角锥体系网架的上、下弦均呈正方形（或接近正方形的矩形）网格，相互错开半格，使下弦网格的角点对准上弦网格的形心，再在上、下弦节点间用腹杆连接起来，即形成四角锥体系网架。四角锥体系网架有 6 种形式，如图 3-19 所示。

3）三角锥体系。这类网架的基本单元是一倒置的三角锥体。锥底的正三角形的三边为网架的上弦杆，它的棱为网架的腹杆。随着三角锥单元体布置的不同，上、下弦网格可以是正三角形或六边形，从而构成不同的三角锥网架。三角锥体系网架有 4 种形式，如图 3-20 所示。

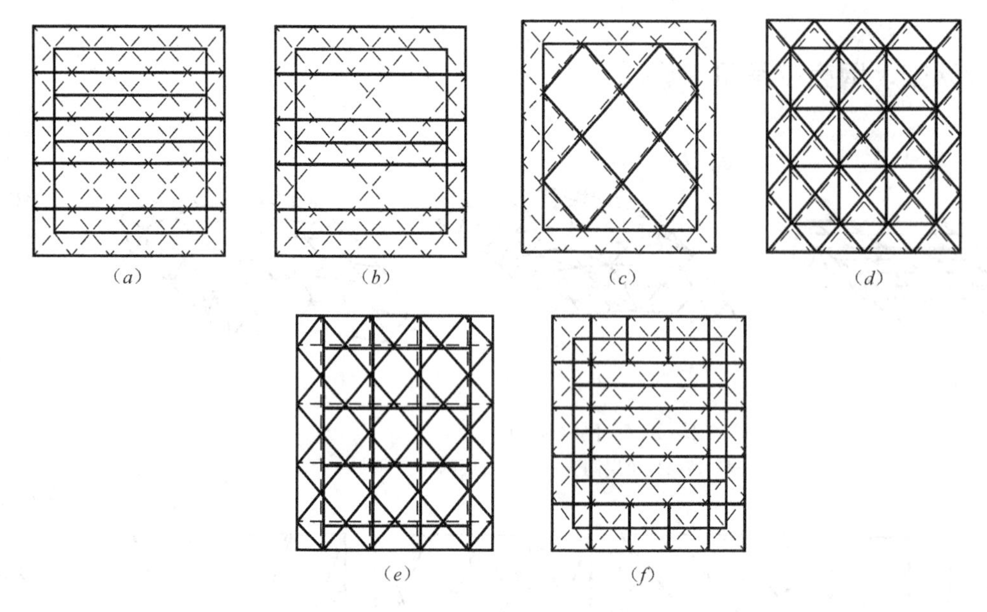

图 3-19　四角锥体系网架

（a）正放四角锥网架；（b）正放抽空四角锥网架；（c）棋盘形四角锥网架；（d）星形四角锥网架；（e）斜放四角锥网架；（f）折线形四角锥网架

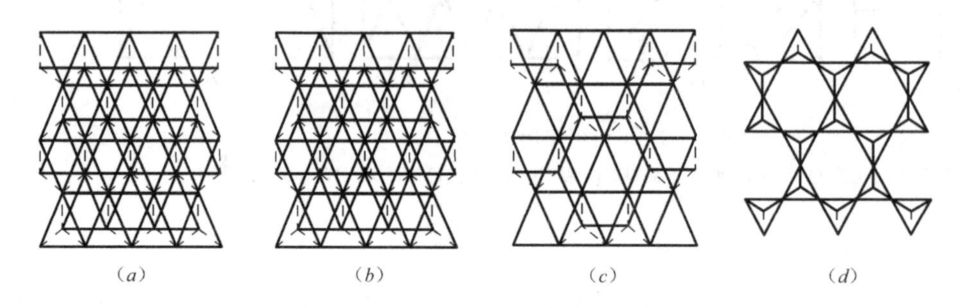

图 3-20　三角锥体系网架

（a）三角锥网架；（b）抽空三角锥网架（Ⅰ形）；（c）抽空三角锥网架（Ⅱ形）；（d）蜂窝形三角锥网架

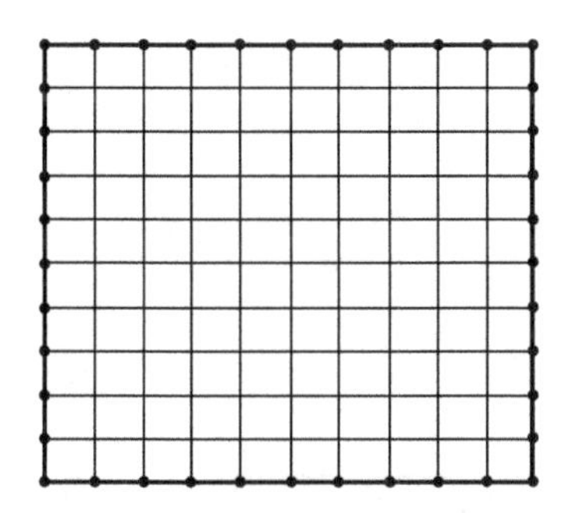
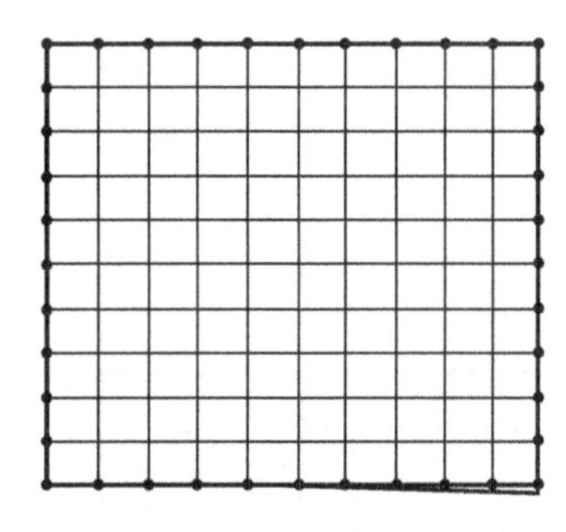

图 3-21 周边支撑形式

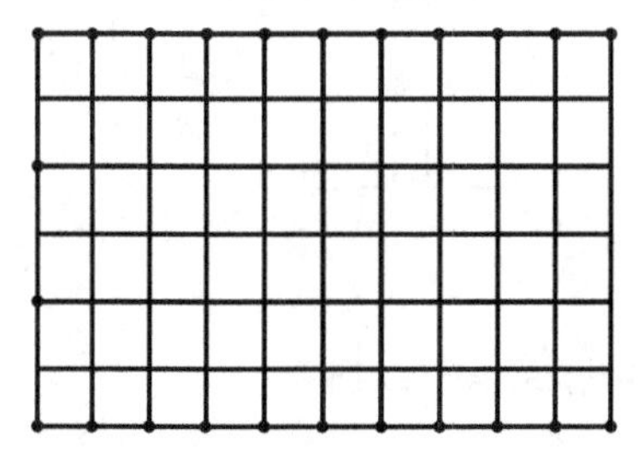

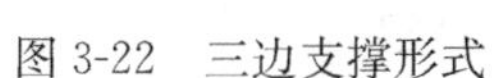

图 3-22 三边支撑形式

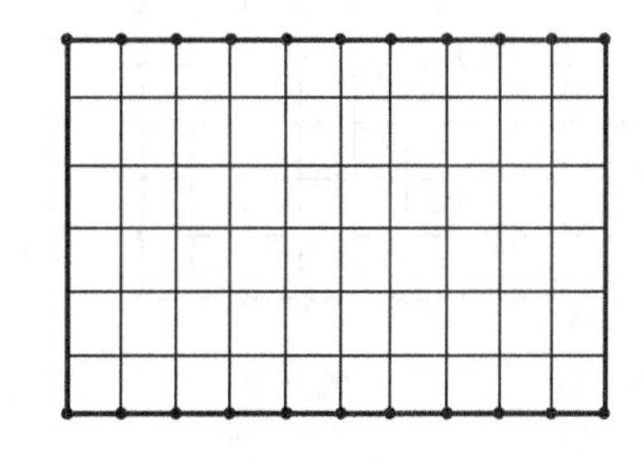

图 3-23 一边开口或两对边支撑形式

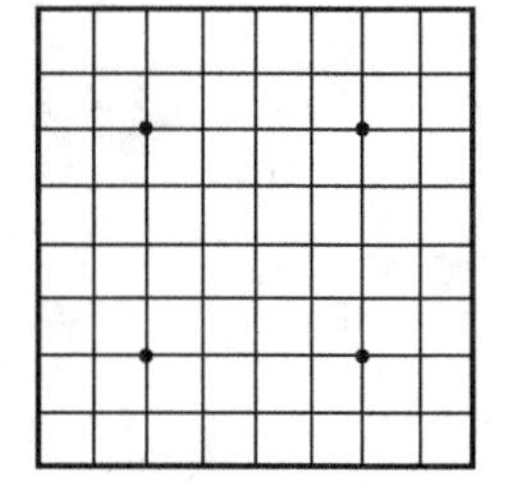
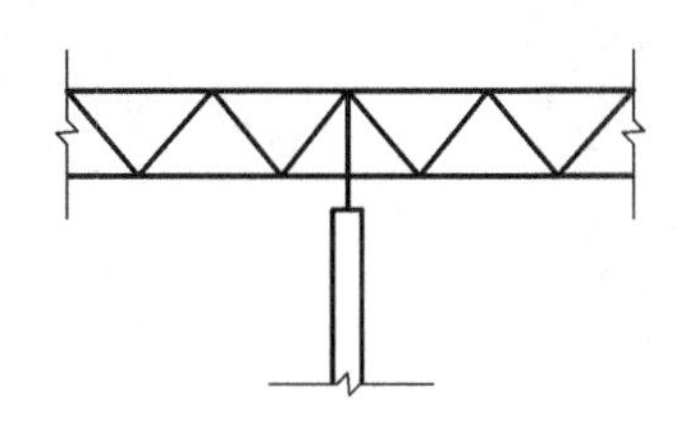
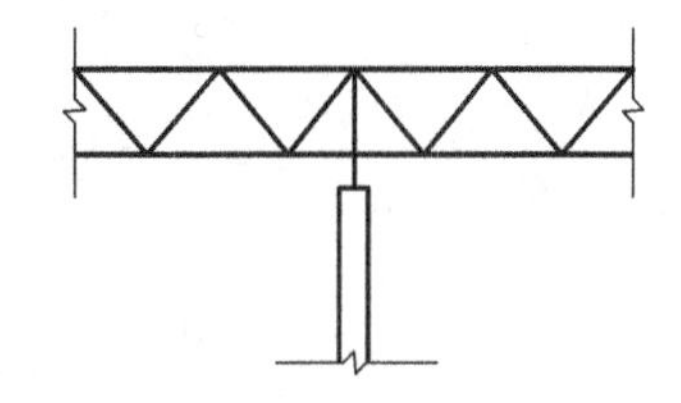

图 3-24 四点支撑和多点支撑形式

（4）网架支撑形式

1）周边支撑。周边支撑网架是目前采用较多的一种形式，所有边界节点都搁置在柱或梁上，传力直接，网架受力均匀。当网架周边支撑于柱顶时，网格宽度可与柱距一致；当网架支撑于圈梁时，网格的划分比较灵活，可以不受柱距影响，如图 3-21 所示。

2）三边支撑和一边开口或两对边支撑。在矩形平面的建筑中，由于考虑扩建的可能性或者由于建筑功能的要求，这就需要在一边或者两对边上开口，所以使网架仅在三边或者两对边上支撑，另一边或者两对边为自由边。自由边的存在对网架的受力是不利的，为此应对自由边做特殊处理。可在自由边附近增加网架层数或者在自由边加设托梁或托架。对中、小型网架，亦可采用增加网架高度或者局部加大杆件截面的办法予以加强，如图 3-22、图 3-23 所示。

3）四点支撑和多点支撑。由于支撑点处集中受力较大，宜在周边设置悬挑，以此来减小网架跨中杆件的内力和挠度，如图 3-24 所示。

4）周边支撑与点支撑相结合。在点支撑网架中，当周边没有围护结构和抗风柱时，可以采用点支撑与周边支撑相结合的形式。这种支撑方法适用于工业厂房和展览厅等公共建筑，如图3-25所示。

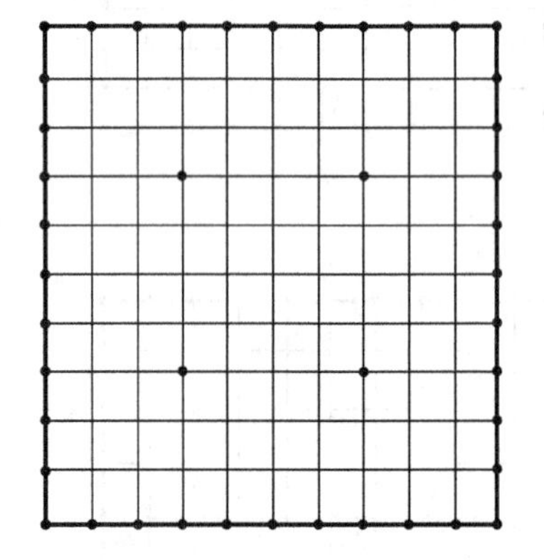

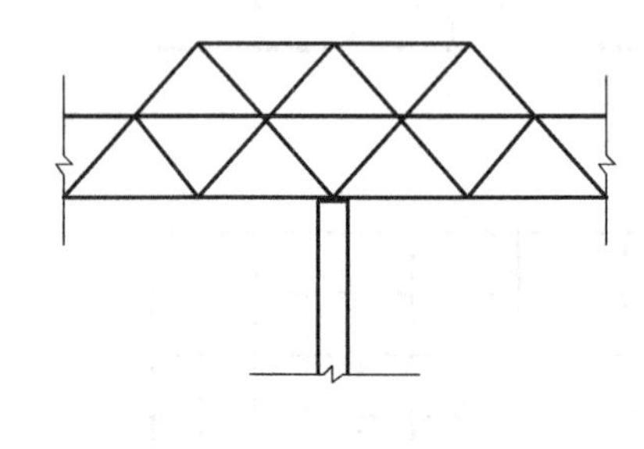

图3-25 周边支撑与点支撑相结合形式

2. 网架结构识图

(1) 结构设计说明及其识读方法　设计说明中有些内容是适应于大多数工程的，为了提高识图效率，要学会从中找到本工程所特有的信息和针对工程所提出的一些特殊要求。

1) 工程概况。在识读工程概况时，关键要注意以下三点：一是“工程名称”，了解工程的具体用途，从而便于一些信息的查阅，如工程的防火等级确定，就需要考虑到它的具体用途；二要注意“工程地点”，许多设计参数的选取和施工组织设计的考虑都与工程地点有着紧密的联系；三是“网架结构荷载”。

2) 设计依据。设计依据列出的往往都是一些设计标准、规范、规程以及建设方的设计任务书等。对于这些内容，施工人员要注意两点：一是要注意其中的地方标准或行业标准，这些内容往往有一定的特殊性；二是要注意与施工有关的标准和规范。此外，施工人员也应该了解建设方的设计任务书。

3) 网架结构设计和计算。主要介绍设计所采用的软件程序和一些设计原理及设计参数。

4) 材料。主要对网架中各杆件和零件的材料性质提出要求。

5) 制作。钢结构工程的施工主要包括构件和零件的加工制作（在加工厂完成），以及现场的安装、拼装两个阶段，网架工程也不例外。从设计角度，主要对网架杆件、螺栓球以及其他零件的加工制作提出要求。不管是负责现场安装的施工人员，还是加工人员，都要以此来判断加工好的构件是否合格，因此要重点阅读。

6) 安装。由于钢结构工程的特殊性，其施工阶段与使用阶段的受力情况有较大差异，因此设计人员往往会提出相应的施工方案。

7) 验收。主要提出工程的验收标准。虽然验收是安装完以后才做的事情，但对于施工人员来讲，应在加工安装之前熟悉验收标准，只有这样才能确保工程的质量。

8) 表面处理。钢结构的防腐和防火是钢结构施工的两个重要环节。主要从设计角度出发，对结构的防腐和防火提出要求，这也是施工人员要特别注意的，施工中必须满足标准要求。

9) 主要计算结果。施工人员在识读内容时应特别注意，给出的值均为使用阶段的，也就是说，该值是使用荷载全部加上后所产生的结果。在安装施工时要避免单根构件的力超过此最大值，以免安装过程中造成杆件的损坏；另外，施工过程中还要控制好结构整体的挠度。

(2) 钢网架平面布置图及其识读方法

1) 钢网架平面布置图主要是用来对网架的主要构件（支座、节点球、杆件）进行定位的，一般还配合纵、横两个方向剖面图共同表达。

2) 节点球的定位主要还是通过两个方向的剖面图控制。

(3) 钢网架安装图及其识读方法

1) 节点球编号一般用大写英文字母开头，后边注写一个阿拉伯数字，标注在节点球内。图中节点球编号由几种大写字母开头，表明有几种球径的球，即开头字母不同的球的直径是不同的；即使直径相同的球，由于所处位置不同，球上开孔数量和位置也不尽相同，因此在字母后边用数字来表示不同的编号。

2）杆件编号一般采用阿拉伯数字开头，后边注写一个大写英文字母或不注，标注在杆件的上方或左侧。图中杆件编号由几种数字开头，表明有几种横断面不同的杆件；另外，由于同种断面尺寸的杆件其长度未必相同，因此在数字后加上字母以区别杆件的不同类型。由此就可以得知图中杆件的类型数、每个类型杆件的具体数量以及它们分别位于何位置。

（4）螺栓球加工图及其识读方法　螺栓球加工图主要表达各种类型螺栓球的开孔要求，以及各孔的螺栓直径等。由于螺栓球是一个立体造型复杂、开孔位置多样化的构件，因此在绘制时，往往选择能够尽量多地反映开孔情况的球面进行投影绘制，然后将图上绘制出来的各孔孔径中心之间的角度标注出来。图名以构件编号命名，还应注明该球总共的开孔数、球直径和该编号球的数量。对于从事网架安装的施工人员来讲，该图纸的作用主要是用来校核由加工厂运来的螺栓球的编号是否与图纸一致，以免在安装过程中出现错误、重新返工。这个问题尤其在高空散装法的初期要特别注意。

（5）支座详图与支托详图及其识读方法　支座详图和支托详图都是表达局部辅助构件的大样详图，虽然两张图表达的是两个不同的构件，但从制图或者识图的角度来讲是相同的。这种图的识读顺序如下：一般情况下，先看整个构件的立面图，掌握组成这个构件的各零件的相对位置关系，如在支座详图中，通过立面可以知道螺栓球、十字板和底板之间的相对位置关系；然后，根据立面图中的剖切符号找到相应的断面图，进一步明确各零件之间在平面上的位置关系和连接做法；最后，根据立面图中的板件编号（带圆圈的数字）查明组成这一构件的每一种板件的具体尺寸和形状。另外，还需要仔细阅读图纸中的说明，可以进一步帮助大家更好地明确该详图。

（6）材料表及其识读方法　材料表把该网架工程中所涉及的所有构件的详细情况进行分类汇总。材料表可以作为材料采购、工程量计算的一个重要依据。此外，在识读其他图纸时，如有参数标注不全的情况，可以结合材料表来校验或查询。

（7）钢网架结构识读流程　钢网架结构施工图的识读流程，如图 3-26 所示。

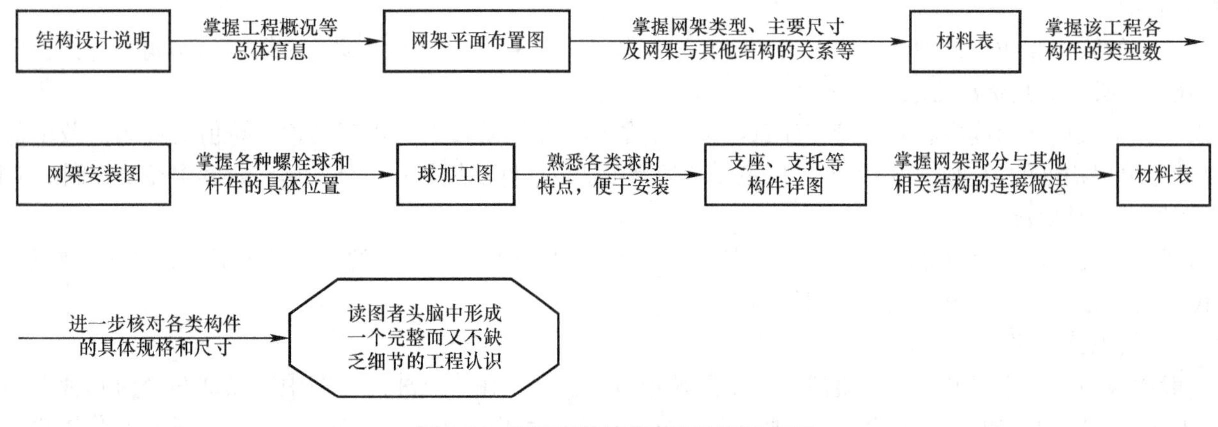

图 3-26　钢网架结构施工图的识读流程

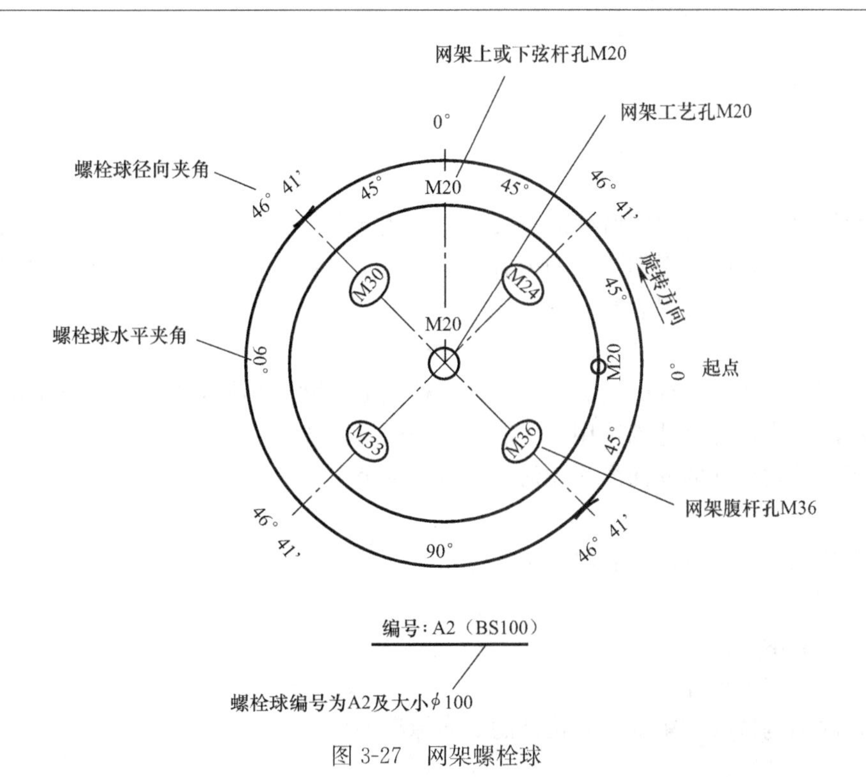

图 3-27 网架螺栓球

图 3-27 所示网架螺栓球角度理解 **表 3-1**

螺孔号	劈面量	螺孔径	水平角	倾角
1	5mm	M20	0°	0°
2	5mm	M24	45°	46°41′
3	5mm	M20	90°	0°
4	5mm	M30	135°	46°41′
5	5mm	M33	225°	46°41′
6	5mm	M36	315°	46°41′

【例 3-5】 识读网架螺栓球图。

图 3-27 为网架螺栓球图，从图 3-27 中可以看出：

（1）基准孔应该是垂直纸面向里的；“A2”是球的编号，“BS100”代表球径是 100mm，“工艺孔 M20”代表基准孔直径为 20mm。

（2）为了能够更好地传递压力，与杆件相连的球面需削平，为了方便统一制作，通常一种球径都有一个相应的削平量，图中 100mm 球径球面均削 5mm。

（3）后面的“水平角”表示此孔与球中心线在纸面上的角度，“倾角”表示此孔与纸面的夹角。

（4）图中的角度理解，如表 3-1 所示。

3.3 识读钢框架结构施工图

1. 结构设计说明及其识读方法

钢框架结构的结构设计说明，往往根据工程的繁简情况不同，说明中所列的条文也不尽相同。工程较为简单时，结构设计说明的内容也比较简单，但是工程结构设计说明所列条文都是钢框架结构工程中所必须涉及的内容。主要包括：设计依据，设计荷载，材料要求，构件制作、运输、安装要求，施工验收，图中相关图例的规定，主要构件材料表等。

2. 底层柱平面布置图及其识读方法

柱平面布置图是反映结构柱在建筑平面中的位置，用粗实线反映柱的断面形式，根据柱断面尺寸的不同，给柱进行不同的编号，并且标出柱断面中心线与轴线的关系尺寸，给柱定位。对于柱断面中板件尺寸的选用，一般另外用列表方式表示。

在读图时，首先明确图中一共有几种类型的柱，每一种类型柱的断面形式如何，各有多少个。

3. 结构平面布置图及其识读方法

结构平面布置图是确定建筑物各构件在建筑平面上的位置图，具体绘制内容主要有：

(1) 根据建筑物的宽度和长度，绘出柱网平面图。

(2) 用粗实线绘出建筑物的外轮廓线及柱的位置和断面示意。

(3) 用粗实线绘出梁及各构件的平面位置，并标注构件定位尺寸。

(4) 在平面图的适当位置处标注所需的剖面，以反映结构楼板、梁等不同构件的竖向标高关系。

(5) 在平面图上对梁构件编号。

(6) 表示出楼梯间、结构留洞等的位置。

对于结构平面布置图的绘制数量，与确定绘制建筑平面图的数量原则相似，只要各层结构平面布置相同，可以只画某一层的平面布置图来表达相同各层的结构平面布置图。

结构平面布置图详细识读的步骤如下：

(1) 明确本层梁的信息　结构平面布置图是在柱网平面上绘制出来的，而在识读结构平面布置图之前，已经识读柱平面布置图，所以在此图上的识读重点就首先落到梁上。这里提到的梁的信息主要包括：梁的类型数、各类梁的断面形式、梁的跨度、梁的标高以及梁柱的连接形式等信息。

(2) 掌握其他构件的布置情况　其他构件主要是指梁之间的水平支撑、隅撑以及楼板层的布置。水平支撑和隅撑并不是所有工程都有，如果有，则在结构平面布置图中一起表示出来；楼板层的布置主要是指当采用钢筋混凝土楼板时，应将钢筋的布置方案在平面图中表示出来，或者将板的布置方案单列一张图纸。

(3) 查找图中的洞口位置　楼板层中的洞口主要包括楼梯间和配合设备管道安装的洞口，在平面图中主要明确它们的位置和尺寸大小。

（4）屋面檩条平面布置图　屋面檩条平面布置图主要表达檩条的平面布置位置、檩条的间距以及檩条的标高。在识读时可以参考轻钢门式钢架的屋面檩条图识读方法，阅读其要表达的信息。

（5）楼梯施工详图　对于楼梯施工图，首先要弄清楚各构件之间的位置关系，其次要明确各构件之间的连接问题。对于钢结构楼梯，往往做成梁板式楼梯，因此它的主要构件有踏步板、梯斜梁、平台梁、平台柱等。

楼梯施工图主要包括楼梯平面布置图、楼梯剖面图、平台梁与梯斜梁的连接详图、踏步板详图、平台梁与平台柱的连接详图、楼梯底部基础详图等。

楼梯图的识读步骤一般为：先读楼梯平面图，掌握楼梯的具体位置和楼梯的具体平面尺寸；再读楼梯剖面图，掌握楼梯在竖向上的尺寸关系和楼梯本身的构造形式及结构组成；最后阅读钢楼梯的节点详图，从而掌握组成楼梯的各构件之间的连接做法。

（6）节点详图　节点详图在设计阶段应表示清楚各构件间的相互连接关系及其构造特点，节点上应标明整个结构物的相关位置，即应标出轴线编号、相关尺寸、主要控制标高、构件编号和断面规格、节点板厚度及加劲肋做法。构件与节点板采用焊接连接时，应标明焊脚尺寸及焊缝符号。构件采用螺栓连接时，应标明螺栓型号、螺栓直径和数量。

图纸共有2张节点详图，绝大多数节点详图是用来表达梁与梁的各种连接、梁与柱的各种连接和柱脚的各种做法。往往采用2～3个投影方向的断面图来表达节点的构造做法。对于节点详图的识读，首先要判断清楚该详图对应于整体结构的什么位置（可以利用定位轴线或索引符号等），其次判断该连接的连接特点（即两构件之间在何处连接，是铰接连接还是刚接等），最后才是识读图上的标注。

4. 钢框架结构施工图识读流程

钢框架结构施工图识读流程，如图3-28所示。

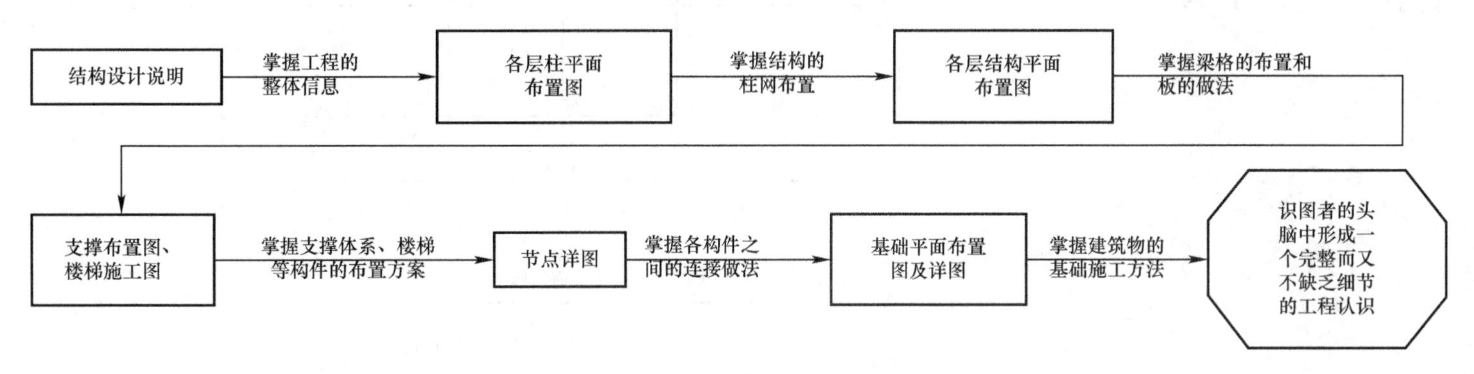

图3-28　钢框架结构施工图识读流程

【例 3-6】 识读横向山墙立面布置图。

图 3-29 为横向山墙立面布置图，从图 3-29 中可以看出：

（1）山墙墙檩之间采用拉条 T1（ϕ12mm 圆钢）拉结起来。

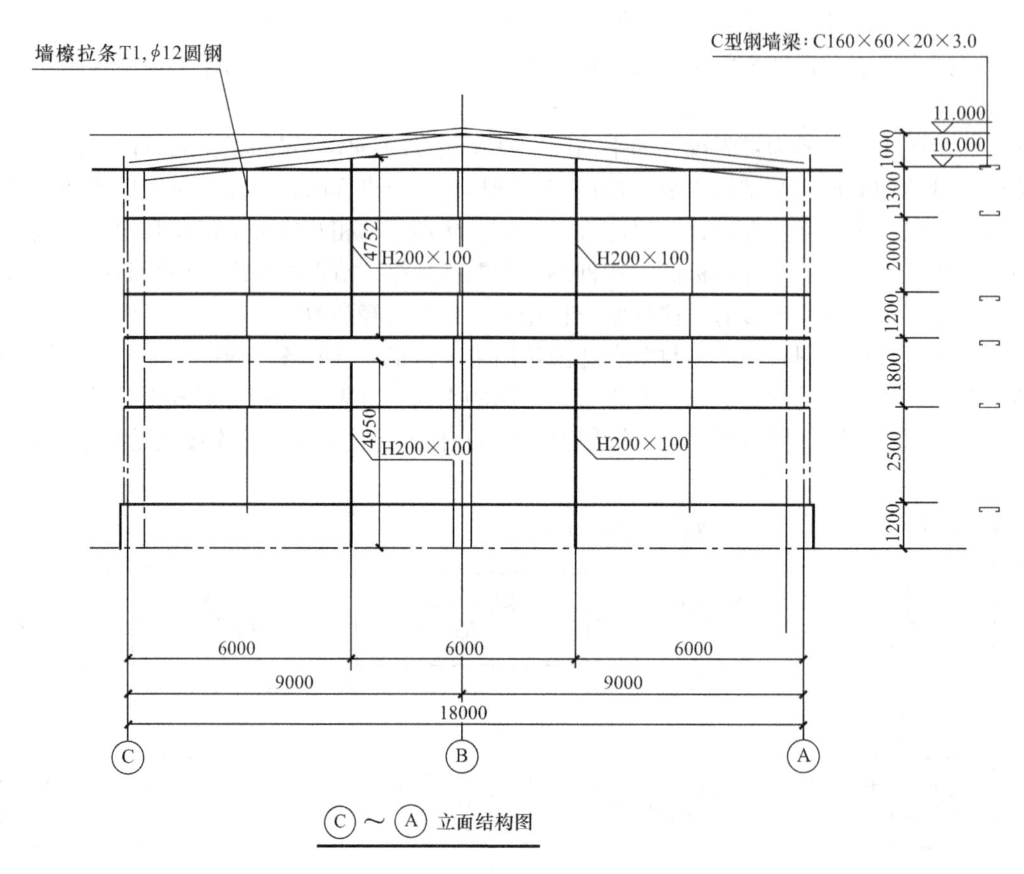

图 3-29　横向山墙立面布置图（一）

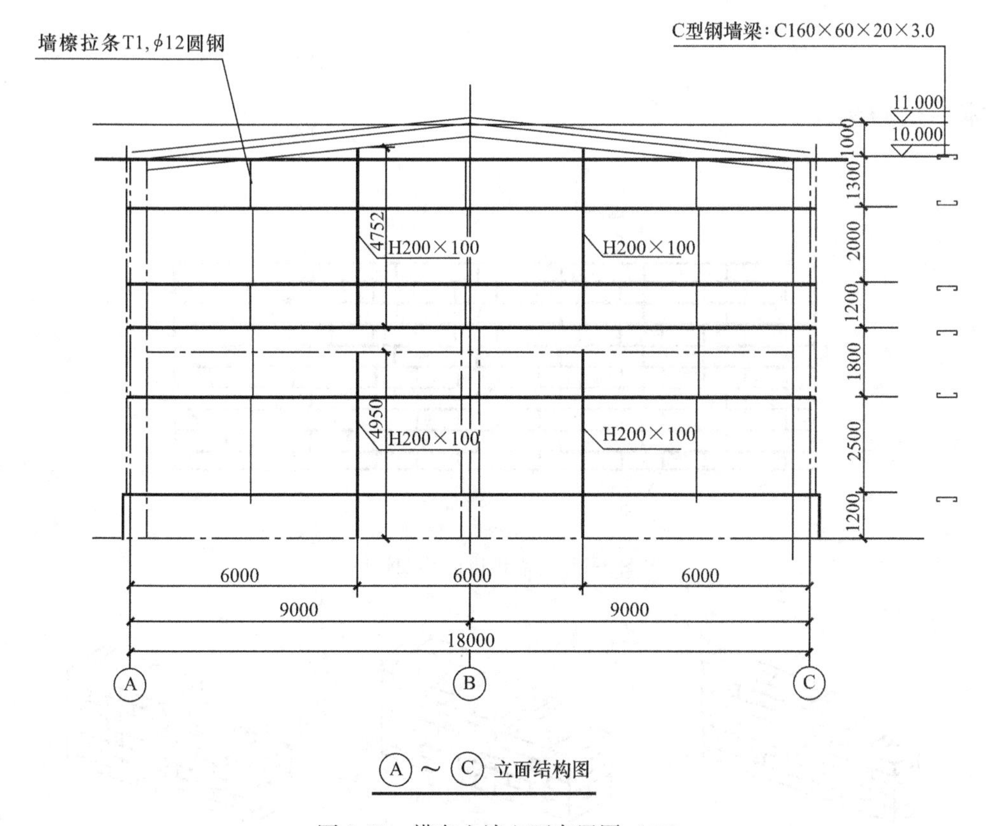

图 3-29　横向山墙立面布置图（二）

（2）抗风柱为 H200mm×100mm；山墙墙檩由截面为 C160mm × 60mm × 20mm × 3.0mm 的型钢组成。

（3）屋脊结构标高为 11m，檐口标高为 10m。

4　识读砌体结构施工图

4.1　砌体结构的构造

1. 砖墙的细部构造

(1) 砖墙的组砌方式　组砌是指砌块在砌体中的排列，组砌的关键是错缝搭接，使上、下皮砖的垂直缝交错，保证砖墙的整体性。砖墙组砌名称及错缝，如图 4-1 所示。当墙面不抹灰作清水时，组砌还应当考虑墙面图案的美观性。在砖墙的组砌中，把砖长方向垂直于墙面砌筑的砖称为丁砖，把砖长方向平行于墙面砌筑的砖称为顺砖。上、下皮之间的水平灰缝称为横缝，左、右两块砖之间的垂直缝称为竖缝。要求横平竖直、灰浆饱满、上下错缝、内外搭接，上、下错缝长度不小于 60mm。

1) 实体砖墙。实体砖墙是指使用黏土砖砌筑的不留空隙的砖墙。它的砌筑方式如图 4-2 所示。

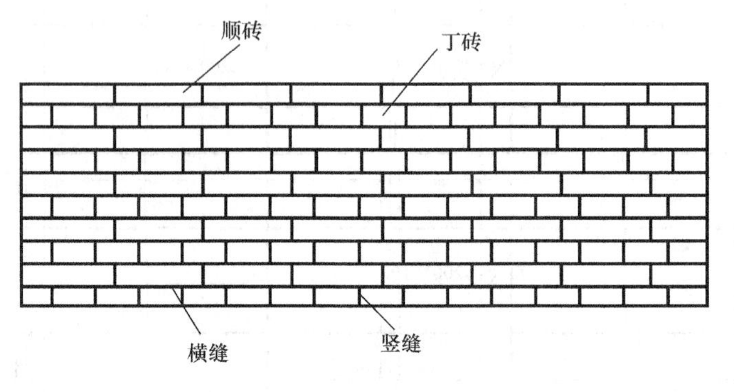

图 4-1　砖墙组砌名称及错缝

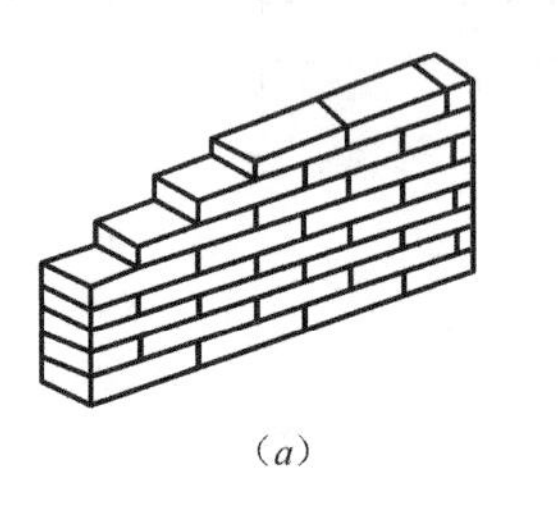

(a)

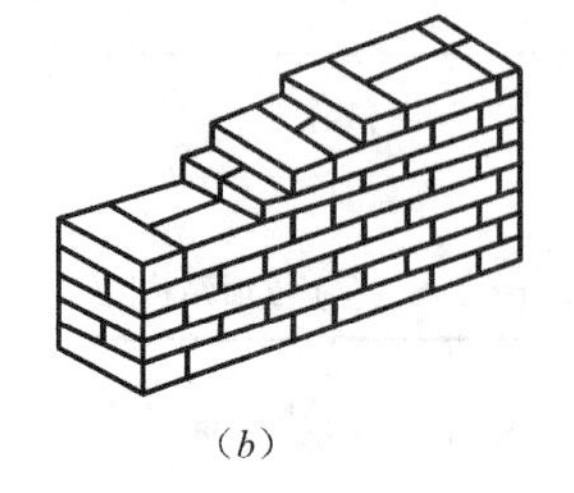

(b)

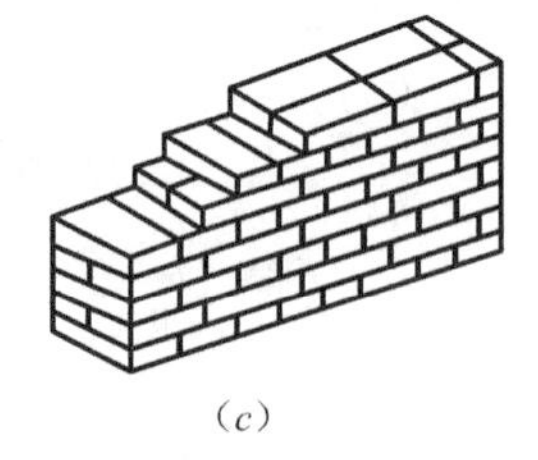

(c)

图 4-2　砖墙的组砌方式
(a) 全顺式；(b) 梅花丁；(c) 一顺一丁

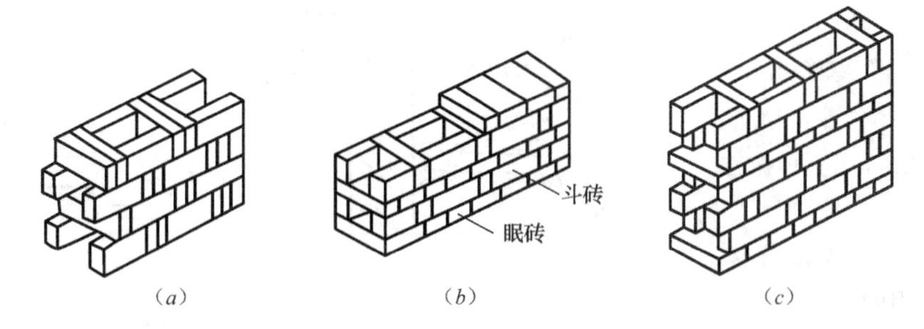

图 4-3　空斗墙的组砌方式

（a）无眠空斗；（b）一眠一斗；（c）一眠二斗

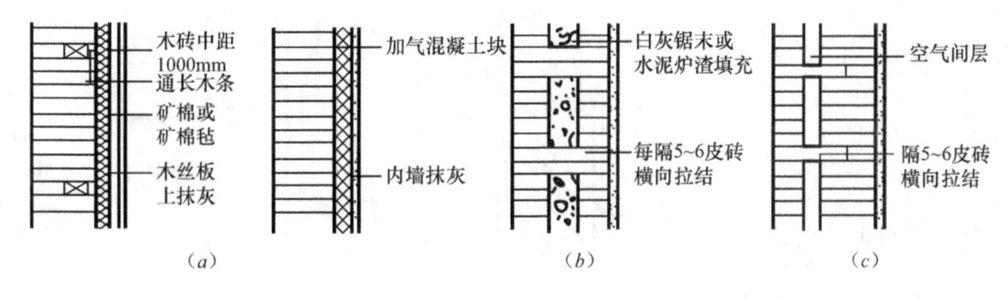

图 4-4　组合墙的构造

（a）单面敷设保温材料；（b）中间填充保温材料；（c）墙中留空气间层

2）空斗墙。空斗墙是使用实心黏土砖侧砌或者侧砌与平砌结合砌筑，使内部形成空心的墙体。通常将侧砌的砖称为斗砖，平砌的砖称为眠砖，如图 4-3 所示。

空斗墙与实体砖墙相比，用料省，自重轻，保温隔热好，适合用于炎热、非震区的低层民用建筑。

3）组合墙。组合墙是用砖和其他保温材料组合形成的墙。这种墙可以比较好地改善普通墙的热工性能，经常应用在我国北方寒冷地区。组合墙体做法的三种类型，如图 4-4 所示：

① 在墙体一侧附加保温材料。

② 在砖墙中间填充保温材料。

③ 在墙体中间留置空气间层。

（2）砖墙的细部构造

1）散水和明沟。为了免除室外地面水、墙面水及屋檐水对墙基的侵蚀，沿着建筑物四周与室外地坪相接处宜设置散水或明沟，把建筑物附近的地面水及时排除。

① 散水。散水是沿着建筑物外墙四周做坡度为3%～5%的排水护坡，宽度通常大于或等于600mm，并且应当比屋檐挑出宽度大200mm。

散水的做法一般包括砖铺散水、块石散水、混凝土散水等，例如图4-5（*a*）所示。混凝土散水每隔6～12m应当设伸缩缝，与外墙之间留置沉降缝，缝内均应填充热沥青。

② 明沟。对于年降水量较大的地区，通常在散水外缘或者直接在建筑物外墙根部设置的排水沟称为明沟。明沟一般采用混凝土浇筑成宽180mm、深150mm的沟槽，也可以使用砖、石砌筑，沟底应当有不少于1%的纵向排水坡度，如图4-5（*b*）所示。

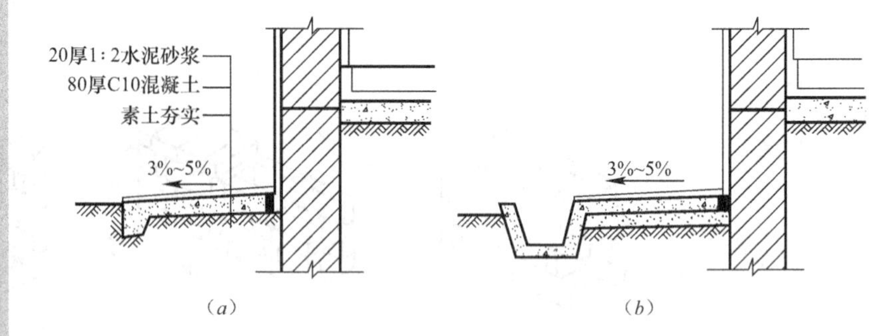

图4-5 散水与明沟

（*a*）混凝土散水；（*b*）混凝土散水与明沟

2）勒脚。勒脚是外墙墙身与室外地面接近的部位。它的主要作用如下：

① 保护近地墙身，防止受雨雪的直接侵蚀、受冻以致破坏。

② 加固墙身，防止由于外界机械碰撞而使墙身受损。

③ 装饰立面。勒脚应当坚固、防水和美观。

常见做法有下列几种：

① 在勒脚部位抹20～30mm厚1∶2或1∶2.5的水泥砂浆，或者做水刷石、斩假石等，如图4-6（*a*）所示。

② 在勒脚部位镶贴防水性能好的材料，如大理石板、花岗岩板、水磨石板、面砖等，如图4-6（*b*）所示。

③ 在勒脚部位将墙加厚60～120mm，再采用水泥砂浆或者水刷石等罩面。

④ 采用天然石材砌筑勒脚，如图4-6（*c*）所示。

勒脚高度通常不得低于500mm，考虑立面美观，应当与建筑物的整体形象结合而定。

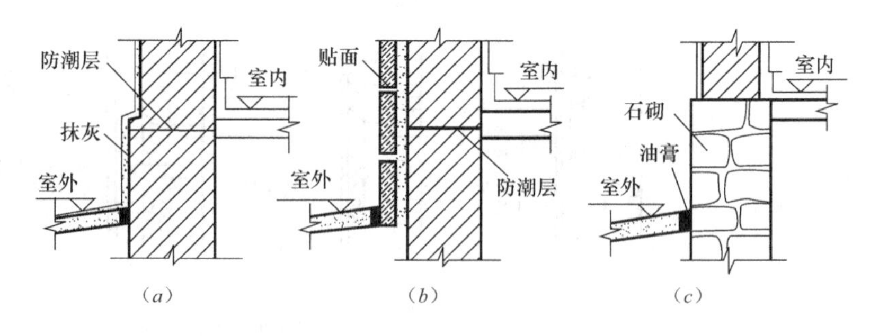

图4-6 勒脚的构造做法

（*a*）抹灰；（*b*）贴面；（*c*）石材砌筑

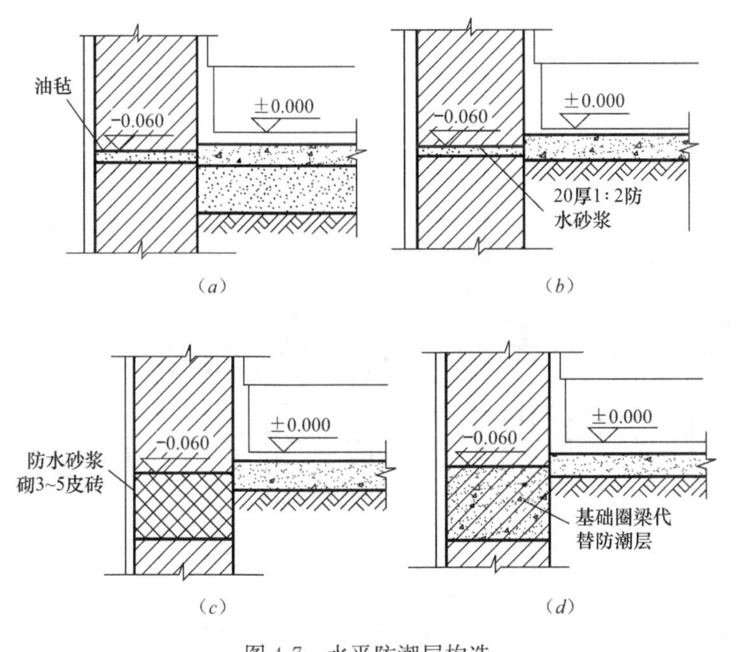

图 4-7　水平防潮层构造

(a) 油毡防潮；(b) 防水砂浆防潮；(c) 防水砂浆砌砖防潮；(d) 基础圈梁代替防潮层

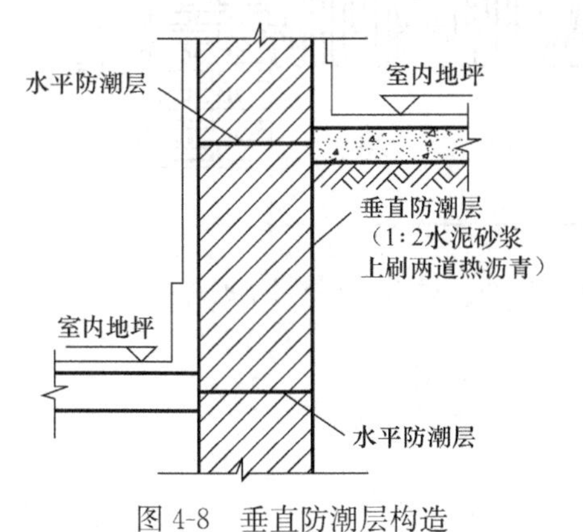

图 4-8　垂直防潮层构造

3）墙身防潮层。为有效地防止地下土壤中的潮气沿着墙体上升和地表水对墙体的侵蚀，提高墙体的坚固性与耐久性，确保室内能够保持干燥、卫生，应当在墙身中设置防潮层。防潮层包括水平防潮层和垂直防潮层两种。

① 水平防潮层。墙身水平防潮层应当沿着建筑物内、外墙连续交圈设置，位于室内地坪以下 60mm 处，其做法有以下 4 种：

a. 油毡防潮：在防潮层部位抹 20mm 厚 1∶3 水泥砂浆找平层，然后在找平层上干铺一层油毡或者做“一毡二油”。“一毡二油”就是先浇热沥青，再铺油毡，最后再浇热沥青。为确保防潮效果，油毡宽度应当比墙宽 20mm，油毡搭接应不小于 100mm。这种做法防潮效果好，但是却破坏墙身的整体性，所以不应当在地震区采用，如图 4-7（a）所示。

b. 防水砂浆防潮：在防潮层部位抹 20mm 厚 1∶2 的防水砂浆。防水砂浆是在水泥砂浆中掺入占水泥质量 5%的防水剂，防水剂与水泥混合凝结，能填充微小孔隙和堵塞、封闭毛细孔，从而阻断毛细水。此种做法省工省料，而且能够保证墙身的整体性，但是却容易因为砂浆开裂而降低防潮效果，如图 4-7（b）所示。

c. 防水砂浆砌砖防潮：在防潮层部位采用防水砂浆砌筑3～5皮砖，如图 4-7（c）所示。

d. 细石混凝土防潮：在防潮层部位浇筑 60mm 厚与墙等宽的细石混凝土带，内配 3Φ6 或 3Φ8 钢筋。这种防潮层的抗裂性好，并能与砌体结合成一体，特别适用于刚度要求较高的建筑。

当建筑物设有基础圈梁，并且它的截面高度在室内地坪以下 60mm 附近时，可以采用基础圈梁代替防潮层，如图 4-7（d）所示。

② 垂直防潮层。当室内地坪出现高差或者室内地坪低于室外地坪时，除在相应位置设水平防潮层以外，还应当在两道水平防潮层之间靠土壤的垂直墙面上做垂直防潮层。具体做法：先使用水泥砂浆将墙面抹平，然后再涂一道冷底子油（沥青用汽油、煤油等溶解后的溶液），两道热沥青（或者做“一毡二油”），如图 4-8 所示。

4）窗台。窗台是窗洞下部构造，用来排除窗外侧流下的雨水和内侧的冷凝水，并且能够起到一定的装饰作用，它的构造如图 4-9 所示。位于窗外的部分称外窗台，位于室内的部分称内窗台。当墙很薄、窗框沿墙内缘安装时，也可以不设内窗台。

① 内窗台。内窗台可以直接抹 1∶2 水泥砂浆形成面层。在北方地区墙体厚度比较大，经常在内窗台下留置暖气槽，这时内窗台可以采用预制水磨石或者木窗台板。

② 外窗台。外窗台面通常应该低于内窗台面，并且应当形成 5%的外倾坡度，从而有利于排水，防止雨水流入室内。外窗台的构造包括悬挑窗台和不悬挑窗台两种。悬挑窗台常用砖平砌或侧砌挑出 60mm，窗台表面的坡度可以由斜砌的砖形成或者采用 1∶2.5 水泥砂浆抹出，并在挑砖下缘前端抹出滴水槽或者滴水线。如果外墙饰面为瓷砖、陶瓷锦砖等易于冲洗的材料，可以不做悬挑窗台，窗下墙的脏污可以借助窗上墙流下的雨水冲洗干净。

5）过梁。过梁是指设置在门窗洞口上部的横梁，用以承受洞口上部墙体传来的荷载，并且传给窗间墙。按照过梁采用的材料和构造分，常用的有砖拱过梁、钢筋砖过梁和钢筋混凝土过梁。

① 砖拱过梁。砖拱过梁有平拱和弧拱两种，工程中大多用平拱。平拱砖过梁采用普通砖侧砌和立砌形成，砖应当为单数并对称于中心向两边倾斜。灰缝呈上宽（小于或等于 15mm）下窄（大于或等于 5mm）的楔形，如图 4-10 所示。平拱砖过梁的跨度不应超过 1.2m。它节约钢材和水泥，但是施工麻烦，整体性差，不宜用于上部有集中荷载、有较大振动荷载或者可能产生不均匀沉降的建筑。

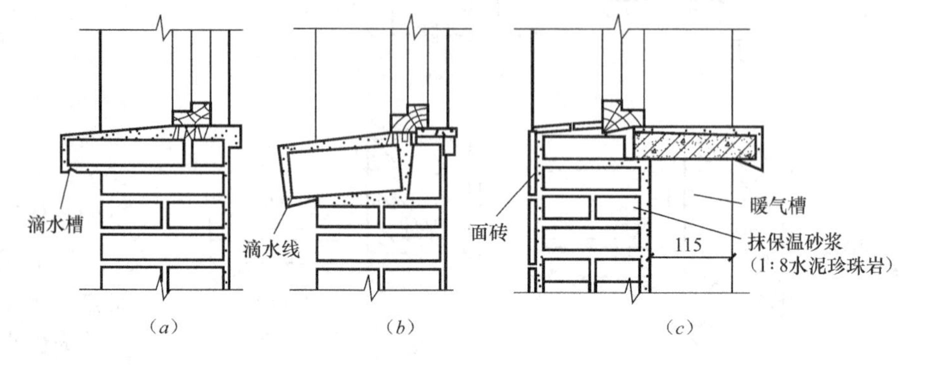

图 4-9 窗台构造

（a）带滴水槽的外窗台；（b）带滴水线的外窗台；（c）内窗台

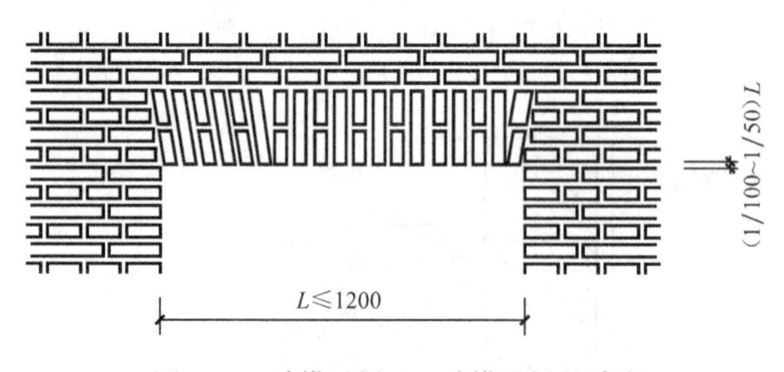

图 4-10 砖拱过梁 L—砖拱过梁的跨度

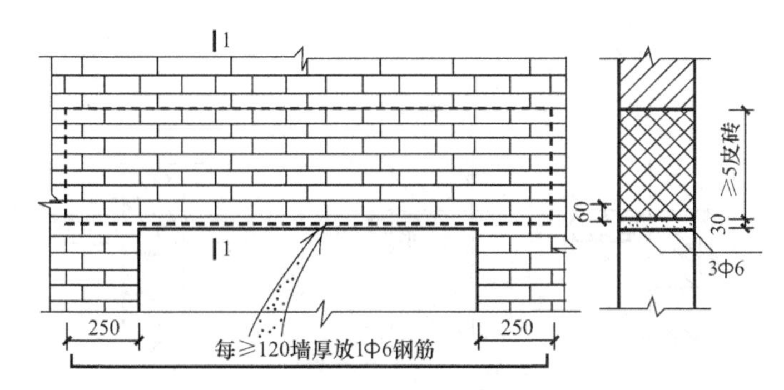

图 4-11　钢筋砖过梁

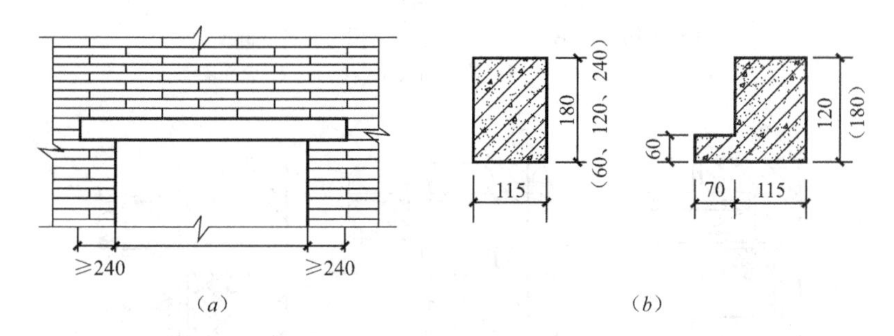

图 4-12　钢筋混凝土过梁

(a) 过梁立面；(b) 过梁的断面形状和尺寸

② 钢筋砖过梁。钢筋砖过梁是在门窗洞口上部的砂浆层内配置钢筋的平砌砖过梁。钢筋砖过梁的高度应当经过计算确定，通常不少于5 皮砖，并且不得少于洞口跨度的 1/5。过梁范围内用不低于 MU7.5 的砖和不低于 M2.5 的砂浆砌筑，砌法与砖墙一样，在第一皮砖下设置不得小于 30mm 厚的砂浆层，并且在其中放置钢筋，钢筋数量为每 120mm 墙厚不少于 1Φ6。钢筋两端伸入墙内 250mm，并且在端部做 60mm 高的垂直弯钩，如图 4-11 所示。

钢筋砖过梁适用于跨度不超过 1.5m、上部无集中荷载的洞口。当墙身为清水墙时，使用钢筋砖过梁可以使建筑立面获得统一的效果。

③ 钢筋混凝土过梁。当门窗洞口跨度超过 2m 或者在上部有集中荷载时，需要使用钢筋混凝土过梁。钢筋混凝土过梁有现浇和预制两种。它坚固耐久，施工简便，目前被广泛采用。

钢筋混凝土过梁的截面尺寸及配筋应当经过计算确定，并且应当是砖厚的整倍数，宽度等于墙厚，两端伸入墙内不小于 240mm。

钢筋混凝土过梁的截面形状包括矩形和 L 形两种。矩形多见用于内墙和外混水墙中，L 形多用于外清水墙和有保温要求的墙体中，此时应当注意 L 口朝向室外，如图 4-12 所示。

6）圈梁和构造柱

① 圈梁。圈梁是沿建筑物外墙、内纵墙和部分横墙设置的连续封闭的梁。它可以加强房屋的空间刚度和整体性，防止由于基础不均匀沉降、振动荷载等引起的墙体开裂。

圈梁的数量与建筑物的高度、层数、地基状况和地震烈度有关；圈梁设置的位置与其数量也有一定关系，如果只设一道圈梁，则应通过屋盖处，增设时，应当通过相应的楼盖处或门洞口上方。

圈梁一般位于屋（楼）盖结构层的下面，如图 4-13（*a*）所示，对空间较大的房间和地震烈度 8 度以上地区的建筑，必须把外墙圈梁外侧加高，以免楼板水平位移，如图 4-13（*b*）所示。当门窗过梁与屋盖、楼盖靠近时，圈梁可以通过洞口顶部，兼作过梁。

圈梁有钢筋混凝土圈梁和钢筋砖圈梁两种，如图 4-14 所示。钢筋混凝土圈梁的宽度宜与墙厚相同，当墙厚大于 240mm 时，允许其宽度减小，但是不应小于墙厚的 2/3。圈梁高度应大于 120mm，并且在其中设置纵向钢筋和箍筋，如 8 度抗震设防时，纵筋为 4Φ10，箍筋为Φ6@200。钢筋砖圈梁应采用不低于 M5 的砂浆砌筑，高度为 4～6 皮砖。纵向钢筋不宜少于 6Φ6，水平间距不宜大于 120mm，分上、下两层设在圈梁顶部和底部的灰缝内。

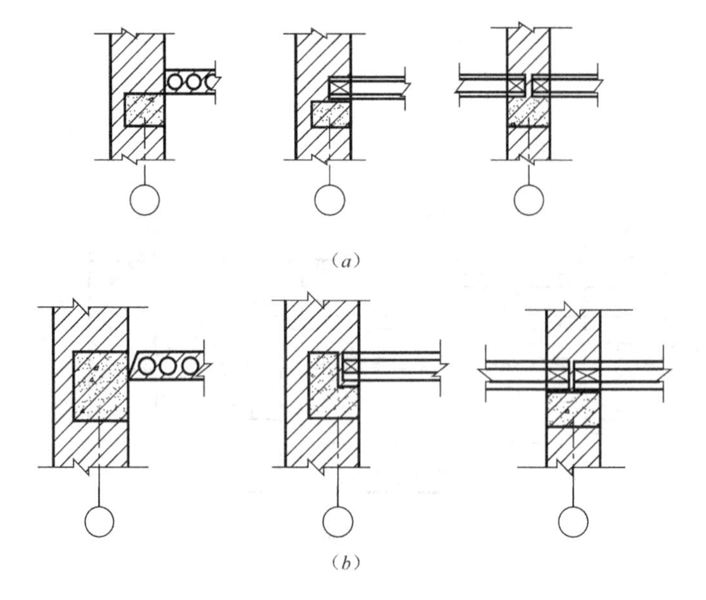

图 4-13　圈梁在墙中的位置

（*a*）圈梁位于屋（楼）盖结构层下面——板底圈梁；
（*b*）圈梁顶面与屋（楼）盖结构层顶面相平——板面圈梁

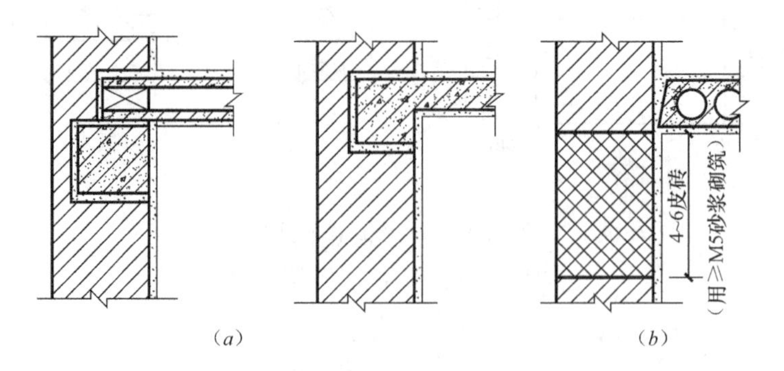

图 4-14　圈梁构造

（*a*）钢筋混凝土圈梁；（*b*）钢筋砖圈梁

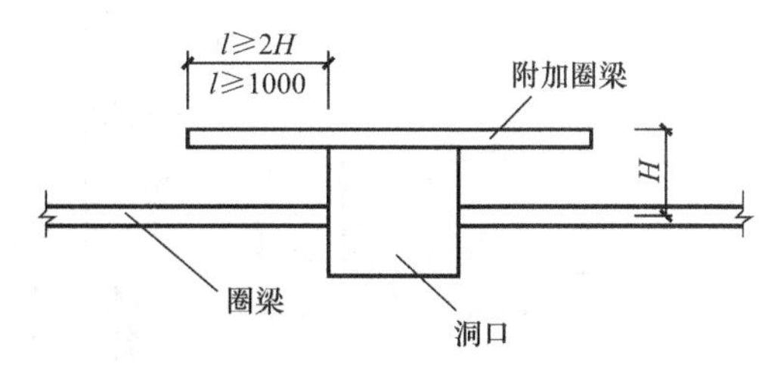

图 4-15 附加圈梁

l—附加圈梁与圈梁搭接长度；H—垂直间距

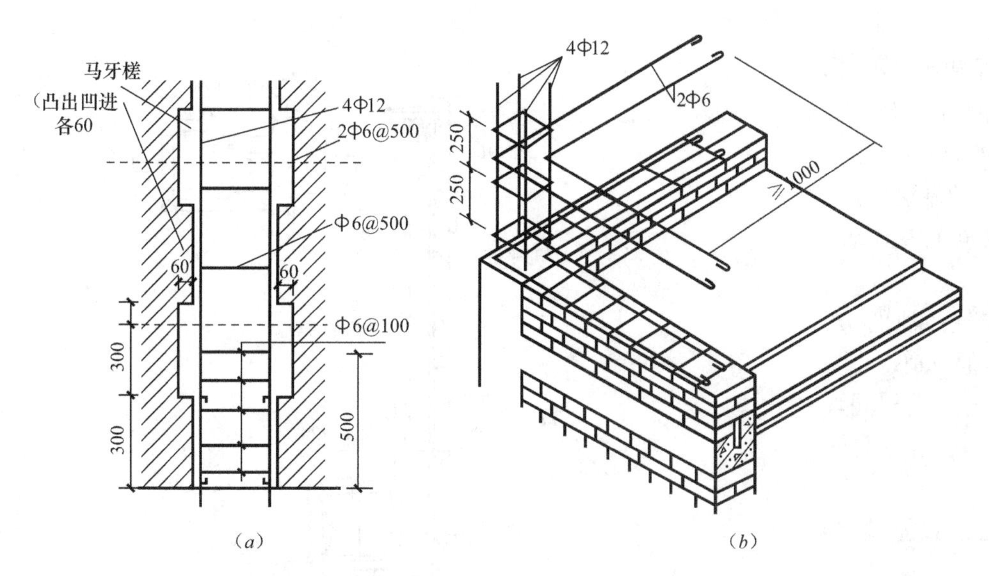

图 4-16 构造柱

(*a*) 平直墙面处构造柱；(*b*) 转角处构造柱

圈梁应连续设在同一水平面上，并且形成封闭状。当圈梁被门窗洞口截断时，应当在洞口上部增设一道附加圈梁。附加圈梁构造，如图 4-15 所示。附加圈梁的断面与配筋不应小于圈梁的断面与配筋。

② 构造柱。构造柱是从构造角度考虑设置的，一般设在建筑物的四角、外墙交接处、楼梯间、电梯间的四角以及某些较长墙体的中部。它从竖向上加强层间墙体连接，与圈梁一起组成空间骨架，加强建筑物的整体刚度，提高墙体抗变形能力，约束墙体裂缝的开展。

构造柱的截面不宜小于 240mm×180mm，常用 240mm×240mm。纵向钢筋宜采用 4Φ12，箍筋不少于Φ6@250，并且在柱的上、下端适当加密。应当先砌墙后浇构造柱，墙与柱的连接处宜留出五进五出的大马牙槎，进出 60mm，并且沿墙高每隔 500mm 设 2Φ6 的拉结钢筋，每边伸入墙内不宜少于 1000mm，如图 4-16 所示。

构造柱可不单独做基础，下端可伸入室外地面下 500mm 或者锚入厚度小于 500mm 的地圈梁内。

7）烟道、垃圾道、通风道

① 烟道。在设有燃煤炉灶的建筑中，为有效排除炉灶内的煤烟，一般在墙内设置烟道。在气候寒冷地区，烟道一般应设在内墙中，如果必须设在外墙内，烟道边缘与墙外缘的距离不宜小于 370mm。烟道有砖砌和预制拼装两种做法。

在多层建筑中，很难做到每个炉灶都有独立的烟道，往往把烟道设置成子母烟道，以防相互窜烟，如图 4-17 所示。

烟道应砌筑密实，并且随砌随用砂浆将内壁抹平。上端应高出屋面，以防被雪掩埋或受风压影响使排气不畅。母烟道下部，即靠近地面处设有出灰口，平时用砖堵住。

② 垃圾道。一般来说多层和高层建筑中，为能够轻松排除垃圾，有时需要设垃圾道。垃圾道通常布置在楼梯间靠外墙周围，或在走道的尽端，包括砖砌垃圾道和混凝土垃圾道两种。

垃圾道包括孔道、垃圾进口以及通气孔、垃圾斗和垃圾出口等。一般每层都应当设垃圾进口，垃圾出口与底层外侧的垃圾箱或垃圾间相连。通气孔位于垃圾道上部，与室外连通，如图 4-18 所示。

随着人们环保意识的加强，每座楼均设垃圾道的做法已经越来越少，转而采用集中设垃圾箱的做法，将垃圾进行集中管理、分类管理。

③ 通风道。在人数较多、并且产生烟气和空气污浊的房间，如厨房、会议室、卫生间和厕所等，应当设置通风道。

通风道的断面尺寸、构造要求及施工方法均与烟道相同，但是通风道的进气口应位于顶棚下 300mm 左右，并且使用铁篦子遮盖。

现代工程中多采用预制装配式通风道，预制装配式通风道用钢丝网水泥或者不燃材料制作，可以分为双孔和三孔两种结构形式，各种结构形式有其不同的截面尺寸，用以满足各种使用要求。

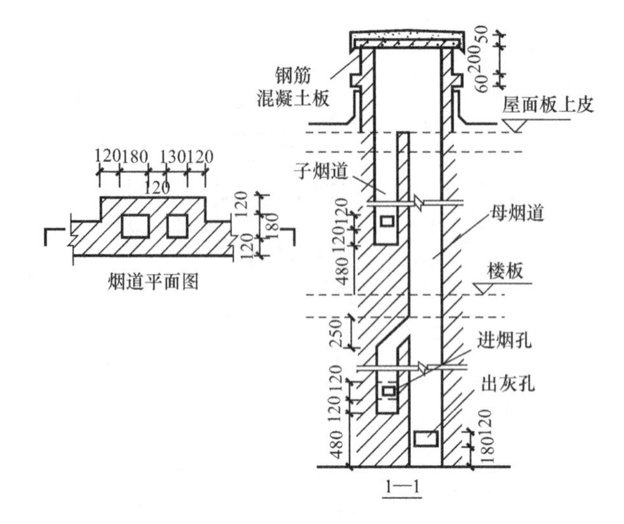

图 4-17　砖砌烟道构造

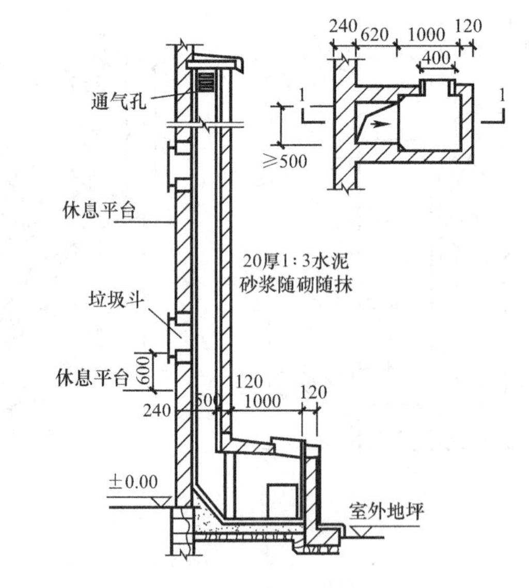

图 4-18　砖砌垃圾道构造

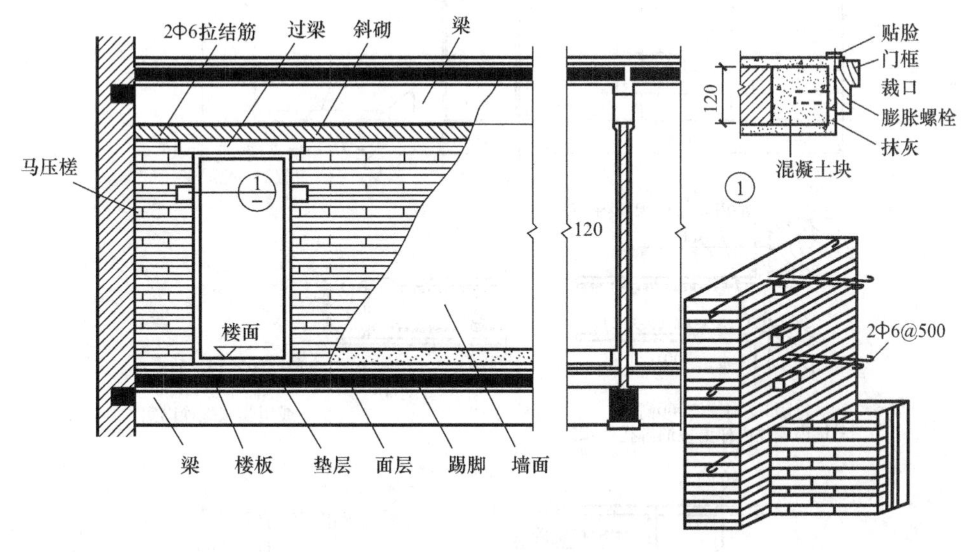

图 4-19 普通砖隔墙

2. 隔墙的构造

(1) 块材隔墙 块材隔墙是采用空心砖、普通砖、加气混凝土砌块等块材砌筑而成的，经常采用普通砖隔墙、砌块隔墙。具有取材方便、造价较低、隔声效果好的优点，但是也具有湿作业多、自重大、墙体厚、拆移不便等缺点。

1) 普通砖隔墙。用普通砖砌筑隔墙的厚度包括 1/4 砖和 1/2 砖两种，1/4 砖厚隔墙稳定性差、对抗震不利，1/2 砖厚隔墙坚固耐久、有一定的隔声能力，因此一般采用 1/2 砖隔墙。

1/2 砖隔墙即半砖隔墙，砌筑砂浆强度等级不应低于 M2.5。为了让隔墙与墙、柱之间连接牢固，在隔墙两端的墙、柱内沿高度每隔 500mm 预埋 2Φ6 的拉结筋，伸入墙体的长度为 1000mm，还应当沿隔墙高度每隔 1.2～1.5m 设一道 30mm 厚水泥砂浆层，内放 2Φ6 的钢筋。在隔墙砌到楼板底部时，应当把砖斜砌一皮或者留出 30mm 的空隙使用木楔塞牢，然后再用砂浆填缝。隔墙上有门时，用预埋铁件或者把带有木楔的混凝土预制块砌入隔墙中，以便固定门框，如图 4-19 所示。

2）加气混凝土砌块隔墙。加气混凝土砌块隔墙具有吸音好、质量轻、保温性能好、便于操作等优点，现在在隔墙工程中应用比较广泛。但是加气混凝土砌块吸湿性大，因此不宜用于浴室、厨房、厕所等处，如果使用，需要另做防水层。

加气混凝土砌块隔墙的底部宜砌筑 2～3 皮普通砖，以利于踢脚砂浆的粘结。砌筑加气混凝土砌块时，应当采用 1∶3 水泥砂浆砌筑，为保证加气混凝土砌块隔墙的稳定性，沿墙高每隔 900～1000mm 设置 2Φ6 的配筋带，门窗洞口上方也要设 2Φ6 的钢筋，如图 4-20 所示。墙面抹灰可以直接抹在砌块上，为防止灰皮脱落，可先将细铁丝网钉在砌块墙上再抹灰。

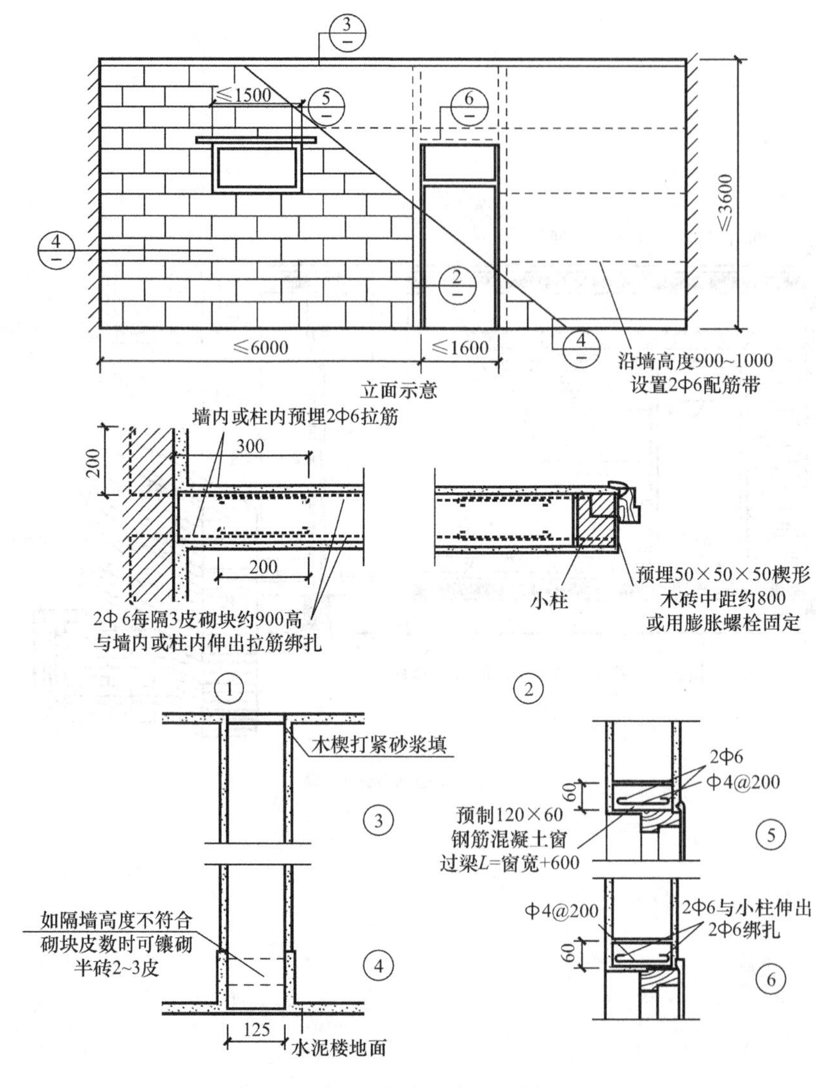

图 4-20　加气混凝土隔墙

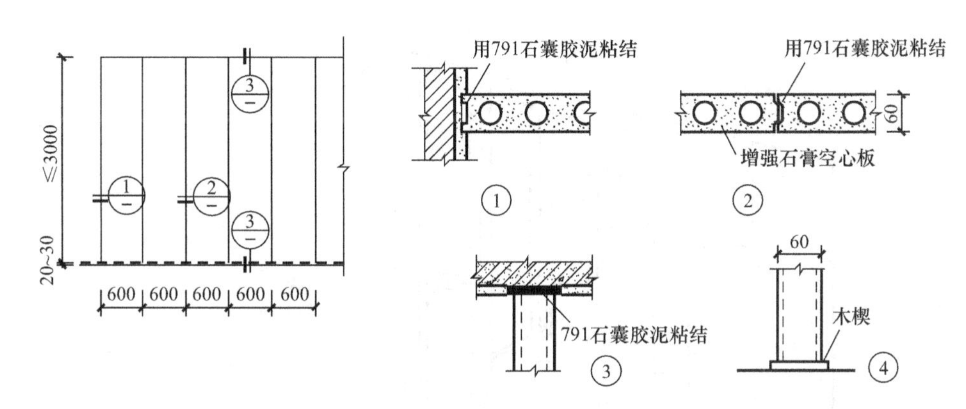

图 4-21　增强石膏空心条板

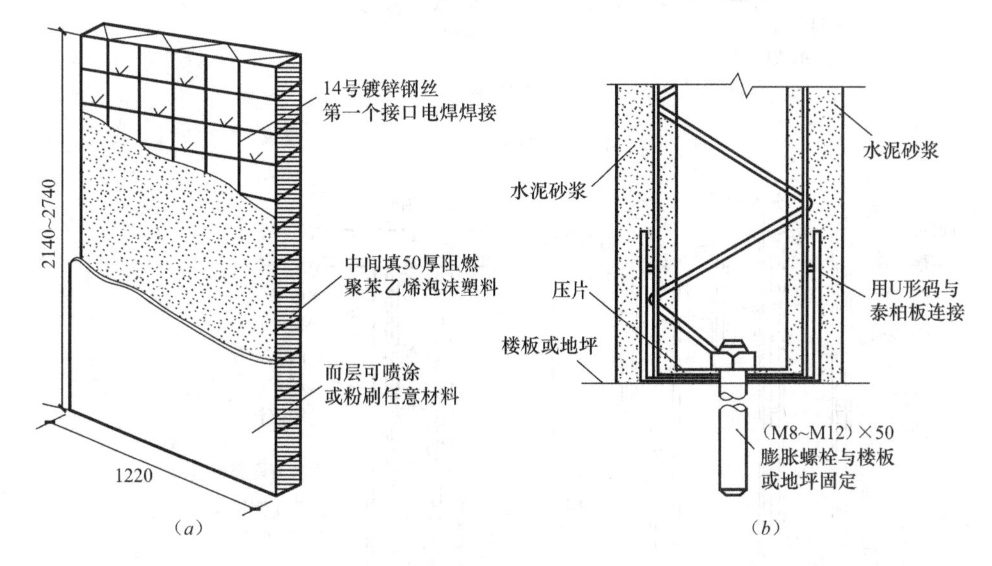

图 4-22　泰柏板隔墙

(*a*) 泰柏板隔墙构造；(*b*) 泰柏板隔墙与楼、地坪的固定连接

(2) 板材隔墙　板材隔墙是指把各种轻质竖向通长的预制薄型板材采用各种粘结剂拼合在一起形成的隔墙。它的单板高度相当于房间净高，面积较大，而且不依赖骨架，直接装配而成。目前大多数采用的都是条板，例如加气混凝土条板、石膏条板等。

1) 加气混凝土条板隔墙。加气混凝土条板规格有长2700～3000mm，宽600～800mm，厚80～100mm。隔墙板之间采用水玻璃砂浆或者108胶砂浆粘结。加气混凝土条板具有自重轻，节省水泥，运输方便，施工简单，具有可锯、刨、钉等优点，但是却有吸水性大、耐腐蚀性差、强度较低，运输、施工过程中易损坏等缺点，不宜用于具有高温、高湿或者含有化学及有害空气介质的建筑中。

2) 增强石膏空心板隔墙。增强石膏空心板分为普通条板、钢木窗框条板和防水条板三类，规格为长2400～3000mm，宽600mm，厚60mm，9个孔，孔径38mm，能够满足防火、隔声及抗撞击的要求，如图4-21所示。

3) 复合板隔墙。用几种材料制成的多层板为复合板。复合板的面层有铝板、树脂板、石棉水泥板、石膏板、硬质纤维板、压型钢板等。夹心材料可以采用矿棉、木质纤维、泡沫塑料和蜂窝状材料等。复合板充分利用材料性能，大多数具有强度高、耐火、防水、隔声性能好等优点，而且安装方便、拆卸简单，有利于建筑工业化。

4) 泰柏板。泰柏板是由直径2mm的低碳冷拔镀锌钢丝焊接成三维空间网笼，中间填充聚苯乙烯泡沫塑料构成的轻制板材，如图4-22(*a*)所示。泰柏板隔墙与楼、地坪的固定连接，如图4-22(*b*)所示。

（3）轻骨架隔墙 轻骨架隔墙是使用木材或者金属材料构成骨架，在骨架两侧制作面层形成的隔墙。这一类隔墙自重轻，一般可以直接放置在楼板上，因为墙中有空气夹层，隔声效果好，所以应用较广。比较有代表性的是木骨架隔墙和轻钢龙骨石膏板隔墙。

1）木骨架隔墙由上槛、下槛、立柱、横档等组成骨架，面层材料的传统做法是钉木板条抹灰，因为它的施工工艺落后，现已不多用。目前，普遍做法是在木骨架上钉各种成品板材，例如石膏板、纤维板、胶合板等，并且在骨架、木基层板背面刷两遍防火涂料，提高其防火性能，如图 4-23 所示。

2）轻钢龙骨石膏板隔墙是采用轻钢龙骨做骨架，纸面石膏板作面板的隔墙，它的特点是刚度大、耐火、隔声。

轻钢龙骨一般由沿顶龙骨、沿地龙骨、竖向龙骨、横撑龙骨、加强龙骨和各种配套件组成，然后使用自攻螺钉把石膏板钉在龙骨上，用 50mm 宽玻璃纤维带粘贴板缝后再进行饰面处理，如图 4-24 所示。

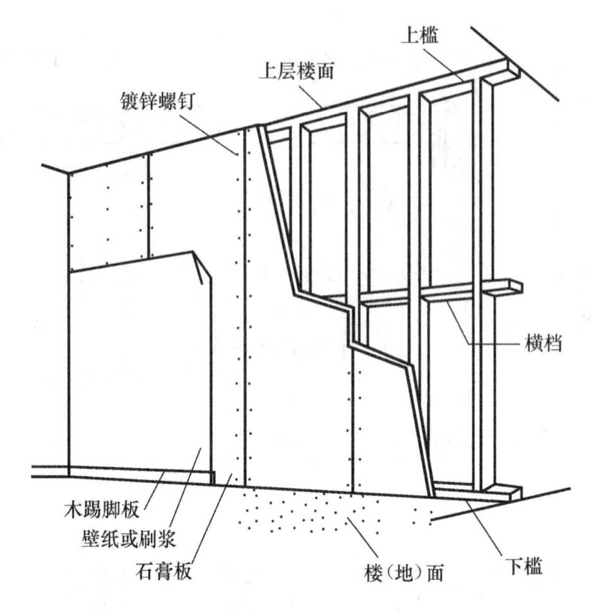

图 4-23 木骨架隔墙

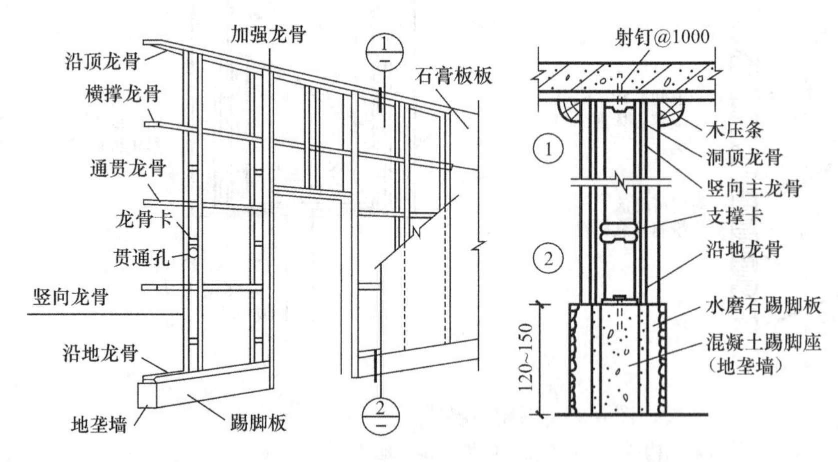

图 4-24 轻钢龙骨隔墙

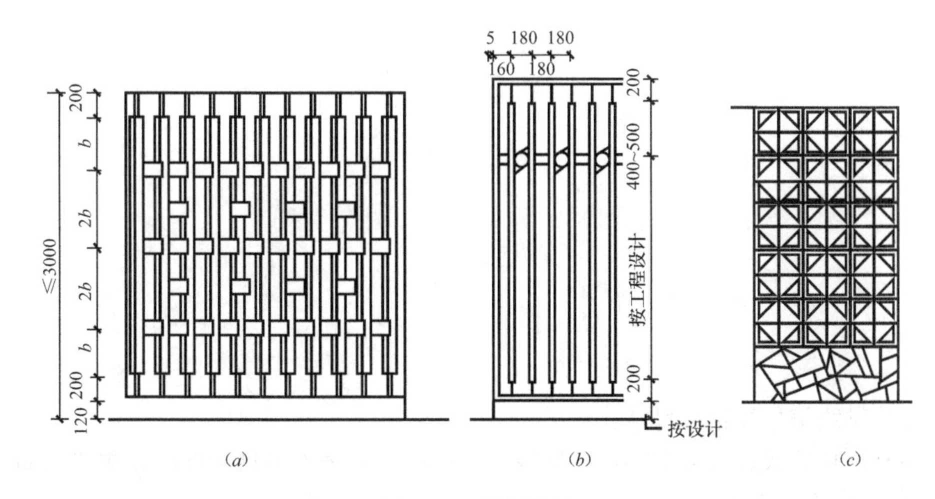

图 4-25 隔断举例

(a) 木花格隔断；(b) 金属花格隔断；(c) 混凝土制品隔断

3. 隔断的构造

按照隔断的外部形式和构造方式，通常可以把它分为花格式、移动式、屏风式、帷幕式和家具式等。

(1) 花格式隔断　花格式隔断主要是划分与限定空间，却并不能完全遮挡视线和隔声，主要用于分隔和沟通在功能要求上不仅需要隔离，还需要保持一定联系的两个相邻空间，具有很强的装饰性，广泛应用于宾馆、商店、展览馆等公共建筑及住宅建筑。

花格式隔断有木制、金属、混凝土等各种材质的制品，形式多种多样，如图 4-25 所示。

(2) 移动式隔断　移动式隔断可随意闭合或者打开，使相邻的空间随之独立或者合并成一个大空间。这种隔断使用灵活，在关闭时能够起到限定空间、隔声和遮挡视线的作用。

移动式隔断的类型很多，根据它的启闭方式分为以下几种：拼装式、滑动式、折叠式、卷帘式、起落式等。

(3) 屏风式隔断　屏风式隔断只具有分隔空间和遮挡视线的要求，高度不需要很大，一般为 1100～1800mm，主要应用于办公室、餐厅、展览馆以及门诊室等公共建筑。

屏风隔断的传统做法是用木材制作，表面做雕刻或裱书画和织物，下部设支架，也有用铝合金镶玻璃制作的。现在，人们在屏风下面安装金属支架，支架上安装橡胶滚动轮或者滑动轮，增加分隔空间的灵活性。

屏风式隔断也可以是固定的，例如立筋骨架式隔断，它与立筋隔墙的做法类似，即用螺栓或者其他连接件在地板上固定骨架，然后在骨架两侧钉面板或者在中间镶板或玻璃。

4.2 识读结构布置图

1. 结构布置图的形成

通过假想一个水平剖切平面沿楼板面将房屋各层水平剖开后所做的水平投影图，用来表示各层承重构件（如梁、板、柱、墙等）布置的图样，通常有楼层结构平面图和屋面结构平面图。

2. 结构布置图的内容

（1）图名、比例。

（2）详图索引符号以及剖切符号。

（3）预制板的跨度方向、数量、型号或者编号及预留洞的大小和位置。

（4）标注墙、柱、梁、板等构件的位置以及代号和编号。

（5）轴线尺寸及构件的定位尺寸。

（6）标注轴线网、编号和尺寸。

（7）文字说明。

3. 结构布置图的表示方法

（1）定位轴线　结构布置图应当注明与建筑平面图相一致的定位轴线编号和轴线尺寸。

（2）图线　在楼层、屋面的结构平面图中，通常采用中实线表示剖切到或者可见的构件轮廓线，图中虚线表示不可见构件的轮廓线（如被遮盖的墙体、柱等），门窗洞口通常可不画。图中梁、板、柱等的表示方法如下：

1）梁、屋架、支撑、过梁：一般用粗点画线表示其中心位置，并且注写代号，如梁为 L-1、L-2、L-3。

2）圈梁：当圈梁在楼层结构平面图中无法表达清楚时，可以单独画出圈梁布置平面图。圈梁使用粗实线表示，并且在适当位置画出断面的剖切符号。圈梁平面图比例可以采用小比例，如 1∶200，图中要求注写定位轴线的距离和尺寸。

3）现浇板：当现浇板配筋简单时，直接在结构平面图中表明钢筋的弯曲以及配置情况，注明编号、规格、直径、间距。当配筋复杂或不便表示时，可以采用对角线表示现浇板的范围，注写代号如 XB-1、XB-2 等，然后再另外画详图。配筋相同的板，只需将其中一块的配筋画出，其余使用代号表示。

4）预制板：可用细实线分块画板的铺设方向。当板的数量太多时，可以采用简化画法，就是采用一条对角线（细实线）表示楼板的布置范围，并在对角线上或下标注预制楼板的数量及型号。当若干房间布板相同时，可仅画出一间的实际铺板，其他房间用代号表示。各地区的预制板标注方法有所不同，图 4-26 为西南地区的标注说明。

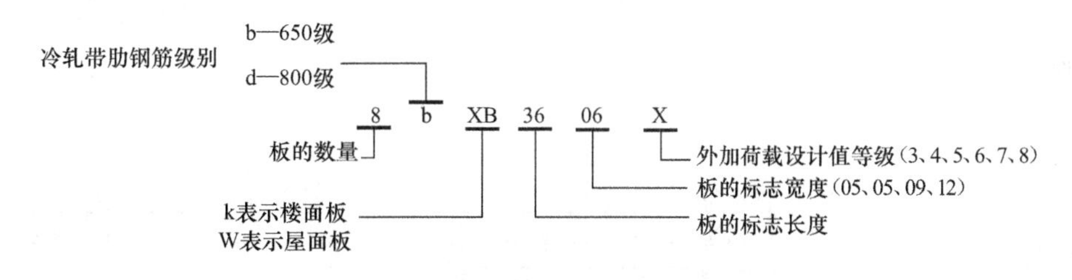

图 4-26　预制板标注方法

5）柱：被剖到的柱均涂黑，并注写代号，如 Z-1、Z-2、Z-3 等。

（3）尺寸标注　结构平面布置图的尺寸，通常只注写开间、进深、总尺寸及个别地方容易弄错的尺寸。

（4）比例和图名　楼层和屋面结构平面图的比例同建筑平面图，一般都是采用 1∶100 或 1∶200 的比例绘制。

【例 4-1】 识读现浇楼板施工图。

图 4-27 为现浇楼板配筋示意图，从图 4-27 中可以看出：

(1) 该图为二层楼板结构平面图，比例为 1∶150，其轴线位置和编号、轴向尺寸与该层梁图、建筑平面图吻合一致，标高为 3.5m。

(2) 图中楼梯间以一条对角线表示，并在线上注明“见楼梯（甲）详图”，以便查阅楼梯图。

(3) 图中表明构造柱、柱的位置，以及楼梯间的平台用构造柱（TZ1、TZ2）的位置。

(4) 表明楼板厚度，大部分为 90mm 厚，个别板（共 4 块板）采用 100mm 厚，同时表明卫生间楼板顶面高差 50mm。

(5) 清楚注明各块板的配筋方式和用筋数量，详见图中所示。

(6) 图中楼板各个阳角处设置 10Φ10、长度 l=1500mm 的放射形分布钢筋，用于防止该角楼板开裂。

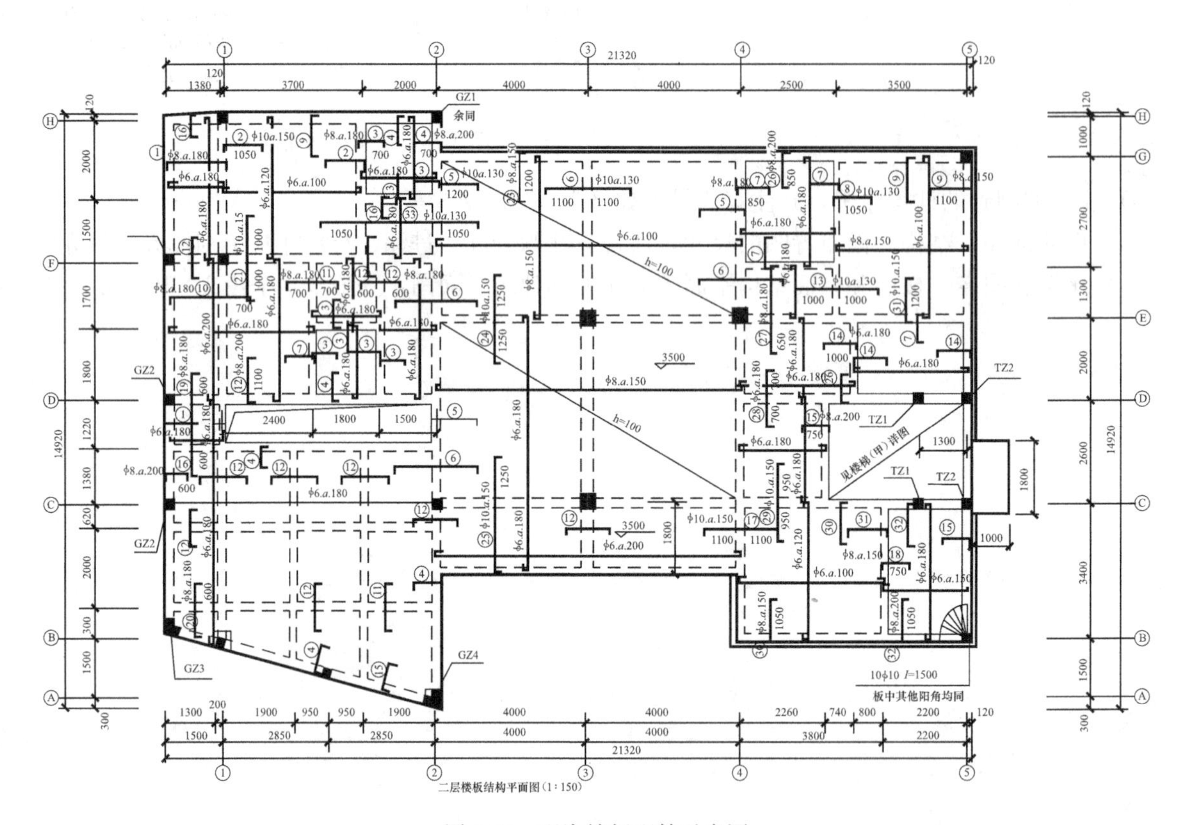

图 4-27 现浇楼板配筋示意图

注 1. 未注明板厚者均为 90mm。

2. 卫生间比本层低 50mm。

4.3 识读构件结构详图

1. 构件详图的形成

各类钢筋混凝土制成的构件，例如梁、板、柱、基础等，都用详图表示，这种图称为构件详图。包括模板图、配筋图等。

（1）模板图　模板图也叫外形图。主要表明钢筋混凝土结构构件的外部形状、尺寸、标高和预埋件、预留孔、预留插筋的位置，作为较复杂构件模板制作、安装和预埋件的具体依据。

（2）配筋图　配筋图主要表明构件中的钢筋形状、直径、数量及布置情况等，有立面图、剖面图和钢筋详图等图样，如图 4-28 所示。

配筋图中的立面图是通过假想构件为一透明体而画出的一个纵向正投影图，它主要表明钢筋的立面形状以及其上下排列情况。

配筋图中的断面图是构件的横向剖切投影图，它表示钢筋的上下和前后排列、箍筋的形状以及与其他钢筋的连接关系。

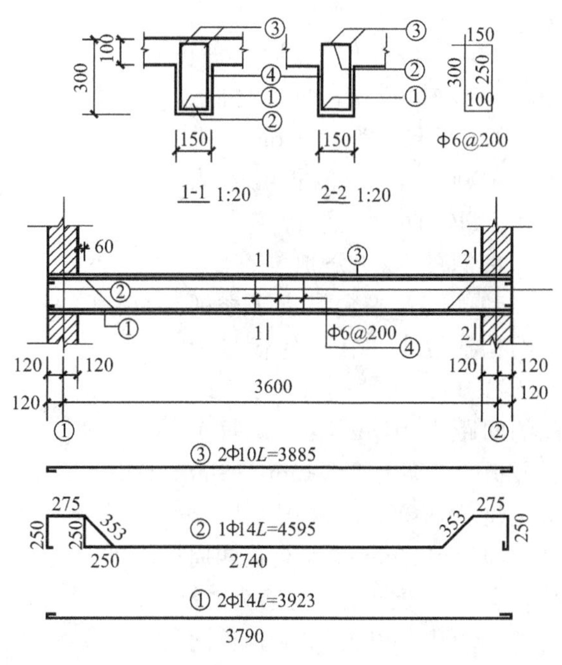

图 4-28　钢筋混凝土梁配筋图

2. 构件详图的内容

（1）构件的名称或者代号、比例。

（2）构件的定位轴线以及其编号。

（3）构件的形状、尺寸和预埋件代号及布置。

（4）构件的外形尺寸、钢筋规格、构造尺寸以及构件底面标高。

（5）构件内部钢筋布置。

（6）施工说明。

3. 构件详图的表示方法

（1）钢筋使用粗实线表示，构件轮廓线使用细实线表示。

（2）断面图的数量应当根据钢筋的配置而定，只要是钢筋排列有变化的地方，都应该画出其断面图，图中钢筋横断面用黑圆点表示。

（3）钢筋详图按照钢筋在立面图中的位置由上而下、采用同一比例排列在梁立面图的下方，并且与它对齐。

（4）为防止混淆、方便识图，构件中的钢筋都要统一编号，在立面图和断面图中要注出一致的钢筋编号、直径、数量和间距等，并且应当留出规定的保护层厚度。

【例 4-2】 识读板式楼梯详图。

图 4-29 为板式楼梯详图，从图 4-29 中可以看出：

（1）该图表示某砌体结构工程中的一部楼梯，名为楼梯甲，该建筑物只有 3 层。

（2）该楼梯位于建筑平面中Ⓒ～Ⓓ轴和④～⑤轴之间，楼梯的开间尺寸为 2600mm，进深为 6000mm，梯段板编号为 TB1、TB2 两种；平台梁有三种，它们的代号分别为 TL1、TL2 和 TL3；平台梁支于楼梯间的构造柱上，它们的代号为 TZ1 和 TZ2 两种；两梯段板之间的间距为 100mm，因此每个梯段板的净宽为 1130mm；平台板宽度为 1400mm 减去半墙厚度，即为 1280mm；平台板四周均有支座；短向上层配筋为Φ 8@150，下层为Φ 6@150；长向上层只有支座负筋，即Φ 8@200，下层为Φ 6@180；板厚归入一般板型厚度，由设计总说明表述，即 90mm；标高同梯段两端的对应标高。

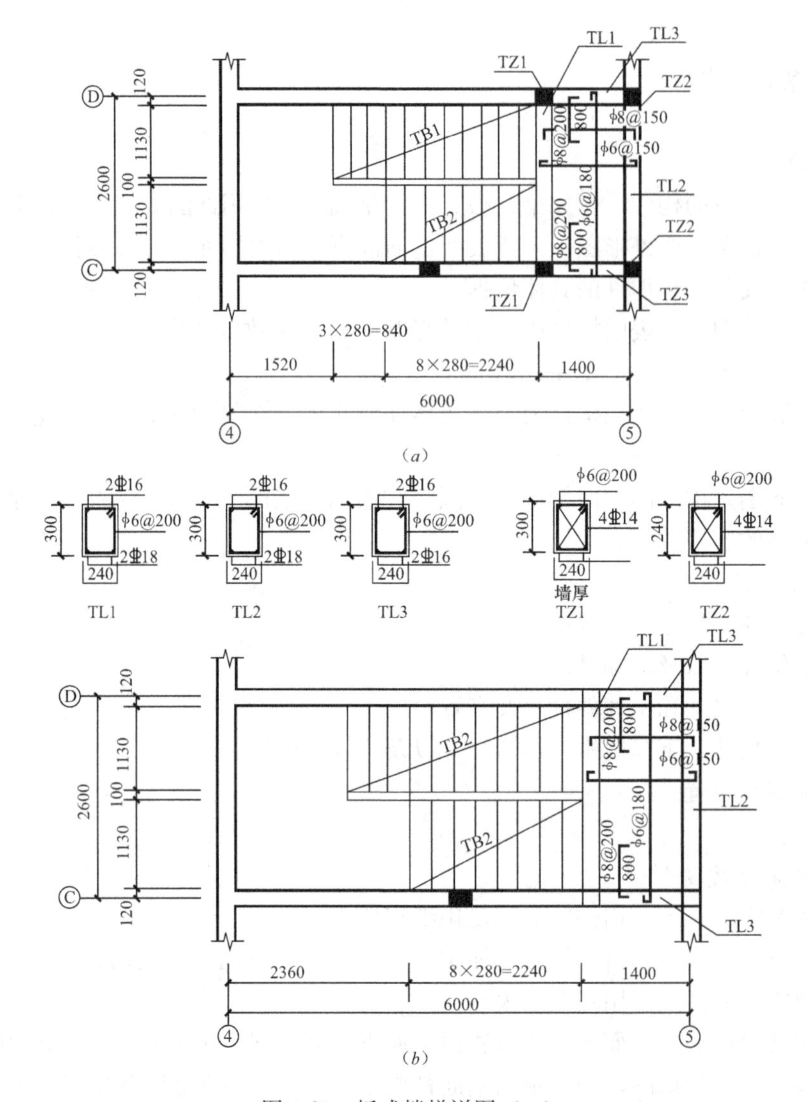

图 4-29 板式楼梯详图（一）

（*a*）底层楼梯（甲）结构平面图；（*b*）二层楼梯（甲）结构平面图

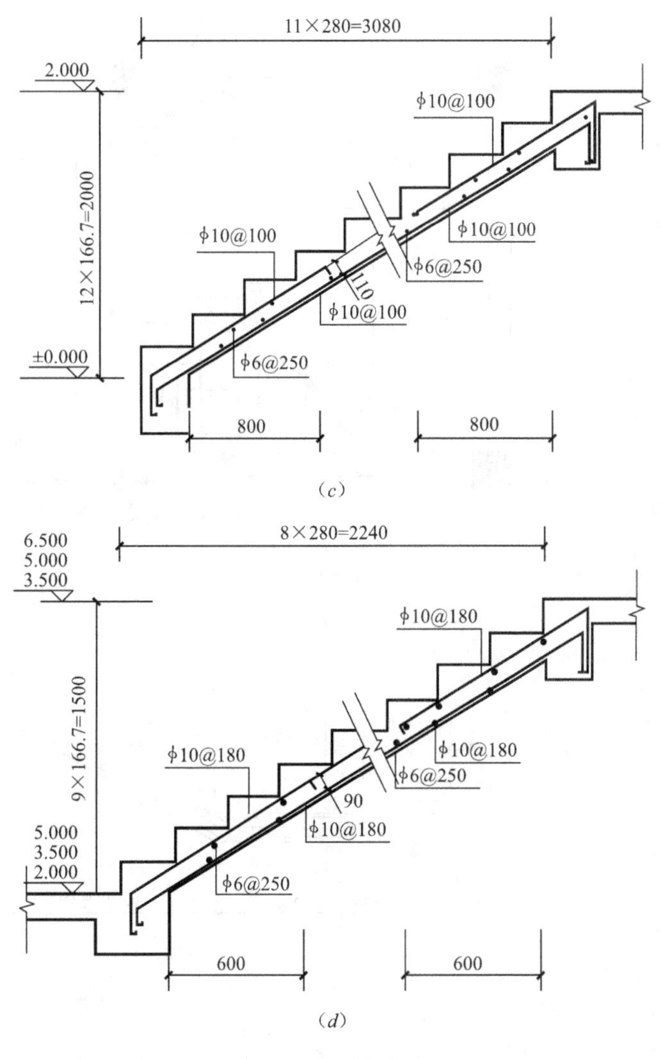

图 4-29 板式楼梯详图（二）

(c) TB1；(d) TB2

(3) 平台梁的长度为 2600+2×120=2840mm，配筋及断面形状和尺寸，如断面图 TL1～断面图 TL3 所示，即 TL1 为矩形断面，尺寸为 240mm×300mm，顶筋为 2⌽16，底筋为 2⌽18，箍筋为ϕ6@200。其余平台梁仿此而读。

(4) 楼梯构造柱的断面形状及配筋情况详见断面图 TZ1 和断面图 TZ2，即 TZ1 的断面尺寸为 200mm×240mm，其中“240”对应边长为楼梯间的墙体厚度，该柱纵向钢筋为 4⌽14，箍筋为ϕ6@200。TZ2 仿此而读。

(5) 梯段板 TB1 两端支于平台梁上，共 12 级踏步，踢面高度 166.7mm，踏面宽度 280mm，水平踏面 11 个，该板板厚 110mm，底部受力筋为ϕ10@100；两端支座配筋均为ϕ10@100，其长度的水平投影为 800mm；板中分布筋为ϕ6@250。TB2 仿此而读。

【例 4-3】 识读板梁复合式楼梯简图。

图 4-30 为板梁复合式楼梯简图，从图 4-30 中可以看出：

（1）该楼梯用于 4 层建筑物中，且各层楼梯的布置及构件类型均相同。为阅读方便，图中只反映出主要构件的布置及配筋情况。该楼梯由梯段板（板式）TB1、TB3，平台梁 TL2，平台板 TB4，折式斜梁 TL1（两根）和踏步板 TB2 等组成，故称为板梁复合式楼梯。

（2）对于梯段板 TB1、TB3、平台梁 TL2 和平台板的识读方法与板式楼梯相同，在此不再重述。从该楼梯平面图中可见，在板式转到梁式的过渡区有两个中间转台（即中间平台），采用双层双向配筋方式，上层为Φ 8@200，下层为Φ 6@200。TB2 为踏步板，其斜底板厚为 60mm，受力筋配法为每个踏步底 2Φ10，受力筋上方配有分布钢筋，其用量归属于设计说明，一般为Φ 6@250 或Φ 6@300。

（3）梁 TL1 由两个水平段和一个斜段组成，故称为折式斜梁。图 4-30（*c*）中表明。该梁的形状、尺寸、标高、断面形状和大小、踏步的踢面高度 166.7mm 和踏面宽度 250mm，同时注明需配钢筋的形式、类型和构造要求等。由详图 TL1 可见，所配受力钢筋分布在构件的上部和下部，其中，上部受力钢筋分别为左支座处的 3Φ20 和右支座处的 2Φ16；考虑到该梁的特殊性，所以中部原来的架立筋也取用 2Φ16；下部受力钢筋均为 3Φ20。因为该梁配筋较清楚，所以其剖面图可不画出，只要在 TL1 下面括号内注写“$b \times h = 240 \times 400$”即可，所配箍筋为Φ 6@200。应特别注意的是两个转折处的构造情况，上部筋在左转折处不能直接搭接或焊接，而应各自锚入梁中；下部筋在转折处虽然用量相同，但必须断开且各自锚入梁中；同时左、右两个转角处均应加密箍筋。

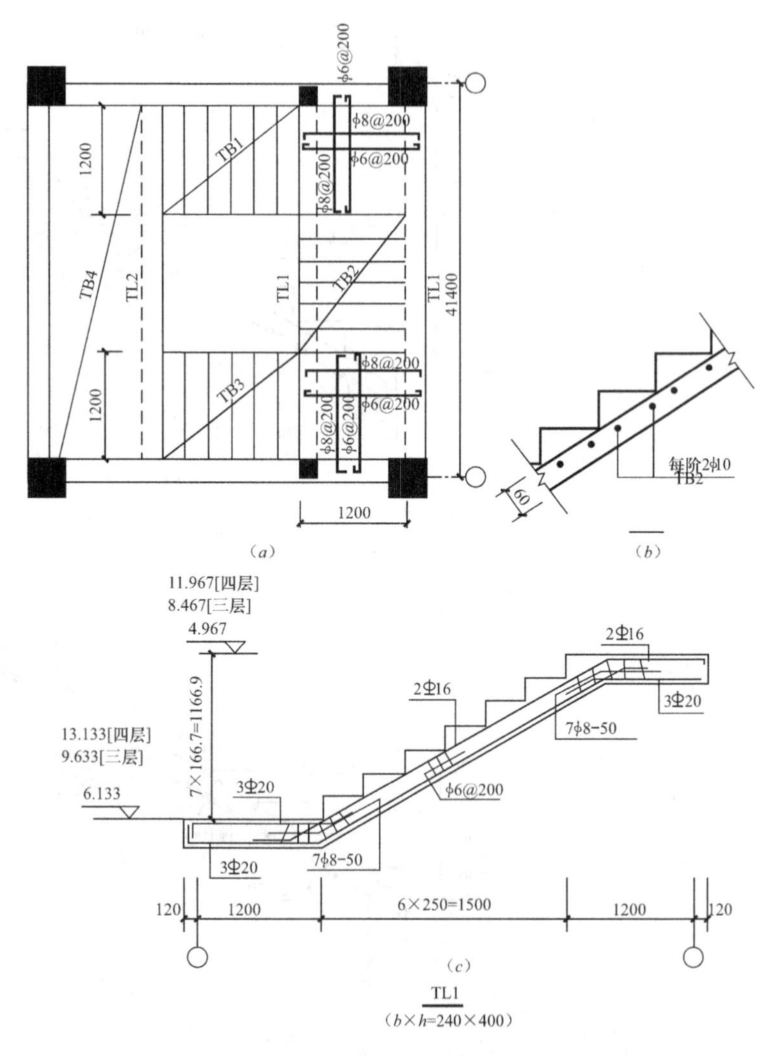

图 4-30 板梁复合式楼梯简图

（*a*）标准层平面图（简图）；（*b*）TB2 详图；（*c*）TL1 详图

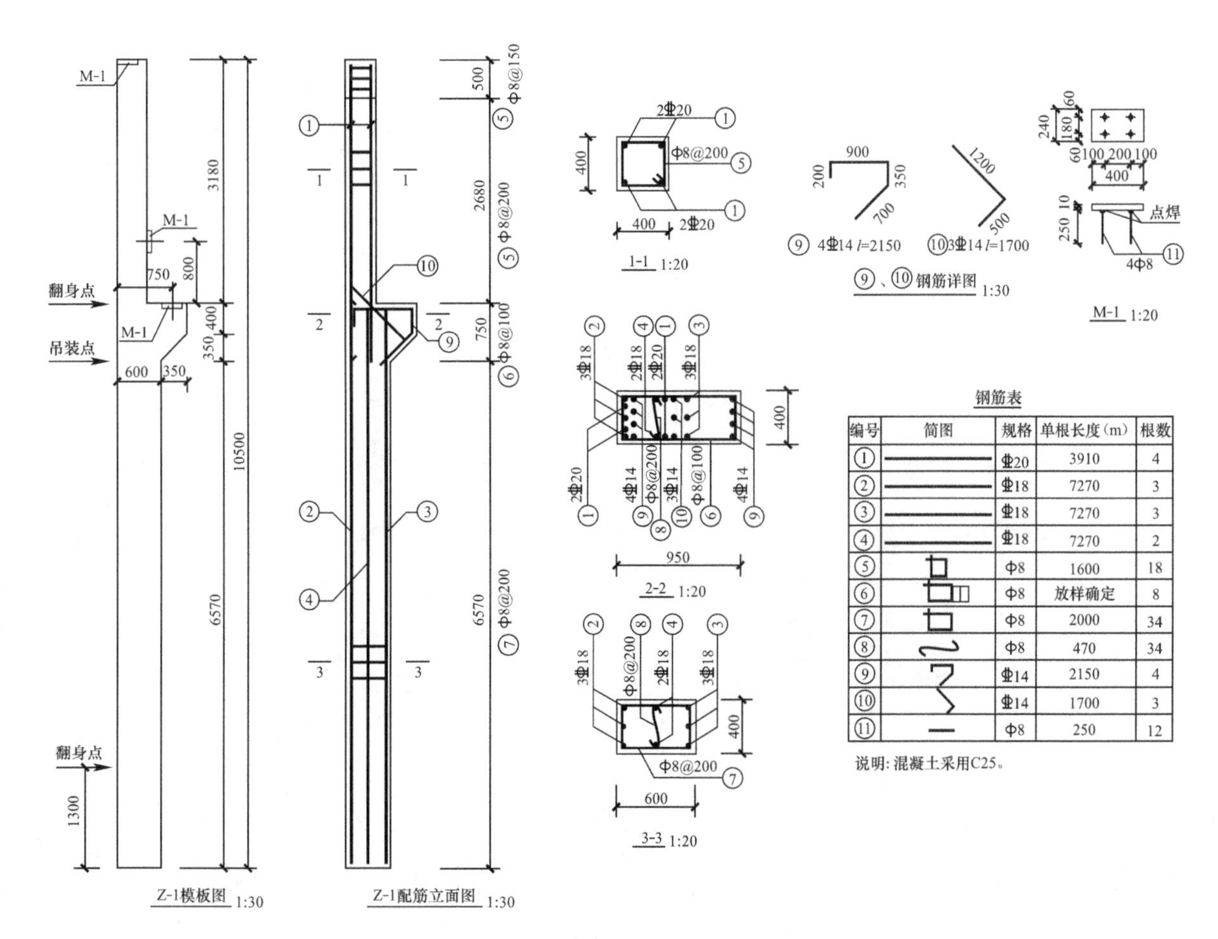

钢筋表

编号	简图	规格	单根长度(m)	根数
①		Φ20	3910	4
②		Φ18	7270	3
③		Φ18	7270	3
④		Φ18	7270	2
⑤		Φ8	1600	18
⑥		Φ8	放样确定	8
⑦		Φ8	2000	34
⑧		Φ8	470	34
⑨		Φ14	2150	4
⑩		Φ14	1700	3
⑪		Φ8	250	12

说明：混凝土采用C25。

图 4-31 钢筋混凝土柱构件详图

【例 4-4】 识读钢筋混凝土柱构件详图。

图 4-31 为钢筋混凝土柱构件详图，从图 4-31 中可以看出：

（1）柱的形状尺寸。模板图 2-1 为柱的立面图，结合柱的配筋断面图 1-1、2-2、3-3 可确定该柱的形状尺寸。该柱一侧有牛腿，上柱断面为 400mm×400mm，牛腿部位断面为 400mm×950mm，下柱断面为 400mm×600mm。

（2）柱的配筋。柱配筋由配筋立面图、配筋断面图、钢筋大样图和钢筋表共同表达。

首先识读上柱配筋，由配筋立面图和断面图 1-1 可知，上柱受力筋为 4 根 HRB400 级钢筋，直径 20mm，分布在四角，箍筋为 HPB300 级钢筋，直径 8mm，间距 200mm，距上柱顶部 500mm 范围是箍筋加密区，间距 150mm。

然后识读下柱配筋，由配筋立面图和断面图 3-3 可知，下柱受力筋为 8 根 HRB400 级钢筋，直径 18mm，箍筋为 HPB300 级钢筋，直径 8mm，间距 200mm。

最后识读牛腿部位配筋，由配筋立面图可知，上、下柱的受力筋都伸入牛腿，使上、下柱连成一体。由于牛腿部位要承受吊车梁的荷载，所以该处钢筋需要加强，由配筋立面图、断面图 2-2 以及钢筋详图可知，牛腿部位配置编号为⑨和⑩的加强弯筋，⑨号筋为 4 根 HRB400 级钢筋，直径 14mm，⑩号筋为 3 根 HRB400 级钢筋，直径 14mm。牛腿部位箍筋为 HPB300 级钢筋，直径 8mm，间距 100mm，形状随牛腿断面逐步变化。

（3）埋件图及其他。在该钢筋混凝土柱上设计有多个预埋件。模板图中标注预埋件的确切位置，上柱顶部的预埋件用于连接屋架，上柱内侧靠近牛腿处和牛腿顶面的预埋件用于连接吊车梁。图右上角给出预埋件 M-1 的构造详图，详细表达预埋钢板的形状尺寸和锚固钢筋的数量、强度等级和直径。

另外，在模板图中还标注翻身点和吊装点。由于该柱是预制构件，在制作、运输和安装过程中需要将构件翻身和吊起，如果翻身或吊起的位置不对，可能使构件破坏，因此需要根据力学分析确定翻身和起吊的合理位置，并进行标记。

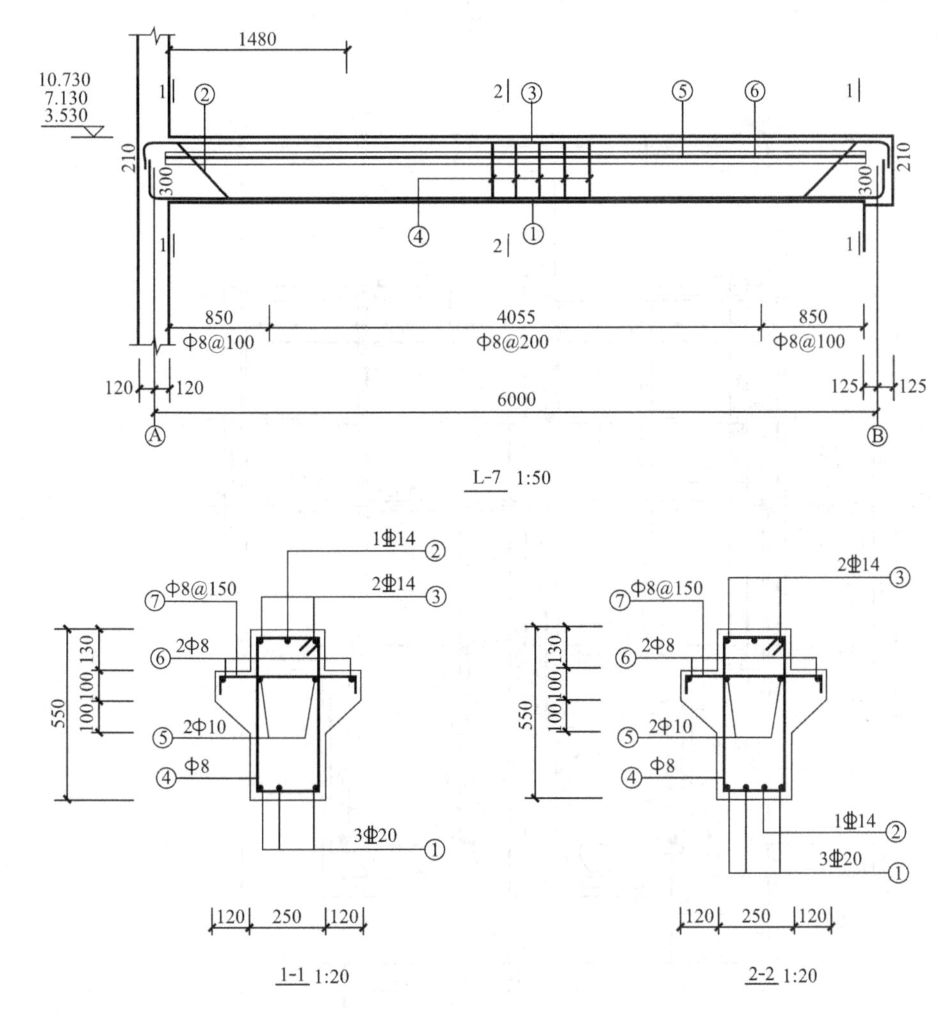

图 4-32 钢筋混凝土梁配筋图

【例 4-5】 识读钢筋混凝土梁配筋图。

图 4-32 为钢筋混凝土梁配筋图，从图 4-32中可以看出：

（1）从结构平面布置图可以看出，L-7 两端分别搁置在 L-8 和外墙的构造柱上，由断面图可以看出，其断面为十字形，称为花篮梁。梁的跨度为 6000mm，梁长为 5755mm。从断面图可知，梁宽为 250mm，梁高为 550mm。

（2）梁的跨中下部配置 4 根 HRB400 级钢筋［3 根直径 20mm（编号①）和 1 根直径 14mm（编号②）］作为受力筋；其中直径 14mm 的②号钢筋在支座处由顶部向梁下部按 45°方向弯起，弯起钢筋上部弯起点的位置距离支座边缘 50mm；在梁上部配置 2 根直径 14mm 的 HRB400 级钢筋，编号③，作为受力筋；箍筋采用直径 8mm 的 HPB300 级钢筋，编号④，间距 200mm，在梁中长度为 4055mm 的区域内均匀分布，两端靠近支座 850mm 范围内加密，间距变为 100mm。

（3）立面图箍筋采用简化画法，只画出 5 道箍筋，注明箍筋的直径和间距。另外在立面图上还标注梁顶标高 3.53m，其中“3.530”之上的数字“7.130”和“10.730”分别表示在这两个高度上，这个梁也适用。

5 某住宅小区结构工程施工图实例解析

图 5-1 为某住宅小区结构工程基础平面图，从图 5-1 中可以看出：

（1）对照建筑平面图，看懂纵、横轴线编号，纵轴Ⓐ、(1/A)、Ⓑ、(1/B)、(2/B)、Ⓒ、Ⓓ轴，注意(2/B)轴仅砌至－0.15m 处；横轴北面①、③、④、⑦、⑧、⑩，南面①、②、⑤、⑥、⑨、⑩，外墙厚 360mm，内墙厚 240mm。

（2）基础底板沿纵轴方向上、下层配筋均为直径 14mm 的 HRB335 级钢筋，间距 200mm，上层配筋两端有直弯钩；沿横轴方向上、下层配筋均为直径 12mm 的 HRB335 级钢筋，间距 200mm，上层配筋两端有弯钩。基础底板挑出 500mm。

（3）供暖管沟尺寸 1200mm×1200mm，由北面的⑦、⑧轴之间通入室内，供暖管沟转角处，设过梁 GL12.4、GL12.2 等。要注意暖气检查口的位置。

（4）构造柱有 Z1～Z5，断面尺寸为 300mm×240mm 和 240mm×240mm。

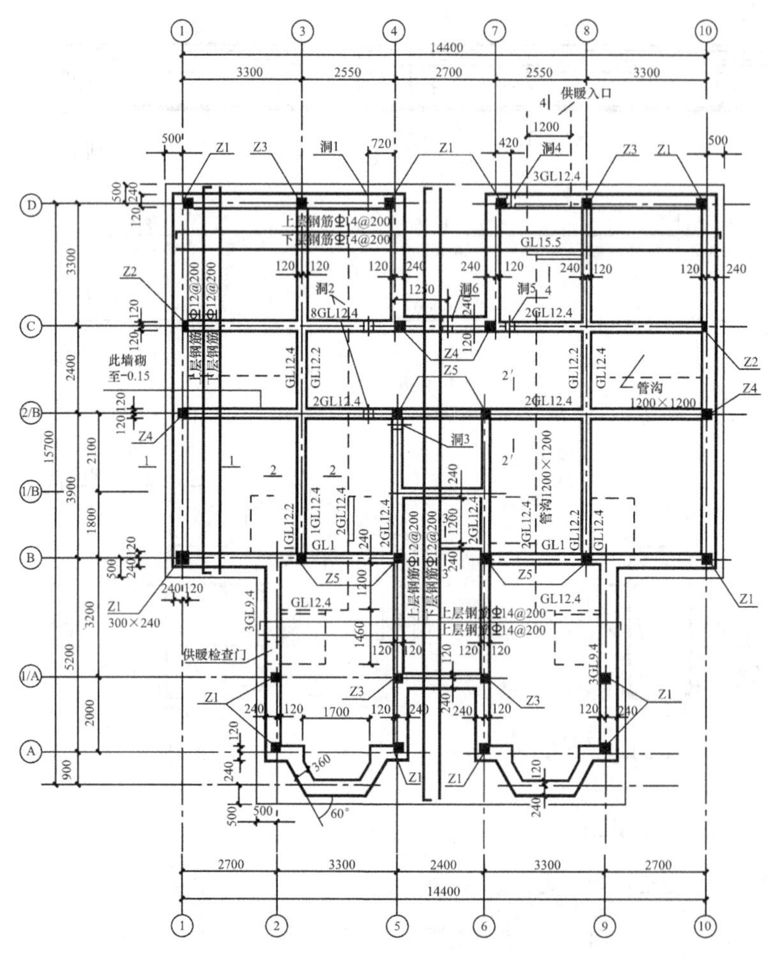

图 5-1 基础平面图（1：100）

预留孔洞　　**表 5-1**

洞号	留洞尺寸（mm）	洞底标高	备注
1	240×420	－2.000	排水
2	240×360	－1.000	排水
3	240×240	－0.900	排水
4	120×180	－2.100	给水
5	120×180	－0.600	给水
6	120×360	－2.000	煤气

（5）预留孔洞有洞 1～洞 6，如表 5-1 所示。

（6）剖面图的剖切位置有 1-1、2-2（2′-2′）、3-3、4-4，4 个剖面图。

图 5-2 为基础详图，从图 5-2 中可以看出：

（1）1-1 剖面详图

1）剖面图 1-1 为外墙基础，位于①号轴线。

2）基底标高－2.5m，基础埋深 1600mm。

3）基础底板垫层为 100mm 厚素混凝土，钢筋混凝土底板厚 300mm，上层双向配筋为 HRB335 级钢筋，下层双向配筋也是 HRB335 级钢筋。

（2）剖面图 2-2 为内墙基础。基础墙下 2 皮砖为 360 墙。若剖于楼梯间处，则室内地面标高为－0.81m，立墙要刷热沥青 2 道。

（3）剖面图 3-3 位于楼梯间，重点看清梁内的配筋情况、各部分尺寸和“5Φ8”的分布情况。箍筋形状为。清楚“1Φ6”的位置和分布筋的形状是一。

（4）4-4 剖面纵向剖切供暖管沟入口而得，室外供暖入口处的沟底标高为－2.6m，室内沟底标高为－1.37m。洞口过梁 3GL12.4。

（5）管沟剖面一般是指供暖管沟的横剖面图。管沟的断面尺寸是 1200mm×1200mm。沟底 150mm 厚 3∶7 灰土，管沟墙厚 240mm，沟盖板采用 GB12.1 板，下有坐浆厚 100mm，注意门口处沟盖应入墙 100mm。

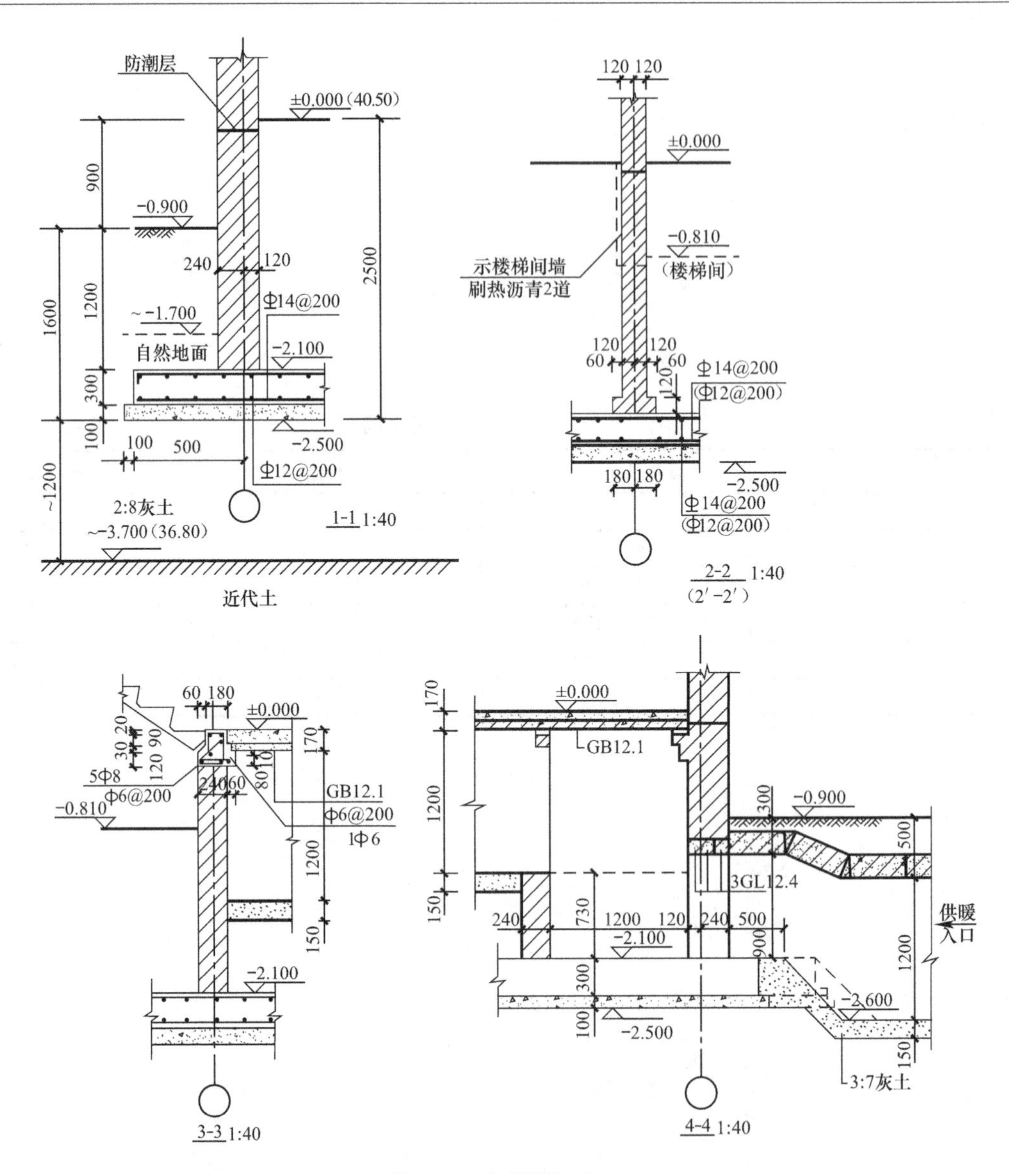

图 5-2 基础详图（一）

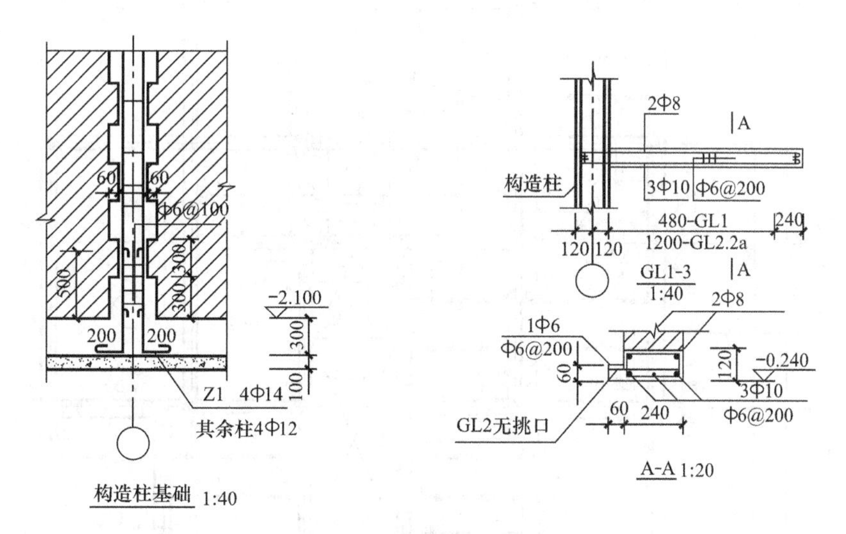

图 5-2 基础详图（二）

（6）构造柱基础

构造柱内 4Φ14（或Φ12）的主筋深入底板内弯平 200mm，端部有弯钩。在根部 500mm 内箍筋间距加密为Φ6@100，其余为Φ6@250。

墙体砌砖成直茬形，留五放五收马牙茬，构成构造柱的外模，每升高到一步脚手架高度，浇筑混凝土一次。

（7）现浇过梁 GL1 位于构造柱旁，梁的主筋伸入构造柱内，其上层筋（架立筋）2Φ8，下层筋（抗拉筋）3Φ10，箍筋Φ6@200。

图 5-3 为首层结构平面图，从图 5-3 中可以看出：

(1) 对照建筑平面图认清纵、横轴线和开间、进深尺寸。

(2) 各房间的排板情况。各个房间放几块宽板、几块窄板，板缝是多少，如 A 房间排四块窄板，板间缝 40mm，靠墙板缝有 120mm、760mm 两种。

(3) 板搭接在横墙上或纵墙上。

(4) 现浇板 B1 在厕所间，双向配筋Φ 8@150，注意管穿孔的位置。现浇板 B2 在厨房，在 2760mm 的现浇板缝内，风道周围配 2Φ 10 钢筋，其他位置主筋为Φ 8@150，分布筋Φ 6@300。注意通风道的尺寸。

(5) 构造柱与基础平面图相对应。

(6) 各门窗洞口为预制过梁，另有 GL1、GL2、GL3、GL4、GL5 和梁 L1 的位置，都应弄清楚。

(7) 节点详图①～⑨的剖切位置。

(8) 楼层的结构标高是 2.63m。

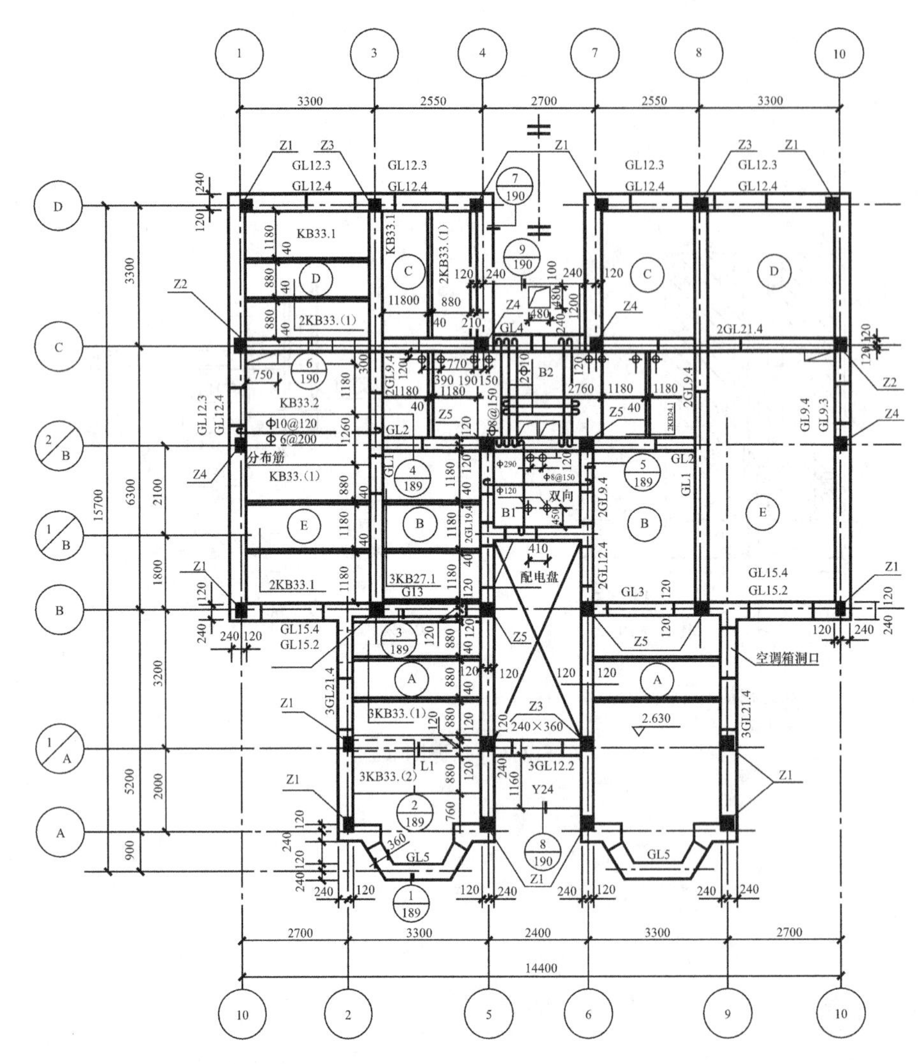

图 5-3 首层结构平面图（1：100）

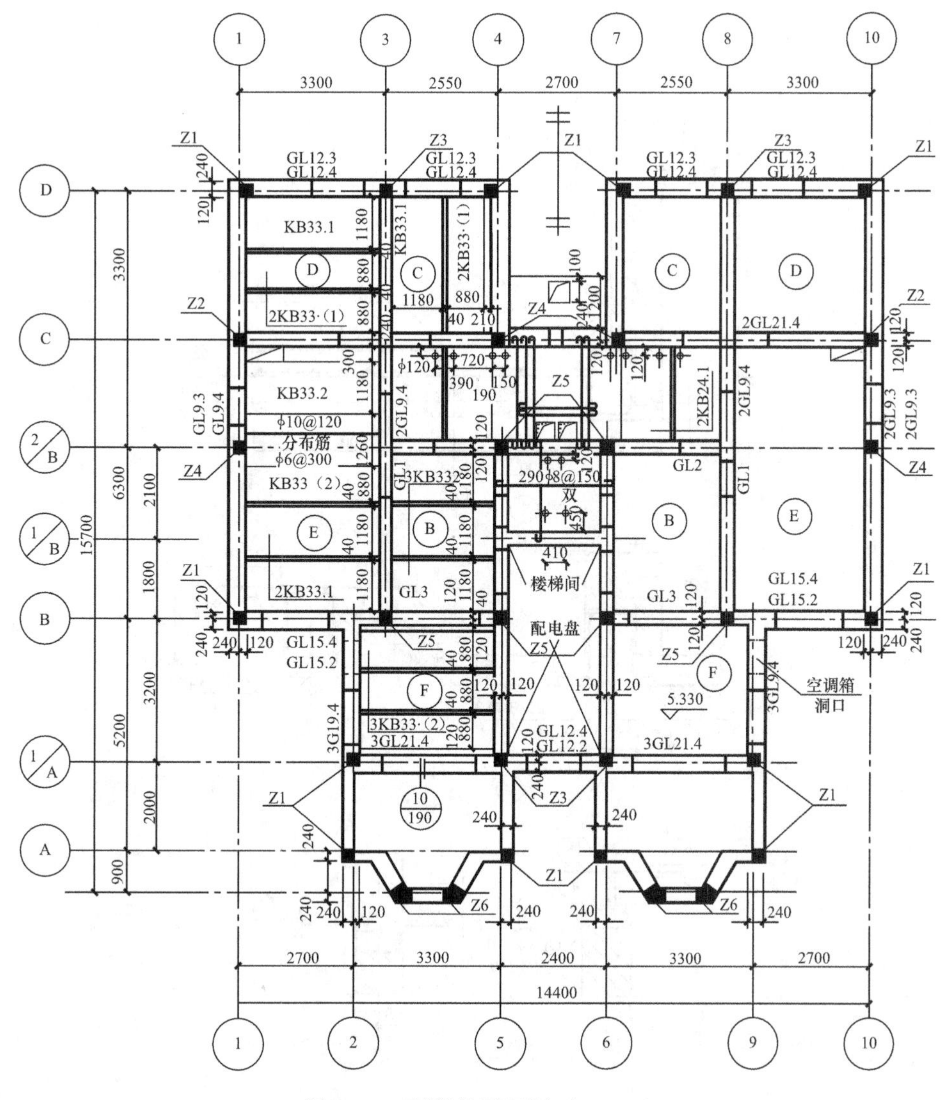

图 5-4　二层结构平面图（1∶100）

图 5-4 为二层结构平面图，从图 5-4 中可以看出：

二层结构平面图的读图方法，与首层相同（参见图 5-3），要注意 F 房间的排板情况，板顶标高 5.33m。

图 5-5 为楼层节点详图，从图 5-5 中可以看出：

（1）本工程楼层节点详图①～⑨的剖切位置，如图 5-3 所示，⑩节点如图 5-4 所示。

（2）节点①是将 GL5 横剖，表示梁断面形状为 L 形 240mm×330mm，挑出 120mm。配主筋 6Φ12，箍筋Φ8@200，挑出部分配 1Φ6，分布筋Φ6@200。

（3）节点②剖切梁 L1240mm×330mm，配主筋 3Φ16，架立筋 2Φ10，箍筋Φ6@200。梁边缝各放 2Φ10 的主筋，分布筋Φ6@300。

（4）节点③是将 GL3 横剖，断面尺寸 240mm×330mm，120mm 的板缝，配主筋 2Φ10。

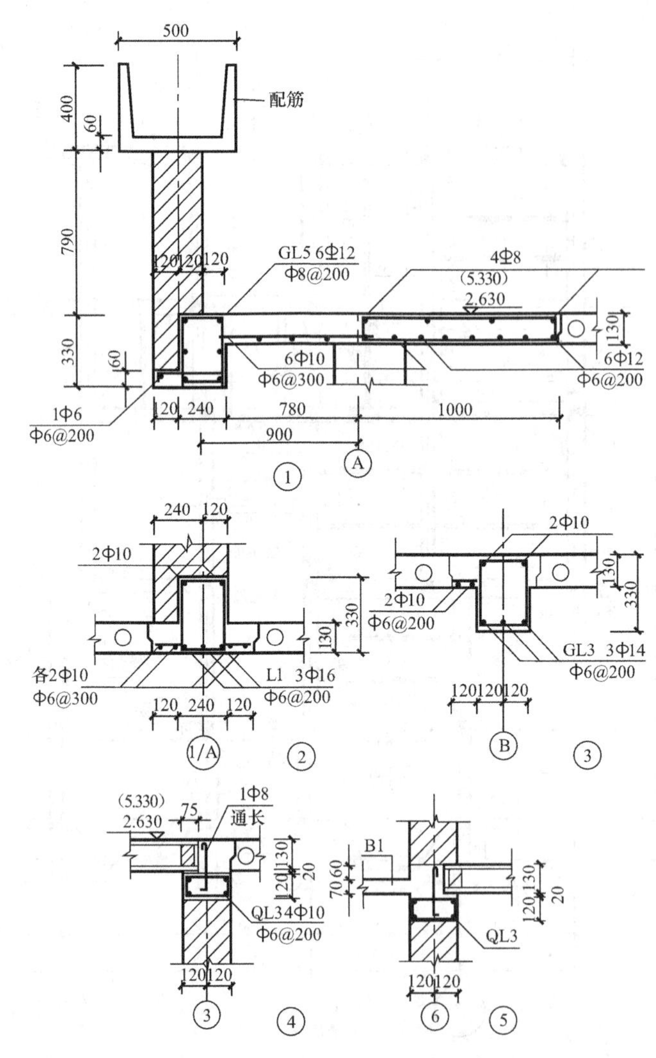

图 5-5 楼层节点详图（一）

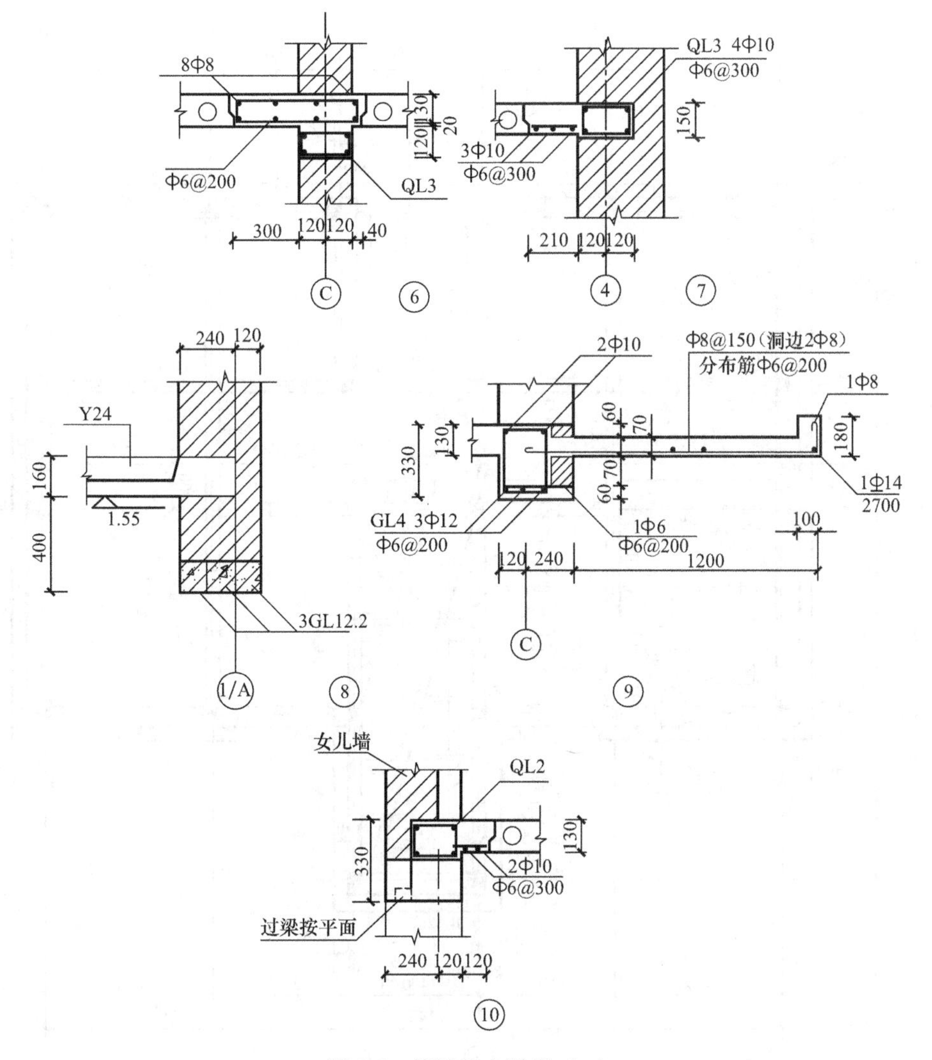

图 5-5　楼层节点详图（二）

（5）节点④和节点⑤是板与墙的搭接关系，板入墙75mm，板端加一根通长钢筋与板端胡子筋、圈梁拉接灌缝。圈梁 QL3 在板下，坐浆 20mm。

（6）节点⑥表示 300mm 板缝的配筋情况。节点⑦表示靠墙板缝的配筋情况，板缝210mm，下排 3 Φ 10 主筋，分布筋Φ 6@300，圈梁 QL2 截面尺寸为 240mm×150mm。

（7）节点⑧剖切雨罩板 Y24。节点⑨剖于过梁 GL4。节点⑩剖于过梁 3GL21.4。

图 5-6 为屋顶结构平面图，从图 5-6 中可以看出：

（1）排板情况与楼层结构平面图相同，由于该建筑是坡屋顶，因此，除了在房间表示预应力板的编号和块数外，图中还用 3 个重合断面表示屋顶坡度和板宽、板缝的尺寸。注意屋脊下皮和屋面板端部各部分的标高分别是 9.32m、8.8m、7.9m 和 6.93m，屋面板坡度 1∶3.3。

（2）挑檐板挑出 300mm。

（3）屋脊中线距离ⓑ轴 900mm，距离Ⓒ轴 1500mm。

（4）统计过梁编号与数量。

（5）阅读节点详图①～⑧的索引剖切位置。

（6）阅读细部内容，如孔洞、风道、配电盘等。

（7）注意构造柱与基础平面、楼层结构平面图是否一致。

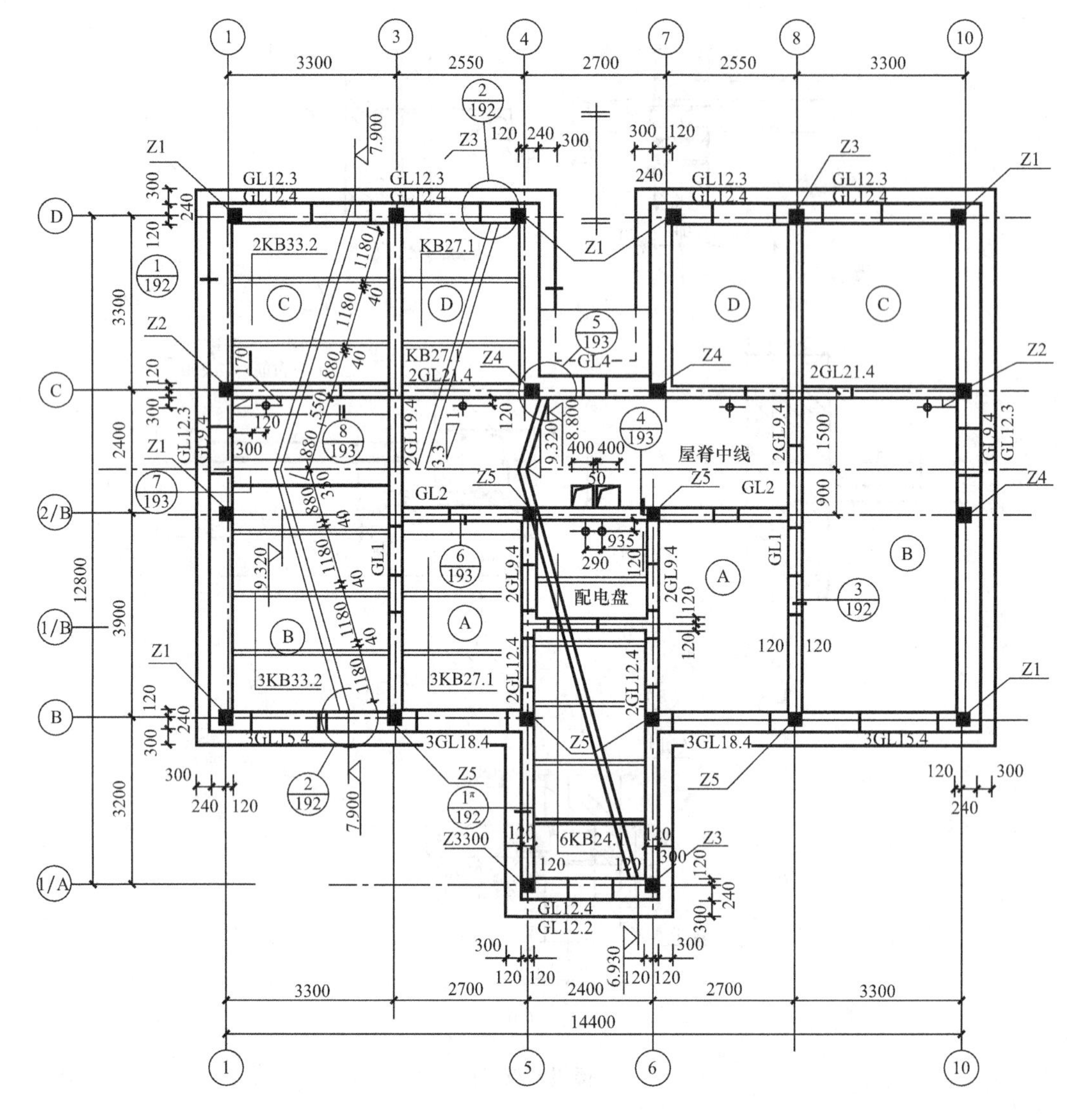

图 5-6　屋顶结构平面图（1∶100）

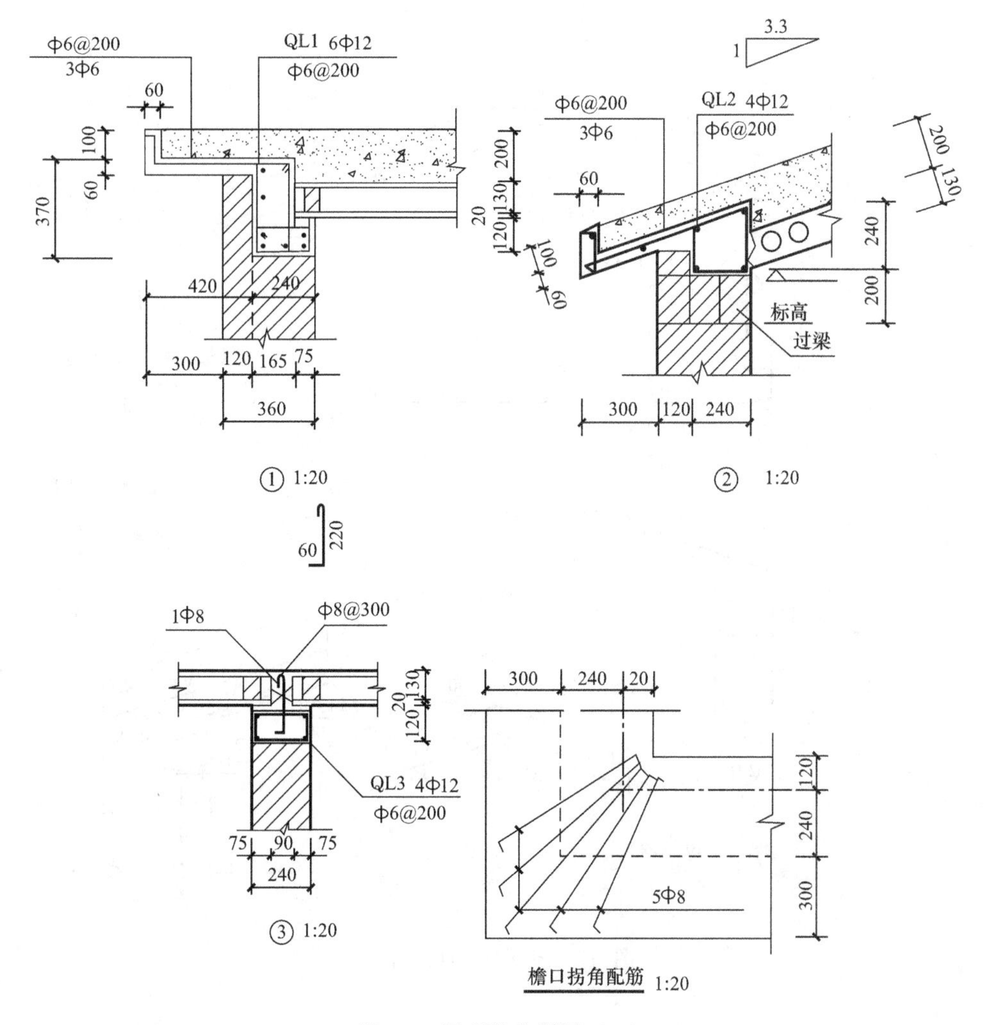

图 5-7　屋顶节点详图（一）

图 5-7 为屋顶节点详图，从图 5-7 中可以看出：

（1）节点①剖于①号轴线，屋面板搭在 QL1 上，圈梁配主筋 6Φ12，箍筋Φ6@200，挑檐配主筋 3Φ6，分布筋Φ6@200，注意各部分尺寸。

（2）节点②是挑出部分的构造与配筋，圈梁配主筋 4Φ12，箍筋Φ6@200。

（3）节点③表示对头板端的连接。两块板端的胡子筋用Φ8@300 的钢筋与圈梁 QL3 拉接。

（4）节点④、节点⑤表示QL4的形状和配筋，以及中间屋脊现浇部分的配筋情况，注意图中的几个标高。

（5）节点⑥是图中板缝为200mm的配筋情况。

（6）节点⑦表示屋脊板缝为140mm和350mm的配筋情况。

（7）节点⑧主要是表示QL4和板缝为550mm的配筋情况。

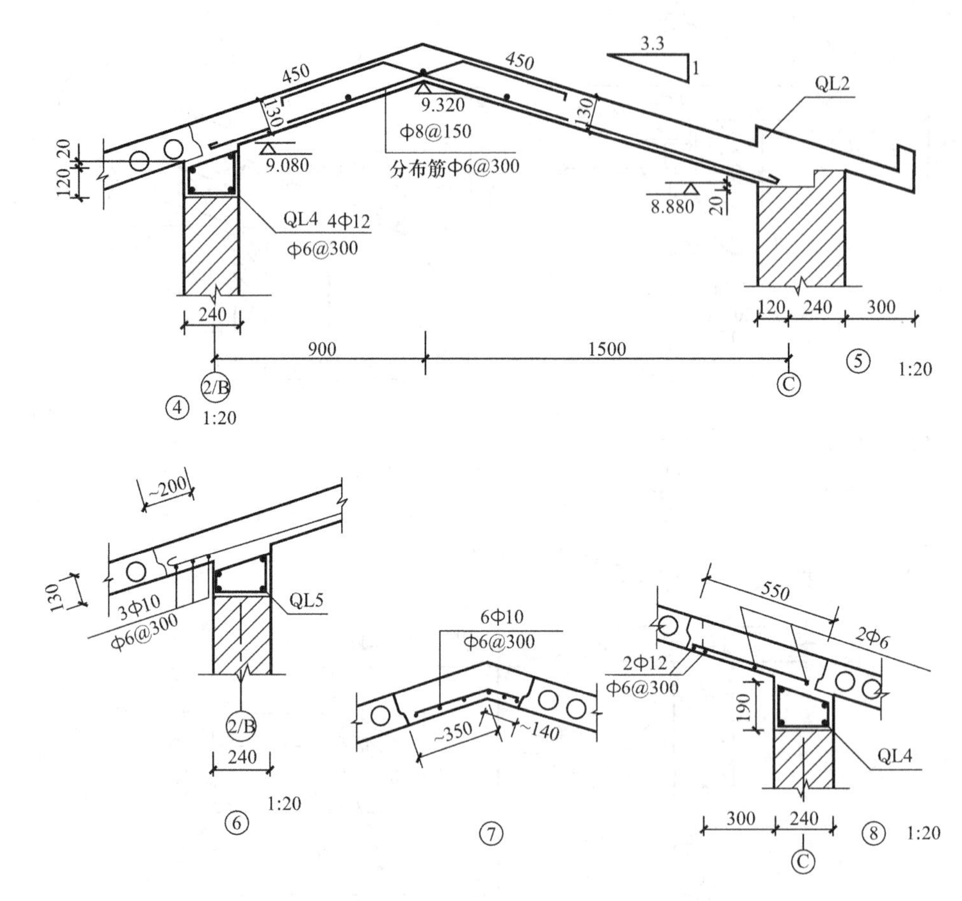

图5-7 屋顶节点详图（二）

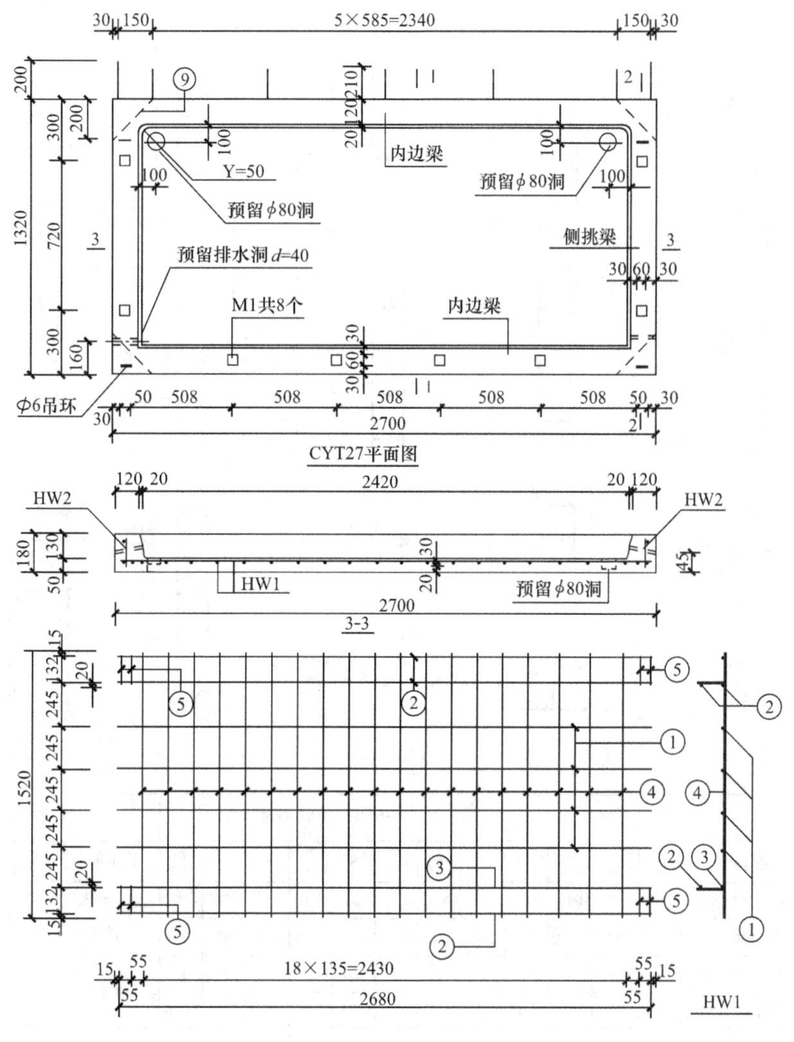

图 5-8 阳台详图（一）

图 5-8 为阳台详图，从图 5-8中可以看出：

(1) “CYT 27” 表示槽形阳台 2700mm 开间，阳台净挑 1200mm，压墙 120mm。

(2) 阳台平面图表示平面尺寸、内外边梁和侧边梁尺寸、预留孔洞位置、吊环预埋铁 (M1) 位置及剖面图的剖切位置。

(3) 剖面图 1-1、2-2、3-3 主要表示钢筋的分布情况与部分钢筋编号。

(4) HW1、HW2 分别表示底板与侧挑梁钢筋网片的钢筋分布情况。

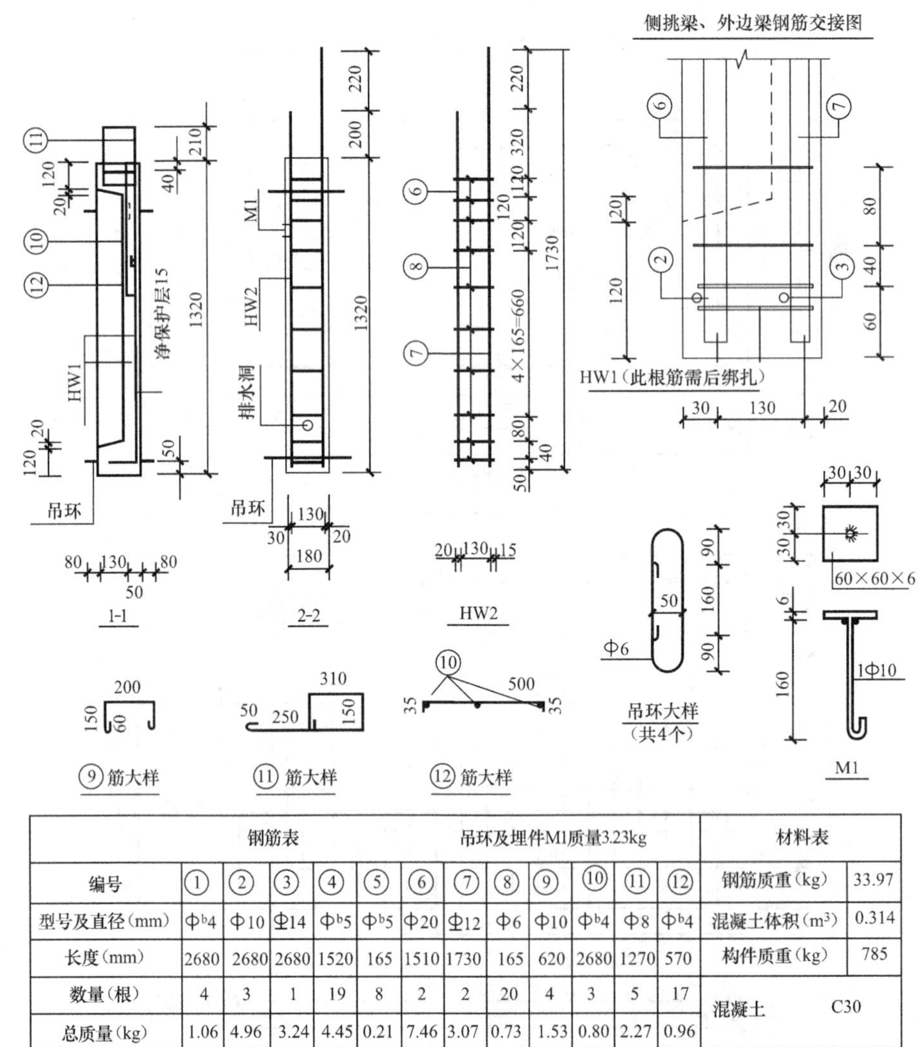

钢筋表						吊环及埋件M1质量3.23kg							材料表	
编号	①	②	③	④	⑤	⑥	⑦	⑧	⑨	⑩	⑪	⑫	钢筋质重(kg)	33.97
型号及直径(mm)	Φ^b4	Φ10	Φ14	Φ^b5	Φ^b5	Φ20	Φ12	Φ6	Φ10	Φ^b4	Φ8	Φ^b4	混凝土体积(m^3)	0.314
长度(mm)	2680	2680	2680	1520	165	1510	1730	165	620	2680	1270	570	构件质重(kg)	785
数量(根)	4	3	1	19	8	2	2	20	4	3	5	17	混凝土	C30
总质量(kg)	1.06	4.96	3.24	4.45	0.21	7.46	3.07	0.73	1.53	0.80	2.27	0.96		

图 5-8 阳台详图（二）

参考文献

[1] 中国建筑标准设计研究院. GB/T 50001—2010 房屋建筑制图统一标准 [S]. 北京：中国计划出版社，2011.

[2] 中国建筑标准设计研究院. GB/T 50103—2010 总图制图标准 [S]. 北京：中国计划出版社，2011.

[3] 中国建筑标准设计研究院. GB/T 50105—2010 建筑结构制图标准 [S]. 北京：中国建筑工业出版社，2011.

[4] 中国建筑标准设计研究院. 11G101-1 混凝土结构施工图平面整体表示方法制图规则和构造详图：现浇混凝土框架、剪力墙、梁、板 [S]. 北京：中国计划出版社，2011.

[5] 中国建筑标准设计研究院. 11G101-2 混凝土结构施工图平面整体表示方法制图规则和构造详图：现浇混凝土板式楼梯 [S]. 北京：中国计划出版社，2011.

[6] 中国建筑标准设计研究院. 11G101-3 混凝土结构施工图平面整体表示方法制图规则和构造详图：独立基础、条形基础、筏形基础及桩基承台 [S]. 北京：中国计划出版社，2011.

[7] 刘镇. 建筑识图快速训练系列：结构工程快速识图技巧 [M]. 北京：化学工业出版社，2013.

[8] 巴晓曼. 建筑识图入门 300 例：钢结构工程施工图 [M]. 武汉：华中科技大学出版社，2011.

[9] 乐嘉龙. 学看建筑工程施工图丛书：学看建筑结构施工图 [M]. 北京：中国电力出版社，2002.